约束力学系统的梯度表示(上)

Gradient Representations of
Constrained Mechanical Systems
Volume Ⅰ

梅凤翔　吴惠彬　著

科学出版社

北京

内 容 简 介

本书系统全面地论述约束力学系统的梯度表示,上册包括梯度系统、约束力学系统与通常梯度系统、约束力学系统与斜梯度系统、约束力学系统与具有对称负定矩阵的梯度系统、约束力学系统与具有半负定矩阵的梯度系统等. 每章均有典型例题,并附有习题和参考文献.

本书可作为力学、数学等专业的学生和教师的参考书.

图书在版编目(CIP)数据

约束力学系统的梯度表示. 上 / 梅凤翔, 吴惠彬著. —北京:科学出版社, 2015.12

    ISBN 978-7-03-047001-0

Ⅰ.①约⋯ Ⅱ.①梅⋯ ②吴⋯ Ⅲ.①约束力 Ⅳ.①O31

中国版本图书馆 CIP 数据核字(2016) 第 009790 号

责任编辑:刘信力 / 责任校对:张凤琴
责任印制:肖　兴 / 封面设计:陈　敬

科 学 出 版 社 出版

北京东黄城根北街 16 号
邮政编码:100717
http://www.sciencep.com

北京通州皇家印刷厂 印刷

科学出版社发行　　各地新华书店经销

*

2016 年 3 月第 一 版　　开本:720 × 1000 1/16
2016 年 3 月第一次印刷　　印张:16
字数:302 000

定价: 98.00 元
(如有印装质量问题,我社负责调换)

前　　言

梯度系统是一类数学系统.梯度系统的微分方程是一阶的,其左端是变量的时间导数,其右端是一矩阵与某函数梯度的乘积.梯度系统特别适合研究稳定性.本书的目的是将各类约束力学系统在一定条件下化成各类梯度系统,并利用其性质来研究约束力学系统的稳定性.

全书共 9 章.第 1 章梯度系统,讨论各类梯度系统及其性质.将梯度系统分成不含时间的通常梯度系统、斜梯度系统、具有对称负定矩阵的梯度系统、具有半负定矩阵的梯度系统、组合梯度系统,以及包含时间的广义梯度系统(Ⅰ)和广义梯度系统(Ⅱ).第 2 章约束力学系统与通常梯度系统,给出 Lagrange 系统、Hamilton系统、广义坐标下一般完整系统、带附加项的 Hamilton 系统、准坐标下完整系统、相对运动动力学系统、变质量力学系统、事件空间中动力学系统、Chetaev 型非完整系统、非 Chetaev 型非完整系统、Birkhoff 系统、广义 Birkhoff 系统、广义Hamilton 系统等十三类约束力学系统成为通常梯度系统的条件,并借助梯度系统来研究这些力学系统的积分和解的稳定性.第 3 章约束力学系统与斜梯度系统,给出十三类约束力学系统成为斜梯度系统的条件,并利用斜梯度系统的性质来研究这些力学系统的积分和解的稳定性.第 4 章约束力学系统与具有对称负定矩阵的梯度系统,给出十三类约束力学系统成为这类梯度系统的条件,并利用这类梯度系统的性质来研究这些力学系统的解及其稳定性.第 5 章约束力学系统与具有半负定矩阵的梯度系统,给出十三类约束力学系统成为这类梯度系统的条件,并利用这类梯度系统的性质来研究这些力学系统的解及其稳定性.第 6 章约束力学系统与组合梯度系统.组合梯度系统是由前四类梯度系统两两组合而成的,共六类.本章给出十三类约束力学系统成为这六类组合梯度系统的条件,并利用组合梯度系统的性质来研究这些力学系统的解及其稳定性.第 7 章约束力学系统与广义梯度系统(Ⅰ).广义梯度系统(Ⅰ)是指矩阵不含时间而函数包含时间的梯度系统,共十类.本章给出十三类约束力学系统成为这十类广义梯度系统的条件,并利用这些广义梯度系统的性质来研究这些力学系统的解及其稳定性.第 8 章约束力学系统与广义梯度系统(Ⅱ).广义梯度系统(Ⅱ)是指矩阵和函数都包含时间的梯度系统,共九类.本章给出十三类约束力学系统成为这九类广义梯度系统的条件,并利用这些广义梯度系统的性质来研究这些力学系统的解及其稳定性.第 9 章逆问题.将约束力学系统化成梯度系统,称为正问题;反之,将梯度系统化成约束力学系统,称为逆问题.本章给出各类逆问题的提法和解法.每章均有较多典型例题,并附有习题和参考文献.

　　本书内容的框架如下图

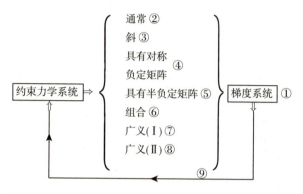

　　本书的基本工作是在国家自然科学基金项目 (10932002，11272050) 的支持下完成的. 在本书写作过程中得到北京理工大学宇航学院和数学学院同事们的关心和支持. 对此一并表示感谢.

　　限于作者水平, 书中难免有疏漏, 敬请读者指正.

作　者

2015 年仲冬

目　　录

第1章 梯度系统

本章讨论各类梯度系统及其性质, 包括不含时间的通常梯度系统、斜梯度系统、具有对称负定矩阵的梯度系统、具有半负定矩阵的梯度系统、组合梯度系统, 以及包含时间的广义梯度系统.

1.1 通常梯度系统

本节讨论通常梯度系统, 包括系统的微分方程、重要性质, 以及简单应用.

1.1.1 微分方程

通常梯度系统的微分方程有形式 [1,2]

$$\dot{x}_i = -\frac{\partial V(\boldsymbol{X})}{\partial x_i} \quad (i = 1, 2, \cdots, m) \tag{1.1.1}$$

其中 $\boldsymbol{X} = (x_1, x_2, \cdots, x_m)$, 而 V 称为势函数.

1.1.2 性质

通常梯度系统 (1.1.1) 有如下重要性质 [1]:

1) 函数 V 是系统 (1.1.1) 的一个 Lyapunov 函数, 并且 $\dot{V} = 0$, 当且仅当 $\boldsymbol{X} = (x_1, x_2, \cdots, x_m)$ 是一个平衡点;

2) 设 Z 是一个梯度流的解的 α 极限点或 ω 极限点, 则 Z 为平衡点;

3) 对梯度系统 (1.1.1), 任一平衡点处的线性化系统都只有实特征根.

以上性质可用来研究平衡点及其稳定性.

1.1.3 简单应用

例 1 已知势函数为

$$V = x_1^2 + x_2^2 + x_1^3 \tag{1.1.2}$$

试研究解及其稳定性.

解 方程 (1.1.1) 给出

$$\dot{x}_1 = -2x_1 - 3x_1^2$$
$$\dot{x}_2 = -2x_2$$

它有如下两个解

$$x_1 = x_2 = 0 \tag{a}$$

$$x_1 = -\frac{2}{3}$$
$$x_2 = 0 \tag{b}$$

对解 (a), 按方程求 $\dot{V}$, 得

$$\dot{V} = -4x_1^2 - 4x_2^2 + 12x_1^3 - 9x_1^4$$

它在 $x_1 = x_2 = 0$ 的邻域内是负定的, 而 V 是正定的, 由 Lyapunov 定理知, 这个解是渐近稳定的. 方程的一次近似方程的特征方程为

$$\begin{vmatrix} \lambda + 2 & 0 \\ 0 & \lambda + 2 \end{vmatrix} = (\lambda + 2)^2 = 0$$

它有两个负实根. 由 Lyapunov 一次近似理论知, 解 (a) 是渐近稳定的.

对解 (b), 令

$$x_1 = \xi_1 - \frac{2}{3}$$
$$x_2 = \xi_2$$

则方程成为

$$\dot{\xi}_1 = 2\xi_1 - 3\xi_1^2$$
$$\dot{\xi}_2 = -2\xi_2$$

其一次近似的特征方程为

$$\begin{vmatrix} \lambda - 2 & 0 \\ 0 & \lambda + 2 \end{vmatrix} = \lambda^2 - 4 = 0$$

它有正根. 由 Lyapunov 一次近似理论知, 解 (b) 是不稳定的.

例 2   已知势函数为

$$V = x_1^2 + x_2^2 + x_1 x_2 + x_2^3 \tag{1.1.3}$$

试研究解及其稳定性.

解   方程 (1.1.1) 给出

$$\dot{x}_1 = -2x_1 - x_2$$
$$\dot{x}_2 = -2x_2 - x_1 - 3x_2^2$$

它有解

$$x_1 = x_2 = 0$$

按方程求 $\dot{V}$, 得

$$\dot{V} = -(2x_1 + x_2)^2 - (2x_2 + x_1 + 3x_2^2)^2$$

它是负定的. 因此, 解 $x_1 = x_2 = 0$ 是渐近稳定的.

例 3 已知势函数为

$$V = x_1 x_2 + x_2^2 \tag{1.1.4}$$

试研究解的稳定性.

解 方程 (1.1.1) 给出

$$\dot{x}_1 = -x_2$$
$$\dot{x}_2 = -x_1 - 2x_2$$

其特征方程为

$$\begin{vmatrix} \lambda & 1 \\ 1 & \lambda + 2 \end{vmatrix} = \lambda^2 + 2\lambda - 1 = 0$$

它有一个正实根, 因此, 解 $x_1 = x_2 = 0$ 是不稳定的.

1.2 斜梯度系统

本节讨论斜梯度系统, 包括系统的微分方程、重要性质, 以及简单应用.

1.2.1 微分方程

斜梯度系统的微分方程有形式

$$\dot{x}_i = b_{ij}(\boldsymbol{X}) \frac{\partial V(\boldsymbol{X})}{\partial x_j} \quad (i, j = 1, 2, \cdots, m) \tag{1.2.1}$$

这儿及以后同一项中相同的活动指标表示对其求和, $V = V(\boldsymbol{X})$ 称为能量函数 [2], 而矩阵 $(b_{ij}(\boldsymbol{X}))$ 是反对称的, 即有

$$b_{ij} = -b_{ji} \tag{1.2.2}$$

1.2.2 性质

斜梯度系统有如下重要性质:

1) 能量函数 $V = V(\boldsymbol{X})$ 是斜梯度系统 (1.2.1) 的积分.

实际上, 按方程 (1.2.1) 求 $\dot{V}$, 得

$$\dot{V} = \frac{\partial V}{\partial x_i} b_{ij} \frac{\partial V}{\partial x_j} = 0$$

2) 如果 V 可以是 Lyapunov 函数, 那么斜梯度系统 (1.2.1) 的解 $x_i = x_{i0}$ ($i = 1, 2, \cdots, m$) 就是稳定的.

1.2.3   简单应用

例 1   斜梯度系统为

$$(b_{ij}) = \begin{pmatrix} 0 & x_1 \\ -x_1 & 0 \end{pmatrix}, \quad V = \frac{1}{2}x_1^2 + \frac{1}{2}x_2^2 \tag{1.2.3}$$

试研究系统的积分和解的稳定性.

解 V 是积分, 即 $\dot{V} = 0$, 又 V 正定, 故零解 $x_1 = x_2 = 0$ 是稳定的.

例 2   斜梯度系统为

$$(b_{ij}) = \begin{pmatrix} 0 & 1 & -1 \\ -1 & 0 & 1 \\ 1 & -1 & 0 \end{pmatrix}, \quad V = x_1^2 + x_2^2 + x_3^2 + x_1^3 \tag{1.2.4}$$

试研究解的稳定性.

解 V 在 $x_1 = x_2 = x_3 = 0$ 的邻域内正定, 又 V 是积分, 故解 $x_1 = x_2 = x_3 = 0$ 是稳定的.

例 3   斜梯度系统为

$$(b_{ij}) = \begin{pmatrix} 0 & 1 \\ -1 & 0 \end{pmatrix}, \quad V = x_1 x_2 \tag{1.2.5}$$

试研究解的稳定性.

解   方程 (1.2.1) 给出

$$\dot{x}_1 = x_1$$
$$\dot{x}_2 = -x_2$$

其特征方程为

$$\begin{vmatrix} \lambda - 1 & 0 \\ 0 & \lambda + 1 \end{vmatrix} = \lambda^2 - 1 = 0$$

它有一正实根, 零解 $x_1 = x_2 = 0$ 是不稳定的.

1.3   具有对称负定矩阵的梯度系统

本节讨论具有对称负定矩阵的梯度系统, 包括系统的微分方程、重要性质, 以及简单应用.

1.3.1 微分方程

系统的微分方程有形式 [2]

$$\dot{x}_i = s_{ij}(\boldsymbol{X})\frac{\partial V(\boldsymbol{X})}{\partial x_j} \quad (i, j = 1, 2, \cdots, m) \tag{1.3.1}$$

其中矩阵 $(s_{ij}(\boldsymbol{X}))$ 为对称负定的.

1.3.2 性质

梯度系统 (1.3.1) 有如下性质 [2]:

$$\dot{V} \leqslant 0 \tag{1.3.2}$$

实际上, 按方程 (1.3.1) 求 $\dot{V}$, 得

$$\dot{V} = \frac{\partial V}{\partial x_i} s_{ij} \frac{\partial V}{\partial x_j}$$

当 $\dfrac{\partial V}{\partial x_i} = 0 \quad (i = 1, 2, \cdots, m)$ 时, 有 $\dot{V} = 0$; 当 $\dfrac{\partial V}{\partial x_i} \neq 0$ 时, 有 $\dot{V} < 0$. 这表明, 在解的邻域内, $\dot{V}$ 负定. 因此, 如果 V 正定, 则解是渐近稳定的.

1.3.3 简单应用

例 1 已知

$$(s_{ij}) = \begin{pmatrix} -1 & 0 \\ 0 & -1 \end{pmatrix}, \quad V = x_1^2 + x_2^2 + x_1 x_2 + x_1^3 \tag{1.3.3}$$

试研究解的稳定性.

解 方程 (1.3.1) 给出

$$\dot{x}_1 = -(2x_1 + x_2 + 3x_1^2)$$
$$\dot{x}_2 = -(2x_2 + x_1)$$

按方程求 $\dot{V}$, 得

$$\dot{V} = -(2x_1 + x_2 + 3x_1^2)^2 - (2x_2 + x_1)^2$$

它在 $x_1 = x_2 = 0$ 的邻域内是负定的, 而 V 正定, 因此, 零解 $x_1 = x_2 = 0$ 是渐近稳定的.

例 2 梯度系统为

$$(s_{ij}) = \begin{pmatrix} -1 & 0 \\ 0 & -2 \end{pmatrix}, \quad V = x_1^2 + x_2^2 - x_1 \sin x_2 \tag{1.3.4}$$

试研究零解的稳定性.

　　解　方程 (1.3.1) 给出

$$\dot{x}_1 = -2x_1 + \sin x_2$$
$$\dot{x}_2 = -4x_2 + 2x_1 \cos x_2$$

它有解

$$x_1 = x_2 = 0$$

按方程求 $\dot{V}$, 得

$$\dot{V} = -(2x_1 - \sin x_2)^2 - 2(2x_2 - x_1 \cos x_2)^2$$
$$= -6x_1^2 - 9x_2^2 + 12x_1 x_2 + \cdots$$

其中未写出之项为高阶项. 可见, $\dot{V}$ 在 $x_1 = x_2 = 0$ 的邻域内负定, 而 V 正定, 由 Lyapunov 定理知, 零解 $x_1 = x_2 = 0$ 是渐近稳定的.

　　例 3　梯度系统为

$$(s_{ij}) = \begin{pmatrix} -1 & 1 \\ 1 & -2 \end{pmatrix}, \quad V = x_1^2 + \mu x_2^2 \tag{1.3.5}$$

其中 μ 为参数, 试研究零解的稳定性.

　　解　方程 (1.3.1) 给出

$$\dot{x}_1 = -2x_1 + 2\mu x_2$$
$$\dot{x}_2 = 2x_1 - 4\mu x_2$$

按方程求 $\dot{V}$, 得

$$\dot{V} = -4x_1^2 - 8\mu^2 x_2^2 + 8\mu x_1 x_2$$

当 $\mu > 0$ 时, V 正定, $\dot{V}$ 负定, 因此, 零解 $x_1 = x_2 = 0$ 是渐近稳定的.

1.4　具有半负定矩阵的梯度系统

　　本节讨论具有半负定矩阵的梯度系统, 包括系统的运动微分方程、重要性质、以及简单应用.

1.4.1　微分方程

　　系统的微分方程有形式

$$\dot{x}_i = a_{ij}(\boldsymbol{X}) \frac{\partial V(\boldsymbol{X})}{\partial x_j} \quad (i, j = 1, 2, \cdots, m) \tag{1.4.1}$$

其中矩阵 $(a_{ij}(\boldsymbol{X}))$ 为半负定的.

1.4.2 性质

梯度系统 (1.4.1) 有如下性质 [2]:

$$\dot{V} \leqslant 0 \tag{1.4.2}$$

实际上, 按方程 (1.4.1) 求 $\dot{V}$, 得

$$\dot{V} = \frac{\partial V}{\partial x_i} a_{ij} \frac{\partial V}{\partial x_j}$$

因矩阵 $(a_{ij}(\boldsymbol{X}))$ 为半负定的, 故有

$$\dot{V} \leqslant 0$$

1.4.3 简单应用

例 1 梯度系统为

$$(a_{ij}) = \begin{pmatrix} -1 & 1 \\ 1 & -1 \end{pmatrix}, \quad V = x_1^2 + x_2^2 \tag{1.4.3}$$

试研究零解的稳定性.

解 方程 (1.4.1) 给出

$$\dot{x}_1 = -2x_1 + 2x_2$$
$$\dot{x}_2 = 2x_1 - 2x_2$$

按方程求 $\dot{V}$, 得

$$\dot{V} = -(2x_1 - 2x_2)^2 \leqslant 0$$

而 V 在 $x_1 = x_2 = 0$ 的邻域内是正定的, 由 Lyapunov 定理知, 零解 $x_1 = x_2 = 0$ 是稳定的.

例 2 梯度系统为

$$(a_{ij}) = \begin{pmatrix} 0 & 1 \\ -1 & -2 \end{pmatrix}, \quad V = x_1^2 + x_2^2 - x_1 x_2 \tag{1.4.4}$$

试研究零解的稳定性.

解 方程 (1.4.1) 给出

$$\dot{x}_1 = 2x_2 - x_1$$
$$\dot{x}_2 = -(2x_1 - x_2) - 2(2x_2 - x_1)$$

按方程求 $\dot{V}$, 得

$$\dot{V} = -2(2x_2 - x_1)^2$$

它是半负定的, 而 V 是正定的, 因此, 零解 $x_1 = x_2 = 0$ 是稳定的.

例 3   梯度系统为

$$(a_{ij}) = \begin{pmatrix} -(1+x_1^2) & -(1+x_1^2) \\ (1+x_1^2) & 0 \end{pmatrix}, \quad V = x_1^2 + x_2^2 + x_1^3 \tag{1.4.5}$$

试研究零解的稳定性.

解   方程 (1.4.1) 给出

$$\dot{x}_1 = (-2x_1 - 3x_1^2 - 2x_2)(1 + x_1^2)$$
$$\dot{x}_2 = (2x_1 + 3x_1^2)(1 + x_1^2)$$

按方程求 $\dot{V}$, 得

$$\dot{V} = -(2x_1 + 3x_1^2)^2(1 + x_1^2)$$

它是半负定的, 而 V 是正定的, 因此, 零解 $x_1 = x_2 = 0$ 是稳定的.

1.5   组合梯度系统

由 1.1 节 ~1.4 节中四类基本梯度系统两两组合而成六类梯度系统, 称为组合梯度系统. 本节研究六类组合梯度系统的微分方程、重要性质, 以及简单应用.

1.5.1   微分方程

1) 组合梯度系统 I

由通常梯度系统和斜梯度系统组合而成, 其微分方程有形式

$$\dot{x}_i = -\frac{\partial V(\boldsymbol{X})}{\partial x_i} + b_{ij}(\boldsymbol{X})\frac{\partial V(\boldsymbol{X})}{\partial x_j} \quad (i, j = 1, 2, \cdots, m) \tag{1.5.1}$$

2) 组合梯度系统 II

由通常梯度系统和具有对称负定矩阵的梯度系统组合而成, 其微分方程有形式

$$\dot{x}_i = -\frac{\partial V(\boldsymbol{X})}{\partial x_i} + s_{ij}(\boldsymbol{X})\frac{\partial V(\boldsymbol{X})}{\partial x_j} \quad (i, j = 1, 2, \cdots, m) \tag{1.5.2}$$

3) 组合梯度系统 III

由通常梯度系统和具有半负定矩阵的梯度系统组合而成, 其微分方程有形式

$$\dot{x}_i = -\frac{\partial V(\boldsymbol{X})}{\partial x_i} + a_{ij}(\boldsymbol{X})\frac{\partial V(\boldsymbol{X})}{\partial x_j} \quad (i, j = 1, 2, \cdots, m) \tag{1.5.3}$$

4) 组合梯度系统 IV

由斜梯度系统和具有对称负定矩阵的梯度系统组合而成, 其微分方程有形式

$$\dot{x}_i = b_{ij}(\boldsymbol{X})\frac{\partial V(\boldsymbol{X})}{\partial x_j} + s_{ij}(\boldsymbol{X})\frac{\partial V(\boldsymbol{X})}{\partial x_j} \quad (i,j=1,2,\cdots,m) \tag{1.5.4}$$

5) 组合梯度系统 V

由斜梯度系统和具有半负定矩阵的梯度系统组合而成, 其微分方程有形式

$$\dot{x}_i = b_{ij}(\boldsymbol{X})\frac{\partial V(\boldsymbol{X})}{\partial x_j} + a_{ij}(\boldsymbol{X})\frac{\partial V(\boldsymbol{X})}{\partial x_j} \quad (i,j=1,2,\cdots,m) \tag{1.5.5}$$

6) 组合梯度系统 VI

由具有半负定矩阵的梯度系统和具有对称负定矩阵的梯度系统组合而成, 其微分方程有形式

$$\dot{x}_i = a_{ij}(\boldsymbol{X})\frac{\partial V(\boldsymbol{X})}{\partial x_j} + s_{ij}(\boldsymbol{X})\frac{\partial V(\boldsymbol{X})}{\partial x_j} \quad (i,j=1,2,\cdots,m) \tag{1.5.6}$$

1.5.2 性质

1) 组合梯度系统 I

组合后系统的矩阵是负定的. 实际上, 有

$$(x_1,x_2,\cdots,x_m)\begin{pmatrix} -1 & b_{12} & \cdots & b_{1m} \\ -b_{12} & -1 & \cdots & b_{2m} \\ \vdots & \vdots & & \vdots \\ -b_{1m} & -b_{2m} & \cdots & -1 \end{pmatrix}\begin{pmatrix} x_1 \\ x_2 \\ \vdots \\ x_m \end{pmatrix}$$

$$= -(x_1^2 + x_2^2 + \cdots + x_m^2)$$

这样, $\dot{V}$ 就是负定的. 因此, 如果 V 正定, 则解是稳定的, 并且是渐近稳定的.

2) 组合梯度系统 II

组合后系统的矩阵是对称负定的. 这样, $\dot{V}$ 就是负定的. 因此, 如果 V 正定, 则解是渐近稳定的.

3) 组合梯度系统 III

组合后系统的矩阵是对称负定的. 这样, $\dot{V}$ 就是负定的. 因此, 如果 V 正定, 则解是渐近稳定的.

4) 组合梯度系统 IV

组合后系统的矩阵是负定的. 这样, $\dot{V}$ 就是负定的. 因此, 如果 V 正定, 则解是渐近稳定的.

5）组合梯度系统 V

组合后系统的矩阵是半负定的. 这样, $\dot{V}$ 也是半负定的. 因此, 如果 V 正定, 则解是稳定的.

6) 组合梯度系统 VI

组合后系统的矩阵是对称负定的. 这样, $\dot{V}$ 就是负定的. 因此, 如果 V 正定, 则解是渐近稳定的.

1.5.3　简单应用

例 1　组合梯度系统 I 为

$$(b_{ij}) = \begin{pmatrix} 0 & -1 \\ 1 & 0 \end{pmatrix}, \quad V = \frac{1}{2}x_1^2 + \frac{1}{2}x_2^2 \tag{1.5.7}$$

试研究零解的稳定性.

解　方程 (1.5.1) 给出

$$\begin{pmatrix} \dot{x}_1 \\ \dot{x}_2 \end{pmatrix} = \left(\begin{pmatrix} -1 & 0 \\ 0 & -1 \end{pmatrix} + \begin{pmatrix} 0 & -1 \\ 1 & 0 \end{pmatrix} \right) \begin{pmatrix} \dfrac{\partial V}{\partial x_1} \\ \dfrac{\partial V}{\partial x_2} \end{pmatrix}$$

即

$$\dot{x}_1 = -x_1 - x_2$$
$$\dot{x}_2 = x_1 - x_2$$

按方程求 $\dot{V}$, 得

$$\dot{V} = -x_1^2 - x_2^2$$

它是负定的, 而 V 是正定的, 因此, 零解 $x_1 = x_2 = 0$ 是渐近稳定的.

例 2　组合梯度系统 II 为

$$(s_{ij}) = \begin{pmatrix} -1 & 0 \\ 0 & -2 \end{pmatrix}, \quad V = x_1^2 + x_2^2 - x_1 x_2 \tag{1.5.8}$$

试研究零解的稳定性.

解　方程 (1.5.2) 给出

$$\begin{pmatrix} \dot{x}_1 \\ \dot{x}_2 \end{pmatrix} = \left(\begin{pmatrix} -1 & 0 \\ 0 & -1 \end{pmatrix} + \begin{pmatrix} -1 & 0 \\ 0 & -2 \end{pmatrix} \right) \begin{pmatrix} \dfrac{\partial V}{\partial x_1} \\ \dfrac{\partial V}{\partial x_2} \end{pmatrix}$$

即

$$\dot{x}_1 = -4x_1 + 2x_2$$
$$\dot{x}_2 = -6x_2 + 3x_1$$

按方程求 $\dot{V}$, 得

$$\dot{V} = -11x_1^2 - 14x_2^2 + 20x_1x_2$$

它在 $x_1 = x_2 = 0$ 的邻域内是负定的, 而 V 正定, 因此, 零解 $x_1 = x_2 = 0$ 是渐近稳定的.

例 3 组合梯度系统III为

$$(a_{ij}) = \begin{pmatrix} -1 & -1 \\ 1 & 0 \end{pmatrix}, \quad V = \frac{1}{2}x_1^2 + \frac{1}{2}x_2^2 \tag{1.5.9}$$

试研究零解的稳定性.

解 方程 (1.5.3) 给出

$$\begin{pmatrix} \dot{x}_1 \\ \dot{x}_2 \end{pmatrix} = \left(\begin{pmatrix} -1 & 0 \\ 0 & -1 \end{pmatrix} + \begin{pmatrix} -1 & -1 \\ 1 & 0 \end{pmatrix} \right) \begin{pmatrix} \dfrac{\partial V}{\partial x_1} \\ \dfrac{\partial V}{\partial x_2} \end{pmatrix}$$

即

$$\dot{x}_1 = -2x_1 - x_2$$
$$\dot{x}_2 = x_1 - x_2$$

按方程求 $\dot{V}$, 得

$$\dot{V} = -2x_1^2 - x_2^2$$

它在 $x_1 = x_2 = 0$ 的邻域内是负定的, 而 V 是正定的, 因此, 零解 $x_1 = x_2 = 0$ 是渐近稳定的.

例 4 组合梯度系统IV为

$$(b_{ij}) = \begin{pmatrix} 0 & 1 \\ -1 & 0 \end{pmatrix}, \quad (s_{ij}) = \begin{pmatrix} -1 & 0 \\ 0 & -2 \end{pmatrix}, \quad V = \frac{1}{2}x_1^2 + \frac{1}{2}x_2^2 \tag{1.5.10}$$

试研究零解的稳定性.

解 方程 (1.5.4) 给出

$$\begin{pmatrix} \dot{x}_1 \\ \dot{x}_2 \end{pmatrix} = \left(\begin{pmatrix} 0 & 1 \\ -1 & 0 \end{pmatrix} + \begin{pmatrix} -1 & 0 \\ 0 & -2 \end{pmatrix} \right) \begin{pmatrix} \dfrac{\partial V}{\partial x_1} \\ \dfrac{\partial V}{\partial x_2} \end{pmatrix}$$

即

$$\dot{x}_1 = -x_1 + x_2$$
$$\dot{x}_2 = -x_1 - 2x_2$$

按方程求 $\dot{V}$, 得

$$\dot{V} = -x_1^2 - 2x_2^2$$

它在 $x_1 = x_2 = 0$ 的邻域内是负定的, 而 V 正定, 因此, 零解 $x_1 = x_2 = 0$ 是渐近稳定的.

例 5 组合梯度系统 V 为

$$(b_{ij}) = \begin{pmatrix} 0 & -1 \\ 1 & 0 \end{pmatrix}, \quad (a_{ij}) = \begin{pmatrix} -1 & 1 \\ 1 & -1 \end{pmatrix}, \quad V = x_1^2 + x_2^2 + x_1 x_2 \qquad (1.5.11)$$

试研究零解的稳定性.

解 方程 (1.5.5) 给出

$$\begin{pmatrix} \dot{x}_1 \\ \dot{x}_2 \end{pmatrix} = \left(\begin{pmatrix} 0 & -1 \\ 1 & 0 \end{pmatrix} = \begin{pmatrix} -1 & 1 \\ 1 & -1 \end{pmatrix} \right) \begin{pmatrix} \dfrac{\partial V}{\partial x_1} \\ \dfrac{\partial V}{\partial x_2} \end{pmatrix}$$

即

$$\dot{x}_1 = -2x_1 - x_2$$
$$\dot{x}_2 = 3x_1$$

按方程求 $\dot{V}$, 得

$$\dot{V} = -(x_1 - x_2)^2$$

它在 $x_1 = x_2 = 0$ 的邻域内是半负定的, 而 V 正定, 因此, 零解 $x_1 = x_2 = 0$ 是稳定的.

例 6 组合梯度系统 VI 为

$$(a_{ij}) = \begin{pmatrix} -1 & 1 \\ 1 & -1 \end{pmatrix}, \quad (s_{ij}) = \begin{pmatrix} -1 & 0 \\ 0 & -2 \end{pmatrix}, \quad V = \frac{1}{2}x_1^2 + \frac{1}{2}x_2^2 \qquad (1.5.12)$$

试研究零解的稳定性.

解 方程 (1.5.6) 给出

$$\begin{pmatrix} \dot{x}_1 \\ \dot{x}_2 \end{pmatrix} = \left(\begin{pmatrix} -1 & 1 \\ 1 & -1 \end{pmatrix} + \begin{pmatrix} -1 & 0 \\ 0 & -2 \end{pmatrix} \right) \begin{pmatrix} \dfrac{\partial V}{\partial x_1} \\ \dfrac{\partial V}{\partial x_2} \end{pmatrix}$$

即

$$\dot{x}_1 = -2x_1 + x_2$$
$$\dot{x}_2 = x_1 - 3x_2$$

按方程求 $\dot{V}$, 得

$$\dot{V} = -2x_1^2 - 3x_2^2 + 2x_1x_2$$

它在 $x_1 = x_2 = 0$ 的邻域内是负定的, 而 V 正定, 因此, 零解 $x_1 = x_2 = 0$ 是渐近稳定的.

1.6 广义梯度系统（Ⅰ）

广义梯度系统（Ⅰ）是指函数 V 包含时间的梯度系统, 可分成十类. 本节研究这十类广义梯度系统的微分方程、重要性质, 以及简单应用.

1.6.1 微分方程

1) 广义梯度系统 I-1

微分方程为

$$\dot{x}_i = -\frac{\partial V(t, \boldsymbol{X})}{\partial x_i} \quad (i = 1, 2, \cdots, m) \tag{1.6.1}$$

2) 广义梯度系统 I-2

微分方程为

$$\dot{x}_i = b_{ij}(\boldsymbol{X})\frac{\partial V(t, \boldsymbol{X})}{\partial x_j} \quad (i, j = 1, 2, \cdots, m) \tag{1.6.2}$$

3) 广义梯度系统 I-3

微分方程为

$$\dot{x}_i = s_{ij}(\boldsymbol{X})\frac{\partial V(t, \boldsymbol{X})}{\partial x_j} \quad (i, j = 1, 2, \cdots, m) \tag{1.6.3}$$

4) 广义梯度系统 I-4

微分方程为

$$\dot{x}_i = a_{ij}(\boldsymbol{X})\frac{\partial V(t, \boldsymbol{X})}{\partial x_j} \quad (i, j = 1, 2, \cdots, m) \tag{1.6.4}$$

5) 广义梯度系统 I-5

微分方程为

$$\dot{x}_i = -\frac{\partial V(t, \boldsymbol{X})}{\partial x_i} + b_{ij}(\boldsymbol{X})\frac{\partial V(t, \boldsymbol{X})}{\partial x_j} \quad (i, j = 1, 2, \cdots, m) \tag{1.6.5}$$

6) 广义梯度系统 I-6

微分方程为

$$\dot{x}_i = -\frac{\partial V(t, \boldsymbol{X})}{\partial x_i} + s_{ij}(\boldsymbol{X})\frac{\partial V(t, \boldsymbol{X})}{\partial x_j} \quad (i, j = 1, 2, \cdots, m) \tag{1.6.6}$$

7) 广义梯度系统 I-7

微分方程为

$$\dot{x}_i = -\frac{\partial V(t, \boldsymbol{X})}{\partial x_i} + a_{ij}(\boldsymbol{X})\frac{\partial V(t, \boldsymbol{X})}{\partial x_j} \quad (i, j = 1, 2, \cdots, m) \tag{1.6.7}$$

8) 广义梯度系统 I-8

微分方程为

$$\dot{x}_i = b_{ij}(\boldsymbol{X})\frac{\partial V(t, \boldsymbol{X})}{\partial x_j} + s_{ij}(\boldsymbol{X})\frac{\partial V(t, \boldsymbol{X})}{\partial x_j} \quad (i, j = 1, 2, \cdots, m) \tag{1.6.8}$$

9) 广义梯度系统 I-9

微分方程有形式

$$\dot{x}_i = b_{ij}(\boldsymbol{X})\frac{\partial V(t, \boldsymbol{X})}{\partial x_j} + a_{ij}(\boldsymbol{X})\frac{\partial V(t, \boldsymbol{X})}{\partial x_j} \quad (i, j = 1, 2, \cdots, m) \tag{1.6.9}$$

10) 广义梯度系统 I-10

微分方程有形式

$$\dot{x}_i = a_{ij}(\boldsymbol{X})\frac{\partial V(t, \boldsymbol{X})}{\partial x_j} + s_{ij}(\boldsymbol{X})\frac{\partial V(t, \boldsymbol{X})}{\partial x_j} \quad (i, j = 1, 2, \cdots, m) \tag{1.6.10}$$

1.6.2　性质

1) 广义梯度系统 I-1

按方程 (1.6.1) 求 $\dot{V}$, 得

$$\dot{V} = \frac{\partial V}{\partial t} - \frac{\partial V}{\partial x_i}\frac{\partial V}{\partial x_i}$$

其右端第二项小于零. 若 V 正定, 且 $\dot{V}$ 负定, 那么解是渐近稳定的.

2) 广义梯度系统 I-2

按方程 (1.6.2) 求 $\dot{V}$, 得

$$\dot{V} = \frac{\partial V}{\partial t} + \frac{\partial V}{\partial x_i}b_{ij}\frac{\partial V}{\partial x_j} = \frac{\partial V}{\partial t}$$

因此, 若 V 正定, 且

$$\frac{\partial V}{\partial t} < 0$$

那么解是稳定的.

3) 广义梯度系统 I-3

按方程 (1.6.3) 求 $\dot{V}$, 得

$$\dot{V} = \frac{\partial V}{\partial t} + \frac{\partial V}{\partial x_i} s_{ij} \frac{\partial V}{\partial x_j}$$

其右端第二项小于零. 如果 V 正定, 且 $\dot{V}$ 负定, 那么解是渐近稳定的.

4) 广义梯度系统 I-4

按方程 (1.6.4) 求 $\dot{V}$, 得

$$\dot{V} = \frac{\partial V}{\partial t} + \frac{\partial V}{\partial x_i} a_{ij} \frac{\partial V}{\partial x_j}$$

其右端第二项小于或等于零. 如果 V 正定, 且 $\dot{V}$ 负定, 那么解是渐近稳定的.

5) 广义梯度系统 I-5

按方程 (1.6.5) 求 $\dot{V}$, 得

$$\dot{V} = \frac{\partial V}{\partial t} - \frac{\partial V}{\partial x_i} \frac{\partial V}{\partial x_i} + \frac{\partial V}{\partial x_i} b_{ij} \frac{\partial V}{\partial x_j} = \frac{\partial V}{\partial t} - \frac{\partial V}{\partial x_i} \frac{\partial V}{\partial x_i}$$

情况相同于广义梯度系统 I-1.

6) 广义梯度系统 I-6

按方程 (1.6.6) 求 $\dot{V}$, 得

$$\dot{V} = \frac{\partial V}{\partial t} - \frac{\partial V}{\partial x_i} \frac{\partial V}{\partial x_i} + \frac{\partial V}{\partial x_i} s_{ij} \frac{\partial V}{\partial x_j}$$

其右端第二、第三项小于零. 因此, 如果 V 正定, 且 $\dfrac{\partial V}{\partial t} < 0$, 那么解是稳定的; 如果 $\dot{V}$ 负定, 那么解是渐近稳定的.

7) 广义梯度系统 I-7

按方程 (1.6.7) 求 $\dot{V}$, 得

$$\dot{V} = \frac{\partial V}{\partial t} - \frac{\partial V}{\partial x_i} \frac{\partial V}{\partial x_i} + \frac{\partial V}{\partial x_i} a_{ij} \frac{\partial V}{\partial x_j}$$

其右端第二、第三项小于零. 因此, 若 V 正定, 且 $\dfrac{\partial V}{\partial t} < 0$, 那么解是稳定的; 若 $\dot{V}$ 负定, 那么解是渐近稳定的.

8) 广义梯度系统 I-8

按方程 (1.6.8) 求 $\dot{V}$, 得

$$\dot{V} = \frac{\partial V}{\partial t} + \frac{\partial V}{\partial x_i} b_{ij} \frac{\partial V}{\partial x_j} + \frac{\partial V}{\partial x_i} s_{ij} \frac{\partial V}{\partial x_j} = \frac{\partial V}{\partial t} + \frac{\partial V}{\partial x_i} s_{ij} \frac{\partial V}{\partial x_j}$$

情况相同于广义梯度系统 I-3.

9) 广义梯度系统 I-9

按方程 (1.6.9) 求 $\dot{V}$, 得

$$\dot{V} = \frac{\partial V}{\partial t} + \frac{\partial V}{\partial x_i} b_{ij} \frac{\partial V}{\partial x_j} + \frac{\partial V}{\partial x_i} a_{ij} \frac{\partial V}{\partial x_j} = \frac{\partial V}{\partial t} + \frac{\partial V}{\partial x_i} a_{ij} \frac{\partial V}{\partial x_j}$$

情况相同于广义梯度系统 I-4.

10) 广义梯度系统 I-10

按方程 (1.6.10) 求 $\dot{V}$, 得

$$\dot{V} = \frac{\partial V}{\partial t} + \frac{\partial V}{\partial x_i} a_{ij} \frac{\partial V}{\partial x_j} + \frac{\partial V}{\partial x_i} s_{ij} \frac{\partial V}{\partial x_j}$$

其右端第二、第三项小于零. 因此, 若 V 正定, 且 $\dfrac{\partial V}{\partial t} < 0$, 那么解是稳定的; 若 $\dot{V}$ 负定, 那么解是渐近稳定的.

1.6.3 简单应用

例 1   广义梯度系统 I-1 为

$$\begin{pmatrix} \dot{x}_1 \\ \dot{x}_2 \end{pmatrix} = \begin{pmatrix} -1 & 0 \\ 0 & -1 \end{pmatrix} \begin{pmatrix} \dfrac{\partial V}{\partial x_1} \\ \dfrac{\partial V}{\partial x_2} \end{pmatrix}, \quad V = x_1^2(1+t) + x_2^2 \tag{1.6.11}$$

试研究零解的稳定性.

解   方程 (1.6.1) 给出

$$\dot{x}_1 = -2x_1(1+t)$$
$$\dot{x}_2 = -2x_2$$

按方程求 $\dot{V}$, 得

$$\dot{V} = -x_1^2[4(1+t)^2 - 1] - 4x_2^2$$

它在 $x_1 = x_2 = 0$, $t \geqslant 0$ 的邻域内是负定的, 而 V 是正定的, 因此, 零解 $x_1 = x_2 = 0$ 是渐近稳定的.

例 2   广义梯度系统 I-2 为

$$(b_{ij}) = \begin{pmatrix} 0 & 1 \\ -1 & 0 \end{pmatrix}, \quad V = x_1^2 + x_2^2[1 + \exp(-t)] \tag{1.6.12}$$

试研究零解的稳定性.

解 方程 (1.6.2) 给出

$$\dot{x}_1 = 2x_2[1 + \exp(-t)]$$
$$\dot{x}_2 = -2x_1$$

按方程求 $\dot{V}$, 得

$$\dot{V} = -x_2^2 \exp(-t)$$

它是半负定的, 而 V 是正定的, 因此, 零解 $x_1 = x_2 = 0$ 是稳定的.

例 3 广义梯度系统 I-3 为

$$(s_{ij}) = \begin{pmatrix} -1 & 1 \\ 1 & -2 \end{pmatrix}, \quad V = x_1^2 + \frac{x_2^2}{2 + \cos t} \tag{1.6.13}$$

试研究零解的稳定性.

解 方程 (1.6.3) 给出

$$\dot{x}_1 = -2x_1 + \frac{2x_2}{2 + \cos t}$$
$$\dot{x}_2 = 2x_1 - \frac{4x_2}{2 + \cos t}$$

按方程求 $\dot{V}$, 得

$$\dot{V} = -4x_1^2 - \frac{x_2^2}{(2 + \cos t)^2}(8 - \sin t) + \frac{8x_1 x_2}{2 + \cos t}$$

它是负定的, 而 V 是正定的, 因此, 零解 $x_1 = x_2 = 0$ 是渐近稳定的.

例 4 广义梯度系统 I-4 为

$$(a_{ij}) = \begin{pmatrix} -1 & 1 \\ 1 & -1 \end{pmatrix}, \quad V = \frac{1}{2}x_1^2 + \frac{1}{2}x_2^2[1 + \exp(-t)] \tag{1.6.14}$$

试研究零解的稳定性.

解 方程 (1.6.4) 给出

$$\dot{x}_1 = -x_1 + x_2[1 + \exp(-t)]$$
$$\dot{x}_2 = x_1 - x_2[1 + \exp(-t)]$$

按方程求 $\dot{V}$, 得

$$\dot{V} = -x_1^2 - \frac{1}{2}x_2^2[1 + \exp(-t)]\{1 + 2[1 + \exp(-t)]\} + 2x_1 x_2[1 + \exp(-t)]$$

它是负定的, 而 V 是正定的, 因此, 零解 $x_1 = x_2 = 0$ 是渐近稳定的.

例 5　广义梯度系统 I-5 为

$$(b_{ij}) = \begin{pmatrix} 0 & -1 \\ 1 & 0 \end{pmatrix}, \quad V = \frac{1}{2}x_1^2 + \frac{1}{2}x_2^2 \exp t \tag{1.6.15}$$

试研究零解的稳定性.

　　解　方程 (1.6.5) 给出

$$\begin{pmatrix} \dot{x}_1 \\ \dot{x}_2 \end{pmatrix} = \left(\begin{pmatrix} -1 & 0 \\ 0 & -1 \end{pmatrix} + \begin{pmatrix} 0 & -1 \\ 1 & 0 \end{pmatrix} \right) \begin{pmatrix} \dfrac{\partial V}{\partial x_1} \\[2mm] \dfrac{\partial V}{\partial x_2} \end{pmatrix}$$

即

$$\dot{x}_1 = -x_1 - x_2 \exp t$$
$$\dot{x}_2 = x_1 - x_2 \exp t$$

按方程求 $\dot{V}$, 得

$$\dot{V} = -x_1^2 - x_2^2 \exp t(\exp t - 1)$$

当 $t > 0$ 时, 它是负定的, 而 V 正定, 因此, 零解 $x_1 = x_2 = 0$ 是渐近稳定的.

　　例 6　广义梯度系统 I-6 为

$$(s_{ij}) = \begin{pmatrix} -1 & 1 \\ 1 & -2 \end{pmatrix}, \quad V = x_1^2 + \frac{x_2^2}{2 + \sin t} \tag{1.6.16}$$

试研究零解的稳定性.

　　解　方程 (1.6.6) 给出

$$\begin{pmatrix} \dot{x}_1 \\ \dot{x}_2 \end{pmatrix} = \left(\begin{pmatrix} -1 & 0 \\ 0 & -1 \end{pmatrix} + \begin{pmatrix} -1 & 1 \\ 1 & -2 \end{pmatrix} \right) \begin{pmatrix} \dfrac{\partial V}{\partial x_1} \\[2mm] \dfrac{\partial V}{\partial x_2} \end{pmatrix}$$

即

$$\dot{x}_1 = -4x_1 + \frac{2x_2}{2 + \sin t}$$
$$\dot{x}_2 = 2x_1 - \frac{6x_2}{2 + \sin t}$$

按方程求 $\dot{V}$, 得

$$\dot{V} = -8x_1^2 - \frac{12 + \cos t}{(2 + \sin t)^2}x_2^2 + \frac{8x_1 x_2}{2 + \sin t}$$

它对任意 $t \geqslant 0$ 是负定的, 而 V 是正定的, 因此, 零解 $x_1 = x_2 = 0$ 是渐近稳定的.

例 7　广义梯度系统 I-7 为

$$(a_{ij}) = \begin{pmatrix} -1 & 1 \\ 1 & -1 \end{pmatrix}, \quad V = \frac{x_1^2}{2+\cos t} + x_2^2 \tag{1.6.17}$$

试研究零解的稳定性.

解　方程 (1.6.7) 给出

$$\begin{pmatrix} \dot{x}_1 \\ \dot{x}_2 \end{pmatrix} = \left(\begin{pmatrix} -1 & 0 \\ 0 & -1 \end{pmatrix} + \begin{pmatrix} -1 & 1 \\ 1 & -1 \end{pmatrix} \right) \begin{pmatrix} \dfrac{\partial V}{\partial x_1} \\ \dfrac{\partial V}{\partial x_2} \end{pmatrix}$$

即

$$\dot{x}_1 = -\frac{4x_1}{2+\cos t} + 2x_2$$
$$\dot{x}_2 = \frac{2x_1}{2+\cos t} - 4x_2$$

按方程求 $\dot{V}$, 得

$$\dot{V} = -x_1^2 \frac{8-\sin t}{(2+\cos t)^2} - 8x_2^2 + \frac{8x_1 x_2}{2+\cos t}$$

它是负定的, 而 V 正定, 因此, 零解 $x_1 = x_2 = 0$ 是渐近稳定的.

例 8　广义梯度系统 I-8 为

$$(b_{ij}) = \begin{pmatrix} 0 & 1 \\ -1 & 0 \end{pmatrix}, \quad (s_{ij}) = \begin{pmatrix} -1 & 1 \\ 1 & -2 \end{pmatrix}, \quad V = x_1^2 + x_2^2(1+t) \tag{1.6.18}$$

试研究零解的稳定性.

解　方程 (1.6.8) 给出

$$\begin{pmatrix} \dot{x}_1 \\ \dot{x}_2 \end{pmatrix} = \left(\begin{pmatrix} 0 & 1 \\ -1 & 0 \end{pmatrix} + \begin{pmatrix} -1 & 1 \\ 1 & -2 \end{pmatrix} \right) \begin{pmatrix} \dfrac{\partial V}{\partial x_1} \\ \dfrac{\partial V}{\partial x_2} \end{pmatrix}$$

即

$$\dot{x}_1 = -2x_1 + 4x_2(1+t)$$
$$\dot{x}_2 = -4x_2(1+t)$$

按方程求 $\dot{V}$, 得

$$\dot{V} = -4x_1^2 - x_2^2[8(1+t)^2 - 1] + 8x_1 x_2(1+t)$$

它是负定的, 而 V 正定, 因此, 零解 $x_1 = x_2 = 0$ 是渐近稳定的.

例 9 广义梯度系统 I-9 为

$$(b_{ij}) = \begin{pmatrix} 0 & -1 \\ 1 & 0 \end{pmatrix}, \quad (a_{ij}) = \begin{pmatrix} -1 & 1 \\ 1 & -1 \end{pmatrix} \tag{1.6.19}$$

$$V = x_1^2 + x_2^2[1 + \exp(-t)] + x_1 x_2$$

试研究零解的稳定性.

解 方程 (1.6.9) 给出

$$\begin{pmatrix} \dot{x}_1 \\ \dot{x}_2 \end{pmatrix} = \left(\begin{pmatrix} 0 & -1 \\ 1 & 0 \end{pmatrix} + \begin{pmatrix} -1 & 1 \\ 1 & -1 \end{pmatrix} \right) \begin{pmatrix} \dfrac{\partial V}{\partial x_1} \\ \dfrac{\partial V}{\partial x_2} \end{pmatrix}$$

即

$$\dot{x}_1 = -2x_1 - x_2$$
$$\dot{x}_2 = 3x_1 - 2x_2 \exp(-t)$$

按方程求 $\dot{V}$, 得

$$\dot{V} = -x_1^2 - x_2^2[1 + 5\exp(-t) + 4\exp(-2t)] + 2x_1 x_2[1 + 2\exp(-t)]$$

它是负定的, 而 V 正定, 因此, 零解 $x_1 = x_2 = 0$ 是渐近稳定的.

例 10 广义梯度系统 I-10 为

$$(a_{ij}) = \begin{pmatrix} -1 & 1 \\ 1 & -1 \end{pmatrix}, \quad (s_{ij}) = \begin{pmatrix} -1 & 1 \\ 1 & -2 \end{pmatrix}, \quad V = x_1^2 + x_2^2(1 + t) \tag{1.6.20}$$

试研究零解的稳定性.

解 方程 (1.6.10) 给出

$$\begin{pmatrix} \dot{x}_1 \\ \dot{x}_2 \end{pmatrix} = \left(\begin{pmatrix} -1 & 1 \\ 1 & -1 \end{pmatrix} + \begin{pmatrix} -1 & 1 \\ 1 & -2 \end{pmatrix} \right) \begin{pmatrix} \dfrac{\partial V}{\partial x_1} \\ \dfrac{\partial V}{\partial x_2} \end{pmatrix}$$

即

$$\dot{x}_1 = -4x_1 + 4x_2(1 + t)$$
$$\dot{x}_2 = 4x_1 - 6x_2(1 + t)$$

按方程求 $\dot{V}$, 得

$$\dot{V} = -8x_1^2 - x_2^2[12(1 + t)^2 - 1]$$

它是负定的, 而 V 正定, 因此, 零解 $x_1 = x_2 = 0$ 是渐近稳定的.

1.7　广义梯度系统 (II)

如果梯度系统的矩阵和函数都包含时间 t, 就称其为广义梯度系统 (II). 本节研究九类广义梯度系统的微分方程、重要性质, 以及简单应用.

1.7.1　微分方程

1) 广义梯度系统 II-1

微分方程为

$$\dot{x}_i = b_{ij}(t, \boldsymbol{X})\frac{\partial V(t, \boldsymbol{X})}{\partial x_j} \quad (i, j = 1, 2, \cdots, m) \tag{1.7.1}$$

2) 广义梯度系统 II-2

微分方程为

$$\dot{x}_i = s_{ij}(t, \boldsymbol{X})\frac{\partial V(t, \boldsymbol{X})}{\partial x_j} \quad (i, j = 1, 2, \cdots, m) \tag{1.7.2}$$

3) 广义梯度系统 II-3

微分方程为

$$\dot{x}_i = a_{ij}(t, \boldsymbol{X})\frac{\partial V(t, \boldsymbol{X})}{\partial x_j} \quad (i, j = 1, 2, \cdots, m) \tag{1.7.3}$$

4) 广义梯度系统 II-4

微分方程为

$$\dot{x}_i = -\frac{\partial V(t, \boldsymbol{X})}{\partial x_i} + b_{ij}(t, \boldsymbol{X})\frac{\partial V(t, \boldsymbol{X})}{\partial x_j} \quad (i, j = 1, 2, \cdots, m) \tag{1.7.4}$$

5) 广义梯度系统 II-5

微分方程为

$$\dot{x}_i = -\frac{\partial V(t, \boldsymbol{X})}{\partial x_i} + s_{ij}(t, \boldsymbol{X})\frac{\partial V(t, \boldsymbol{X})}{\partial x_j} \quad (i, j = 1, 2, \cdots, m) \tag{1.7.5}$$

6) 广义梯度系统 II-6

微分方程为

$$\dot{x}_i = -\frac{\partial V(t, \boldsymbol{X})}{\partial x_i} + a_{ij}(t, \boldsymbol{X})\frac{\partial V(t, \boldsymbol{X})}{\partial x_j} \quad (i, j = 1, 2, \cdots, m) \tag{1.7.6}$$

7) 广义梯度系统 II-7

微分方程为

$$\dot{x}_i = b_{ij}(t, \boldsymbol{X})\frac{\partial V(t, \boldsymbol{X})}{\partial x_j} + s_{ij}(t, \boldsymbol{X})\frac{\partial V(t, \boldsymbol{X})}{\partial x_j} \quad (i, j = 1, 2, \cdots, m) \tag{1.7.7}$$

8) 广义梯度系统 II-8

微分方程为

$$\dot{x}_i = b_{ij}(t, \boldsymbol{X})\frac{\partial V(t, \boldsymbol{X})}{\partial x_j} + a_{ij}(t, \boldsymbol{X})\frac{\partial V(t, \boldsymbol{X})}{\partial x_j} \quad (i, j = 1, 2, \cdots, m) \tag{1.7.8}$$

9) 广义梯度系统 II-9

微分方程为

$$\dot{x}_i = a_{ij}(t, \boldsymbol{X})\frac{\partial V(t, \boldsymbol{X})}{\partial x_j} + s_{ij}(t, \boldsymbol{X})\frac{\partial V(t, \boldsymbol{X})}{\partial x_j} \quad (i, j = 1, 2, \cdots, m) \tag{1.7.9}$$

1.7.2　性质

广义梯度系统 (II) 的性质, 可类似于 1.6.2 小节进行讨论, 这里除矩阵可包含时间 t 外, 与 1.6.2 小节相同.

1.7.3　简单应用

例 1　广义梯度系统 II-1 为

$$\begin{pmatrix} \dot{x}_1 \\ \dot{x}_2 \end{pmatrix} = \begin{pmatrix} 0 & 1+t \\ -(1+t) & 0 \end{pmatrix} \begin{pmatrix} \dfrac{\partial V}{\partial x_1} \\ \dfrac{\partial V}{\partial x_2} \end{pmatrix}, \quad V = x_1^2[1 + \exp(-t)] + x_2^2 \tag{1.7.10}$$

试研究零解的稳定性.

解　方程 (1.7.1) 给出

$$\dot{x}_1 = 2x_2(1+t)$$
$$\dot{x}_2 = -2x_1(1+t)[1 + \exp(-t)]$$

按方程求 $\dot{V}$, 得

$$\dot{V} = -x_1^2\exp(-t) < 0$$

因此, 零解 $x_1 = x_2 = 0$ 是稳定的.

例 2　广义梯度系统 II-2 为

$$(s_{ij}) = \begin{pmatrix} -(1+t) & 0 \\ 0 & -2(1+t) \end{pmatrix}, \quad V = x_1^2 + x_2^2(1+t) \tag{1.7.11}$$

试研究零解的稳定性.

解 方程 (1.7.2) 给出

$$\dot{x}_1 = -2x_1(1+t)$$
$$\dot{x}_2 = -4x_2(1+t)$$

按方程求 $\dot{V}$, 得

$$\dot{V} = -4x_1^2(1+t) - x_2^2[8(1+t)^2 - 1]$$

它是负定的, 因此, 零解 $x_1 = x_2 = 0$ 是渐近稳定的.

例 3 广义梯度系统 II-3 为

$$(a_{ij}) = \begin{pmatrix} -(1+t) & 1+t \\ 1+t & -(1+t) \end{pmatrix}, \quad V = \frac{1}{2}x_1^2 + \frac{1}{2}x_2^2 \tag{1.7.12}$$

试研究零解的稳定性.

解 方程 (1.7.3) 给出

$$\dot{x}_1 = (-x_1 + x_2)(1+t)$$
$$\dot{x}_2 = (x_1 - x_2)(1+t)$$

按方程求 $\dot{V}$, 得

$$\dot{V} = -(1+t)(x_1 - x_2)^2 \leqslant 0$$

因此, 零解 $x_1 = x_2 = 0$ 是稳定的.

例 4 广义梯度系统 II-4 为

$$(b_{ij}) = \begin{pmatrix} 0 & 1+t^2 \\ -(1+t^2) & 0 \end{pmatrix}, \quad V = x_1^2\left(1 + \frac{1}{1+t}\right) + x_2^2 \tag{1.7.13}$$

试研究零解的稳定性.

解 方程 (1.7.4) 给出

$$\begin{pmatrix} \dot{x}_1 \\ \dot{x}_2 \end{pmatrix} = \left(\begin{pmatrix} -1 & 0 \\ 0 & -1 \end{pmatrix} + \begin{pmatrix} 0 & 1+t^2 \\ -(1+t^2) & 0 \end{pmatrix} \right) \begin{pmatrix} \dfrac{\partial V}{\partial x_1} \\ \dfrac{\partial V}{\partial x_2} \end{pmatrix}$$

即

$$\dot{x}_1 = -2x_1\left(1 + \frac{1}{1+t}\right) + 2x_2(1+t^2)$$
$$\dot{x}_2 = -2x_1\left(1 + \frac{1}{1+t}\right)(1+t^2) - 2x_2$$

按方程求 $\dot{V}$, 得

$$\dot{V} = -x_1^2 \left[4\left(1 + \frac{1}{1+t}\right)^2 + \frac{1}{(1+t)^2} \right] - 4x_2^2$$

它是负定的, 因此, 零解 $x_1 = x_2 = 0$ 是渐近稳定的.

例 5　广义梯度系统 II-5 为

$$(s_{ij}) = \begin{pmatrix} -(1+t) & 0 \\ 0 & -2(1+t) \end{pmatrix}, \quad V = x_1^2 + x_2^2(1+t) \tag{1.7.14}$$

试研究零解的稳定性.

解　方程 (1.7.5) 给出

$$\begin{pmatrix} \dot{x}_1 \\ \dot{x}_2 \end{pmatrix} = \left(\begin{pmatrix} -1 & 0 \\ 0 & -1 \end{pmatrix} + \begin{pmatrix} -(1+t) & 0 \\ 0 & -2(1+t) \end{pmatrix} \right) \begin{pmatrix} \dfrac{\partial V}{\partial x_1} \\ \dfrac{\partial V}{\partial x_2} \end{pmatrix}$$

即

$$\dot{x}_1 = -2x_1(2+t)$$
$$\dot{x}_2 = -2x_2(1+t)(3+2t)$$

按方程求 $\dot{V}$, 得

$$\dot{V} = -4x_1^2(2+t) - 4x_2^2(1+t)(3+2t) + x_1^2$$

它是负定的, 因此, 零解 $x_1 = x_2 = 0$ 是渐近稳定的.

例 6　广义梯度系统 II-6 为

$$(a_{ij}) = \begin{pmatrix} -(1+t) & 1+t \\ 1+t & -(1+t) \end{pmatrix}, \quad V = \frac{1}{2}x_1^2 + \frac{1}{2}x_2^2 \tag{1.7.15}$$

试研究零解的稳定性.

解　方程 (1.7.6) 给出

$$\begin{pmatrix} \dot{x}_1 \\ \dot{x}_2 \end{pmatrix} = \left(\begin{pmatrix} -1 & 0 \\ 0 & -1 \end{pmatrix} + \begin{pmatrix} -(1+t) & 1+t \\ 1+t & -(1+t) \end{pmatrix} \right) \begin{pmatrix} \dfrac{\partial V}{\partial x_1} \\ \dfrac{\partial V}{\partial x_2} \end{pmatrix}$$

即

$$\dot{x}_1 = -x_1(2+t) + x_2(1+t)$$
$$\dot{x}_2 = x_1(1+t) - x_2(2+t)$$

按方程求 $\dot{V}$, 得

$$\dot{V} = -x_1^2(2+t) - x_2^2(2+t) + 2x_1x_2(1+t)$$

它是负定的, 因此, 零解 $x_1 = x_2 = 0$ 是渐近稳定的.

例 7 广义梯度系统 II-7 为

$$(b_{ij}) = \begin{pmatrix} 0 & 1+\exp(-t) \\ -[1+\exp(-t)] & 0 \end{pmatrix}$$

$$(s_{ij}) = \begin{pmatrix} -1 & 0 \\ 0 & -(1+t) \end{pmatrix} \tag{1.7.16}$$

$$V = \frac{1}{2}x_1^2 + \frac{1}{2}x_2^2$$

试研究零解的稳定性.

解 方程 (1.7.7) 给出

$$\begin{pmatrix} \dot{x}_1 \\ \dot{x}_2 \end{pmatrix} = \left(\begin{pmatrix} 0 & 1+\exp(-t) \\ -[1+\exp(-t)] & 0 \end{pmatrix} + \begin{pmatrix} -1 & 0 \\ 0 & -(1+t) \end{pmatrix} \right) \begin{pmatrix} \dfrac{\partial V}{\partial x_1} \\ \dfrac{\partial V}{\partial x_2} \end{pmatrix}$$

即

$$\dot{x}_1 = -x_1 + x_2[1+\exp(-t)]$$
$$\dot{x}_2 = -x_1[1+\exp(-t)] - x_2(1+t)$$

按方程求 $\dot{V}$, 得

$$\dot{V} = -x_1^2 - x_2^2(1+t)$$

它是负定的, 因此, 零解 $x_1 = x_2 = 0$ 是渐近稳定的.

例 8 广义梯度系统 II-8 为

$$(b_{ij}) = \begin{pmatrix} 0 & -[1+\exp(-t)] \\ 1+\exp(-t) & 0 \end{pmatrix}$$

$$(a_{ij}) = \begin{pmatrix} -(1+t) & 1+t \\ 1+t & -(1+t) \end{pmatrix} \tag{1.7.17}$$

$$V = \frac{1}{2}x_1^2(1+t) + \frac{1}{2}x_2^2$$

试研究零解的稳定性.

解 方程 (1.7.8) 给出

$$\begin{pmatrix} \dot{x}_1 \\ \dot{x}_2 \end{pmatrix} = \left(\begin{pmatrix} 0 & -[1+\exp(-t)] \\ 1+\exp(-t) & 0 \end{pmatrix} \right.$$

$$+ \begin{pmatrix} -(1+t) & 1+t \\ 1+t & -(1+t) \end{pmatrix} \Bigg) \begin{pmatrix} \dfrac{\partial V}{\partial x_1} \\ \dfrac{\partial V}{\partial x_2} \end{pmatrix}$$

即

$$\dot{x}_1 = -x_1(1+t)^2 + x_2\{(1+t) - [1 + \exp(-t)]\}$$
$$\dot{x}_2 = x_1(1+t)\{(1+t) + [1 + \exp(-t)]\} - x_2(1+t)$$

按方程求 $\dot{V}$, 得

$$\dot{V} = -(1+t)[x_1(1+t) - x_2]^2$$

它是半负定的, 因此, 零解 $x_1 = x_2 = 0$ 是稳定的.

例 9   广义梯度系统 II-9 为

$$(a_{ij}) = \begin{pmatrix} -(1+t) & 1+t \\ 1+t & -(1+t) \end{pmatrix}$$
$$(s_{ij}) = \begin{pmatrix} -(1+t) & 0 \\ 0 & -2(1+t) \end{pmatrix} \qquad (1.7.18)$$
$$V = \frac{1}{2}x_1^2 + \frac{1}{2}x_2^2(1+t)$$

试研究零解的稳定性.

解   方程 (1.7.9) 给出

$$\begin{pmatrix} \dot{x}_1 \\ \dot{x}_2 \end{pmatrix} = \Bigg(\begin{pmatrix} -(1+t) & 1+t \\ 1+t & -(1+t) \end{pmatrix} + \begin{pmatrix} -(1+t) & 0 \\ 0 & -2(1+t) \end{pmatrix} \Bigg) \begin{pmatrix} \dfrac{\partial V}{\partial x_1} \\ \dfrac{\partial V}{\partial x_2} \end{pmatrix}$$

即

$$\dot{x}_1 = -2x_1(1+t) + x_2(1+t)^2$$
$$\dot{x}_2 = x_1(1+t) - 3x_2(1+t)^2$$

按方程求 $\dot{V}$, 得

$$\dot{V} = -2x_1^2(1+t) - x_2^2\left[3(1+t)^3 - \frac{1}{2}\right] + 2x_1x_2(1+t)^2$$

它是负定的, 因此, 零解 $x_1 = x_2 = 0$ 是渐近稳定的.

本章作为后续章节的基础, 研究各类梯度系统的微分方程、性质, 以及简单应用. 将梯度系统分成三大类. 第一大类为不含时间的通常梯度系统, 斜梯度系统, 具有对称负定矩阵的梯度系统, 具有半负定矩阵的梯度系统, 计四类. 第二大类为由第一大类四类中每两类组合而成的组合梯度系统, 它们都不含时间, 计六类. 第三大类为函数 V 包含时间的广义梯度系统, 计十类, 以及矩阵和函数都包含时间的广义梯度系统, 计九类. 在后续第 2 ∽ 第 5 章研究第一大类梯度系统的应用. 第 6 章研究第二大类梯度系统的应用. 第 7、第 8 章研究第三大类梯度系统的应用.

习　　题

1-1　试证: 矩阵

$$\begin{pmatrix} -1 & 0 & 0 \\ 0 & -1 & 0 \\ 0 & 0 & -1 \end{pmatrix}$$

是负定的.

1-2　试证: 矩阵

$$\begin{pmatrix} -1 & 0 \\ 2 & -1 \end{pmatrix}$$

是半负定的.

1-3　试证: 矩阵

$$\begin{pmatrix} -1 & 0 \\ 0 & -(1+t) \end{pmatrix}$$

是负定的.

1-4　试证: 矩阵

$$\begin{pmatrix} -(1+t^2) & 1+t^2 \\ 1+t^2 & -(1+t^2) \end{pmatrix}$$

是半负定的.

1-5　梯度系统 (1.1.1) 能否研究解的稳定性?

1-6　梯度系统 (1.1.2) 能否研究解的渐进稳定性?

1-7　试对 $V = x_1^2 + x_2^2 - x_1 x_2$ 的情形给出六类组合梯度系统的矩阵, 并研究零解的稳定性.

1-8　给定 $V = x_1^2 + x_2^2(1+t) - x_1 x_2$ 以及方程

$$\begin{pmatrix} \dot{x}_1 \\ \dot{x}_2 \end{pmatrix} = \begin{pmatrix} L_{11} & L_{12} \\ L_{21} & L_{22} \end{pmatrix} \begin{pmatrix} \dfrac{\partial V}{\partial x_1} \\ \dfrac{\partial V}{\partial x_2} \end{pmatrix}$$

试找到系数矩阵 (L_{ij}) 使 $\dot{V}$ 为负定的.

1-9　试证: 对梯度系统

$$\begin{pmatrix} \dot{x}_1 \\ \dot{x}_2 \end{pmatrix} = \begin{pmatrix} 0 & -a_{12}(t, \boldsymbol{X}) \\ a_{12}(t, \boldsymbol{X}) & 0 \end{pmatrix} \begin{pmatrix} \dfrac{\partial V}{\partial x_1} \\ \dfrac{\partial V}{\partial x_2} \end{pmatrix}, \quad V = V(x_1, x_2)$$

总有 $\dot{V} = 0$.

　　1-10　试证: 对梯度系统

$$\dot{x}_i = b_{ij}(t, \boldsymbol{X})\frac{\partial V(\boldsymbol{X})}{\partial x_j} + s_{ij}(t, \boldsymbol{X})\frac{\partial V(\boldsymbol{X})}{\partial x_j}$$

$\dot{V}$ 与 b_{ij} 无关.

参 考 文 献

[1]　Hirsch MW, Smale S, Devaney RL. Differential Equations, Dynamical Systems, and an Introduction to Chaos. Singapore: Elsevier, 2008

[2]　McLachlan RI, Quispel GRW, Robidoux N. Geometric integration using discrete gradients. Phil Trans R Soc Lond A, 1999, 357: 1021–1045

第2章 约束力学系统与通常梯度系统

本章研究各类约束力学系统的梯度表示, 包括 Lagrange 系统、Hamilton 系统、广义坐标下一般完整系统、带附加项的 Hamilton 系统、准坐标下完整系统、相对运动动力学系统、变质量力学系统、事件空间中动力学系统、Chetaev 型非完整系统、非 Chetaev 型非完整系统、Birkhoff 系统、广义 Birkhoff 系统、广义 Hamilton 系统等的梯度表示. 给出各类约束力学系统成为梯度系统的条件, 并利用梯度系统的特性来研究力学系统的积分和稳定性.

2.1 通常梯度系统

本节讨论通常梯度系统, 包括系统的微分方程、性质, 以及对力学系统的应用.

2.1.1 微分方程

通常梯度系统的微分方程是一阶的, 即式 (1.1.1), 表示为 [1-3]

$$\dot{x}_i = -\frac{\partial V}{\partial x_i} \quad (i = 1, 2, \cdots, m) \tag{2.1.1}$$

其中 $V = V(x_1, x_2, \cdots, x_m)$ 称为势函数, 并不是力学系统中的势能. 方程 (2.1.1) 可表示为矢量形式

$$\dot{\boldsymbol{X}} = -\operatorname{grad} V(\boldsymbol{X}) = -\nabla V(\boldsymbol{X}) \tag{2.1.2}$$

其中

$$\boldsymbol{X} = (x_1, x_2, \cdots, x_m), \quad \nabla V = \left(\frac{\partial V}{\partial x_1}, \frac{\partial V}{\partial x_2}, \cdots, \frac{\partial V}{\partial x_m}\right) \tag{2.1.3}$$

2.1.2 性质

梯度系统 (2.1.1) 或 (2.1.2) 有如下重要性质: [1,3]

1) 函数 V 是系统 (2.1.1) 或 (2.1.2) 的一个 Lyapunov 函数, 并且 $\dot{V} = 0$, 当且仅当 $\boldsymbol{X}$ 是一个平衡点;

2) 对梯度系统 (2.1.1) 或 (2.1.2), 任一平衡点处的线性化系统都只有实特征根.

以上两条性质可用来研究可化成梯度系统的力学系统的平衡及其稳定性.

2.1.3　对力学系统的应用

各类约束力学系统, 包括 Lagrange 系统、Hamilton 系统、广义坐标下一般完整系统、带附加项的 Hamilton 系统、准坐标下完整系统、相对运动动力学系统、变质量力学系统、事件空间中动力学系统、Chetaev 型非完整系统、非 Chetaev 型非完整系统、Birkhoff 系统、广义 Birkhoff 系统、广义 Hamilton 系统等, 在一定限制下可写成梯度系统. 利用梯度系统的特性可研究化成梯度系统的力学系统的解及其稳定性. 稳定性类型, 包括稳定、不稳定、渐近稳定等. 因为梯度系统的线性化系统都只有实特征根, 因此, 稳定性质或是不稳定的, 或是渐近稳定的.

2.2　Lagrange 系统与梯度系统

本节研究 Lagrange 系统的梯度表示, 包括系统的运动微分方程、化成梯度系统的条件、解及其稳定性、应用举例等.

2.2.1　系统的运动微分方程

研究定常 Lagrange 系统, 其运动微分方程为

$$\frac{\mathrm{d}}{\mathrm{d}t}\frac{\partial L}{\partial \dot{q}_s} - \frac{\partial L}{\partial q_s} = 0 \quad (s = 1, 2, \cdots, n) \tag{2.2.1}$$

其中 q_s $(s = 1, 2, \cdots, n)$ 为广义坐标, $L = L(\boldsymbol{q}, \dot{\boldsymbol{q}})$ 为系统的 Lagrange 函数. 假设系统非奇异, 即设

$$\det\left(\frac{\partial^2 L}{\partial \dot{q}_s \partial \dot{q}_k}\right) \neq 0 \tag{2.2.2}$$

则由方程 (2.2.1) 可解出所有广义加速度 $\ddot{q}_s$, 简记作

$$\ddot{q}_s = \alpha_s(\boldsymbol{q}, \dot{\boldsymbol{q}}) \quad (s = 1, 2, \cdots, n) \tag{2.2.3}$$

2.2.2　系统的梯度表示

为将方程 (2.2.1) 或 (2.2.3) 化成梯度系统的方程, 需将其表示为一阶形式. 有多种方法可实现一阶化. 例如, 取

$$a^s = q_s, \quad a^{n+s} = \dot{q}_s \quad (s = 1, 2, \cdots, n) \tag{2.2.4}$$

则方程 (2.2.3) 可表示为

$$\dot{a}^\mu = F_\mu(\boldsymbol{a}) \quad (\mu = 1, 2, \cdots, 2n) \tag{2.2.5}$$

其中

$$F_s = a^{n+s}, \quad F_{n+s} = \alpha_s(\boldsymbol{a}) \tag{2.2.6}$$

若引入广义动量 p_s 和 Hamilton 函数 H

$$p_s = \frac{\partial L}{\partial \dot{q}_s}$$
$$H = p_s \dot{q}_s - L$$

(2.2.7)

则方程 (2.2.1) 可表示为 Hamilton 正则形式

$$\dot{q}_s = \frac{\partial H}{\partial p_s}, \quad \dot{p}_s = -\frac{\partial H}{\partial q_s} \quad (s = 1, 2, \cdots, n)$$

(2.2.8)

它还可写成形式

$$\dot{a}^\mu = \omega^{\mu\nu} \frac{\partial H}{\partial a^\nu} \quad (\mu, \nu = 1, 2, \cdots, 2n)$$

(2.2.9)

其中

$$a^s = q_s, \quad a^{n+s} = p_s$$
$$(\omega^{\mu\nu}) = \begin{pmatrix} 0_{n\times n} & 1_{n\times n} \\ -1_{n\times n} & 0_{n\times n} \end{pmatrix}$$

(2.2.10)

方程 (2.2.5), 或方程 (2.2.9) 一般都不是梯度系统的方程, 仅在一定条件下才能成为梯度系统 (2.1.1).

对方程 (2.2.5), 若满足条件

$$\frac{\partial F_\mu}{\partial a^\nu} - \frac{\partial F_\nu}{\partial a^\mu} = 0 \quad (\mu, \nu = 1, 2, \cdots, 2n)$$

(2.2.11)

则它是一个梯度系统. 此时, 可求得势函数 $V = V(\boldsymbol{a})$ 使得

$$F_\mu = -\frac{\partial V}{\partial a^\mu} \quad (\mu = 1, 2, \cdots, 2n)$$

(2.2.12)

对方程 (2.2.9), 若满足条件

$$\frac{\partial}{\partial a^\rho} \left(\omega^{\mu\nu} \frac{\partial H}{\partial a^\nu} \right) - \frac{\partial}{\partial a^\mu} \left(\omega^{\rho\nu} \frac{\partial H}{\partial a^\nu} \right) = 0 \quad (\mu, \nu = 1, 2, \cdots, 2n)$$

(2.2.13)

则它是一个梯度系统. 此时可求得势函数 $V = V(\boldsymbol{a})$ 使得

$$\omega^{\mu\nu} \frac{\partial H}{\partial a^\nu} = -\frac{\partial V}{\partial a^\mu} \quad (\mu, \nu = 1, 2, \cdots, 2n)$$

(2.2.14)

值得注意的是, 如果条件 (2.2.11) 或条件 (2.2.13) 不满足, 还不能断定它不是梯度系统, 因为这与方程的一阶形式选取相关. 在一种形式下不能断定它是梯度系统, 在另一种形式下有可能是一个梯度系统.

2.2.3　解及其稳定性

方程 (2.2.5) 在条件 (2.2.11) 下, 或方程 (2.2.9) 在条件 (2.2.13) 下, 可化成梯度系统, 写成形式

$$\dot{a}^{\mu} = -\frac{\partial V}{\partial a^{\mu}} \quad (\mu = 1, 2, \cdots, 2n) \tag{2.2.15}$$

如果

$$\frac{\partial V}{\partial a^{\mu}} = 0 \quad (\mu = 1, 2, \cdots, 2n) \tag{2.2.16}$$

有解

$$a^{\mu} = a_0^{\mu} \quad (\mu = 1, 2, \cdots, 2n) \tag{2.2.17}$$

且 V 为 Lyapunov 函数, 例如正定, 那么解 (2.2.17) 是渐近稳定的, 这是因为 $\dot{V}$ 负定. 如果 V 不能成为 Lyapunov 函数, 那么可由其线性化系统的特征根来判断解的稳定性: 若特征根全为负实根, 则解是渐近稳定的; 若有正实根, 则解是不稳定的.

2.2.4　应用举例

例 1　二自由度系统 Lagrange 函数为

$$L = \frac{1}{2}(\dot{q}_1^2 + \dot{q}_2^2) + \frac{1}{2}(q_1^2 + q_2^2) \tag{2.2.18}$$

其中量已无量纲化, 试将其化成梯度系统 (2.1.1), 并研究零解的稳定性.

解　方程 (2.2.1) 给出

$$\ddot{q}_1 = q_1$$
$$\ddot{q}_2 = q_2$$

令

$$a^1 = q_1$$
$$a^2 = q_2$$
$$a^3 = \dot{q}_1$$
$$a^4 = \dot{q}_2$$

则方程表示为一阶形式

$$\dot{a}^1 = a^3$$
$$\dot{a}^2 = a^4$$
$$\dot{a}^3 = a^1$$

$$\dot{a}^4 = a^2$$

显然, 这是一个梯度系统, 其势函数为

$$V = -a^1 a^3 - a^2 a^4$$

它还不能成为 Lyapunov 函数. 方程的特征根中有正实根, 因此, 零解 $a^1 = a^2 = a^3 = a^4 = 0$ 是不稳定的.

例 2 试证: 对 Lagrange 函数为 $L = \dfrac{1}{2}\dot{q}^2 - \dfrac{1}{2}q^2$ 的系统, 在变换

$$a^1 = Aq + B\dot{q}$$
$$a^2 = Cq + D\dot{q}$$
$$(AD - BC \neq 0)$$

下, 不能化成梯度系统 (2.1.1), 其中 A, B, C, D 为实数.

证明 系统的微分方程为

$$\ddot{q} = -q$$

将变换对时间 t 求导数, 并消去 $\ddot{q}$, 得

$$\dot{a}^1 = A\dot{q} - Bq$$
$$\dot{a}^2 = C\dot{q} - Dq$$

由变换解出 $q, \dot{q}$, 得

$$q = \frac{Da^1 - Ba^2}{AD - BC}, \quad \dot{q} = \frac{Aa^2 - Ca^1}{AD - BC}$$

代入 $\dot{a}^1, \dot{a}^2$ 中, 得

$$\dot{a}^1 = A\frac{Aa^2 - Ca^1}{AD - BC} - B\frac{Da^1 - Ba^2}{AD - BC}$$
$$\dot{a}^2 = C\frac{Aa^2 - Ca^1}{AD - BC} - D\frac{Da^1 - Ba^2}{AD - BC}$$

要使

$$\dot{a}^1 = -\frac{\partial V}{\partial a^1}$$

$$\dot{a}^2 = -\frac{\partial V}{\partial a^2}$$

则有

$$\frac{\partial^2 V}{\partial a^1 \partial a^2} = -\frac{A^2 + B^2}{AD - BC} = \frac{C^2 + D^2}{AD - BC}$$

即要求

$$A^2 + B^2 + C^2 + D^2 = 0$$

而这是不可能的.

证毕.

2.3　Hamilton 系统与梯度系统

本节研究 Hamilton 系统的梯度表示, 包括系统的运动微分方程、化成梯度系统的条件、解及其稳定性、应用举例等.

2.3.1　系统的运动微分方程

研究定常 Hamilton 系统, 其运动微分方程为

$$\dot{q}_s = \frac{\partial H}{\partial p_s}, \quad \dot{p}_s = -\frac{\partial H}{\partial q_s} \quad (s = 1, 2, \cdots, n) \tag{2.3.1}$$

其中 q_s, p_s 为正则变量, $H = H(\boldsymbol{q}, \boldsymbol{p})$ 为 Hamilton 函数. 方程 (2.3.1) 还可写成如下形式

$$\dot{a}^\mu = \omega^{\mu\nu} \frac{\partial H}{\partial a^\nu} \quad (\mu, \nu = 1, 2, \cdots, 2n) \tag{2.3.2}$$

其中

$$a^s = q_s, \quad a^{n+s} = p_s$$
$$(\omega^{\mu\nu}) = \begin{pmatrix} 0_{n\times n} & 1_{n\times n} \\ -1_{n\times n} & 0_{n\times n} \end{pmatrix} \tag{2.3.3}$$

2.3.2　系统的梯度表示

方程 (2.3.2) 一般不是梯度系统 (2.1.1). 若满足条件

$$\frac{\partial}{\partial a^\rho} \left(\omega^{\mu\nu} \frac{\partial H}{\partial a^\nu} \right) - \frac{\partial}{\partial a^\mu} \left(\omega^{\rho\nu} \frac{\partial H}{\partial a^\nu} \right) = 0 \quad (\mu, \nu, \rho = 1, 2, \cdots, 2n) \tag{2.3.4}$$

则它是一个梯度系统, 此时可求得势函数 $V = V(\boldsymbol{a})$ 使得

$$\omega^{\mu\nu} \frac{\partial H}{\partial a^\nu} = -\frac{\partial V}{\partial a^\mu} \quad (\mu, \nu = 1, 2, \cdots, 2n) \tag{2.3.5}$$

2.3.3 解及其稳定性

方程 (2.3.2) 在满足条件 (2.3.4) 下可写成梯度系统

$$\dot{a}^\mu = -\frac{\partial V}{\partial a^\mu} \quad (\mu = 1, 2, \cdots, 2n) \tag{2.3.6}$$

如果

$$\frac{\partial V}{\partial a^\mu} = 0 \quad (\mu = 1, 2, \cdots, 2n) \tag{2.3.7}$$

有解

$$a^\mu = a_0^\mu \quad (\mu = 1, 2, \cdots, 2n) \tag{2.3.8}$$

且在解的邻域内 V 正定, 那么解 (2.3.8) 是渐近稳定的. 如果 V 不能成为 Lyapunov 函数, 那么可由线性化系统的特征根来研究解的稳定性: 若特征根全为负实根, 则解是渐近稳定的; 若有正实根, 则解是不稳定的.

2.3.4 应用举例

例 1 Hamilton 系统为

$$H = \frac{1}{2}p^2 - \frac{1}{2}q^2$$

试将其化成梯度系统 (2.1.1), 并研究零解的稳定性.

解 方程 (2.3.2) 给出

$$\dot{a}^1 = a^2$$

$$\dot{a}^2 = a^1$$

它是一个梯度系统, 其势函数为

$$V = -a^1 a^2$$

它还不能成为 Lyapunov 函数. 方程的特征方程有形式

$$\begin{vmatrix} \lambda & -1 \\ -1 & \lambda \end{vmatrix} = \lambda^2 - 1 = 0$$

它有正实根, 因此, 零解 $a^1 = a^2 = 0$ 是不稳定的.

例 2 已知

$$H = pq$$

试将其化成梯度系统 (2.1.1), 并研究零解的稳定性.

解 微分方程为

$$\dot{q} = q$$

$$\dot{p} = -p$$

即

$$\dot{a}^1 = a^1$$
$$\dot{a}^2 = -a^2$$

它可写成形式

$$\begin{pmatrix} \dot{a}^1 \\ \dot{a}^2 \end{pmatrix} = \begin{pmatrix} -1 & 0 \\ 0 & -1 \end{pmatrix} \begin{pmatrix} \dfrac{\partial V}{\partial a^1} \\ \dfrac{\partial V}{\partial a^2} \end{pmatrix}$$

其中

$$V = -\frac{1}{2}(a^1)^2 + \frac{1}{2}(a^2)^2$$

它是变号的, 还不能成为 Lyapunov 函数. 系统的特征根有一正实根, 因此, 零解 $a^1 = a^2 = 0$ 是不稳定的.

定常 Lagrange 系统和定常 Hamilton 系统一般不能成为使 V 为 Lyapunov 函数的通常梯度系统. 这就是为什么文献 [1] 在研究大范围的非线性技巧时将梯度系统与 Hamilton 系统分开来研究.

2.4　广义坐标下一般完整系统与梯度系统

本节研究广义坐标下一般完整系统的梯度表示, 包括系统的运动微分方程、化成梯度系统的条件、解及其稳定性、应用举例等.

2.4.1　系统的运动微分方程

研究一般定常完整系统, 其微分方程为

$$\frac{\mathrm{d}}{\mathrm{d}t}\frac{\partial L}{\partial \dot{q}_s} - \frac{\partial L}{\partial q_s} = Q_s \quad (s = 1, 2, \cdots, n) \tag{2.4.1}$$

其中 $q_s \ (s = 1, 2, \cdots, n)$ 为广义坐标, $L = L(\boldsymbol{q}, \dot{\boldsymbol{q}})$ 为系统的 Lagrange 函数, $Q_s = Q_s(\boldsymbol{q}, \dot{\boldsymbol{q}})$ 为非势广义力. 假设系统非奇异, 即设

$$\det\left(\frac{\partial^2 L}{\partial \dot{q}_s \partial \dot{q}_k}\right) \neq 0 \tag{2.4.2}$$

则可求出所有广义加速度 $\ddot{q}_s(s = 1, 2, \cdots, n)$, 简记作

$$\ddot{q}_s = \alpha_s(\boldsymbol{q}, \dot{\boldsymbol{q}}) \quad (s = 1, 2, \cdots, n) \tag{2.4.3}$$

2.4.2 系统的梯度表示

为将方程 (2.4.1) 或 (2.4.3) 化成梯度系统的方程, 需将其表示为一阶形式. 有多种方法可实现一阶化. 例如, 取

$$a^s = q_s, \quad a^{n+s} = \dot{q}_s \quad (s = 1, 2, \cdots, n) \tag{2.4.4}$$

则方程 (2.4.3) 可写成形式

$$\dot{a}^\mu = F_\mu(\boldsymbol{a}) \quad (\mu = 1, 2, \cdots, 2n) \tag{2.4.5}$$

其中

$$F_s = a^{n+s}, \quad F_{n+s} = \alpha_s(\boldsymbol{a}) \tag{2.4.6}$$

若引入广义动量 p_s 和 Hamilton 函数 H

$$
\begin{aligned}
p_s &= \frac{\partial L}{\partial \dot{q}_s} \\
H &= p_s \dot{q}_s - L
\end{aligned}
\tag{2.4.7}
$$

则方程 (2.4.1) 可表示为正则形式

$$\dot{q}_s = \frac{\partial H}{\partial p_s}, \quad \dot{p}_s = -\frac{\partial H}{\partial q_s} + \tilde{Q}_s \quad (s = 1, 2, \cdots, n) \tag{2.4.8}$$

其中

$$\tilde{Q}_s(\boldsymbol{q}, \boldsymbol{p}) = Q_s(\boldsymbol{q}, \dot{\boldsymbol{q}}(\boldsymbol{q}, \boldsymbol{p})) \tag{2.4.9}$$

还可写成形式

$$\dot{a}^\mu = \omega^{\mu\nu} \frac{\partial H}{\partial a^\nu} + \Lambda_\mu \quad (\mu, \nu = 1, 2, \cdots, 2n) \tag{2.4.10}$$

其中

$$
\begin{aligned}
a^s &= q_s, \quad a^{n+s} = p_s \\
(\omega^{\mu\nu}) &= \begin{pmatrix} 0_{n\times n} & 1_{n\times n} \\ -1_{n\times n} & 0_{n\times n} \end{pmatrix} \\
\Lambda_s &= 0, \quad \Lambda_{n+s} = \tilde{Q}_s(\boldsymbol{a})
\end{aligned}
\tag{2.4.11}
$$

方程 (2.4.5) 或方程 (2.4.10) 一般都不是梯度系统 (2.1.1), 仅在一定条件下才能成为梯度系统 (2.1.1). 对方程 (2.4.5), 若满足条件

$$\frac{\partial F_\mu}{\partial a^\nu} - \frac{\partial F_\nu}{\partial a^\mu} = 0 \quad (\mu, \nu = 1, 2, \cdots, 2n) \tag{2.4.12}$$

则它是一个梯度系统. 此时可求得势函数 $V = V(\boldsymbol{a})$ 使得

$$F_\mu = -\frac{\partial V}{\partial a^\mu} \quad (\mu = 1, 2, \cdots, 2n) \tag{2.4.13}$$

对方程 (2.4.10), 若满足条件

$$\frac{\partial}{\partial a^\rho}\left(\omega^{\mu\nu}\frac{\partial H}{\partial a^\nu} + \Lambda_\mu\right) - \frac{\partial}{\partial a^\mu}\left(\omega^{\rho\nu}\frac{\partial H}{\partial a^\nu} + \Lambda_\rho\right) = 0 \quad (\mu, \nu, \rho = 1, 2, \cdots, 2n) \tag{2.4.14}$$

则它是一个梯度系统. 此时可求得势函数 $V = V(\boldsymbol{a})$ 使得

$$\omega^{\mu\nu}\frac{\partial H}{\partial a^\nu} + \Lambda_\mu = -\frac{\partial V}{\partial a^\mu} \quad (\mu, \nu = 1, 2, \cdots, 2n) \tag{2.4.15}$$

值得注意的是, 如果条件 (2.4.12) 或 (2.4.14) 不满足, 还不能断定它不是一个梯度系统, 因为这与方程的一阶形式有关.

2.4.3　解及其稳定性

方程 (2.4.5) 在条件 (2.4.12) 下, 或方程 (2.4.10) 在条件 (2.4.14) 下, 可化成梯度系统的方程

$$\dot{a}^\mu = -\frac{\partial V}{\partial a^\mu} \quad (\mu = 1, 2, \cdots, 2n) \tag{2.4.16}$$

如果

$$\frac{\partial V}{\partial a^\mu} = 0 \quad (\mu = 1, 2, \cdots, 2n) \tag{2.4.17}$$

有解

$$a^\mu = a_0^\mu \quad (\mu = 1, 2, \cdots, 2n) \tag{2.4.18}$$

且函数 V 在解的邻域内正定, 那么解 (2.4.18) 是渐近稳定的. 如果 V 不能成为 Lyapunov 函数, 那么可由其线性化系统的特征根来研究解的稳定性: 若特征根全为负实根, 则解是渐近稳定的; 若有正实根, 则解是不稳定的.

2.4.4　应用举例

例 1　二自由度系统为

$$\begin{aligned} L &= \frac{1}{2}(\dot{q}_1^2 + \dot{q}_2^2) + \frac{1}{2}(q_1^2 + q_2^2) \\ Q_1 &= \dot{q}_1^2, \quad Q_2 = \dot{q}_2^2 \end{aligned} \tag{2.4.19}$$

试将其化成梯度系统, 并研究零解的稳定性.

解　微分方程为

$$\ddot{q}_1 = q_1 + \dot{q}_1^2$$

$$\ddot{q}_2 = q_2 + \dot{q}_2^2$$

令

$$a^1 = q_1$$
$$a^2 = q_2$$
$$a^3 = \dot{q}_1$$
$$a^4 = \dot{q}_2$$

则有

$$\dot{a}^1 = a^3$$
$$\dot{a}^2 = a^4$$
$$\dot{a}^3 = a^1 + (a^3)^2$$
$$\dot{a}^4 = a^2 + (a^4)^2$$

显然, 这是一个梯度系统, 其势函数为

$$V = -a^1 a^3 - a^2 a^4 - \frac{1}{3}(a^3)^3 - \frac{1}{3}(a^4)^3$$

它还不能成为 Lyapunov 函数. 方程的线性化系统的特征根中有正实根, 因此, 零解 $a^1 = a^2 = a^3 = a^4 = 0$ 是不稳定的.

例 2 单自由度系统为

$$L = \frac{1}{2}\dot{q}^2 - \frac{3}{2}q^2 - 2q^3 \tag{2.4.20}$$
$$Q = -4\dot{q} - 6q\dot{q}$$

试将其化成梯度系统, 并研究零解的稳定性.

解 微分方程为

$$\ddot{q} = -3q - 6q^2 - 4\dot{q} - 6q\dot{q}$$

令

$$a^1 = q$$
$$a^2 = \dot{q} + 2q + 3q^2$$

则有

$$\dot{a}^1 = a^2 - 2a^1 - 3(a^1)^2$$

$$\dot{a}^2 = a^1 - 2a^2$$

这是一个梯度系统, 其势函数为

$$V = (a^1)^2 + (a^2)^2 - a^1 a^2 + (a^1)^3$$

它在 $a^1 = a^2 = 0$ 的邻域内正定. 按方程求 $\dot{V}$, 得

$$\dot{V} = -5(a^1)^2 - 5(a^2)^2 + 8a^1 a^2 - 12(a^1)^3 - 9(a^1)^4 + 6a^2(a^1)^2$$

它是负定的, 因此, 零解 $a^1 = a^2 = 0$ 是渐近稳定的. 同时, 由线性化系统的特征根为两个负实根, 也可判断解的渐近稳定性.

例 3　单自由度系统为

$$L = \frac{1}{2}\dot{q}^2 - \frac{1}{2}(4\mu + 1)q^2 + \frac{4}{3}\mu^2 q^3$$
$$Q = -2\dot{q}(\mu + 1) - 4\mu q\dot{q} \tag{2.4.21}$$

其中 μ 为参数. 试将其化成梯度系统, 并研究解的稳定性对参数的依赖关系.

解　微分方程为

$$\ddot{q} = -(4\mu + 1)q + 4\mu^2 q^2 - 2\dot{q}(\mu + 1) - 4\mu q\dot{q}$$

若取

$$a^1 = q$$
$$a^2 = \dot{q}$$

它还不能成为梯度系统. 再令

$$a^1 = q$$
$$a^2 = -\dot{q} - 2\mu q$$

则有

$$\dot{a}^1 = -2\mu a^1 - a^2$$
$$\dot{a}^2 = -a^1 - 2a^2 - (a^2)^2$$

这是一个梯度系统, 其线性化系统的特征方程为

$$\begin{vmatrix} \lambda + 2\mu & 1 \\ 1 & \lambda + 2 \end{vmatrix} = \lambda^2 + 2(1 + \mu)\lambda + 4\mu - 1 = 0$$

当 $\mu > \dfrac{1}{4}$ 时, 二根皆负, 平衡是渐近稳定的.

当 $\mu = \dfrac{1}{4}$ 时, 一根为零, 另一根为负, 平衡属于临界情形.

当 $\mu < \dfrac{1}{4}$ 时, 有正根, 平衡是不稳定的.

例 4 单自由度系统为

$$L = \frac{1}{2}A\dot{q}^2 + \frac{1}{2}Bq^2$$
$$Q = C\dot{q}$$

(2.4.22)

试将其化成梯度系统.

解 微分方程为

$$A\ddot{q} = Bq + C\dot{q}$$

作变换, 令

$$a^1 = Dq + E\dot{q}$$
$$a^2 = Fq + G\dot{q}$$
$$(DG - EF \neq 0)$$

其中 D, E, F, G 为常数, 由此解出 $q, \dot{q}$, 有

$$q = \frac{Ga^1 - Ea^2}{\Delta}, \quad \dot{q} = \frac{Da^2 - Fa^1}{\Delta}$$

其中 $\Delta = DG - EF$. 将 a^1, a^2 对时间求导数, 并代入 $q, \dot{q}$, 得

$$\dot{a}^1 = \frac{a^1}{\Delta}\left[-DF + \frac{EBG}{A} - \frac{ECF}{A}\right] + \frac{a^2}{\Delta}\left[D^2 - \frac{E^2B}{A} + \frac{ECD}{A}\right]$$
$$\dot{a}^2 = \frac{a^1}{\Delta}\left[-F^2 + \frac{G^2B}{A} - \frac{GCF}{A}\right] + \frac{a^2}{\Delta}\left[FD - \frac{GBE}{A} + \frac{GCD}{A}\right]$$

欲使

$$\dot{a}^1 = -\frac{\partial V}{\partial a^1}$$
$$\dot{a}^2 = -\frac{\partial V}{\partial a^2}$$

则有

$$\frac{1}{\Delta}\left[D^2 - \frac{E^2B}{A} + \frac{ECD}{A}\right] = \frac{1}{\Delta}\left[-F^2 + \frac{G^2B}{A} - \frac{GCF}{A}\right]$$

即

$$D^2A - E^2B + ECD = -F^2A + G^2B - GCF$$

当给定 A,B,C 时, 交换系数 D,E,F,G 应满足上式. 这样, 一类线性方程

$$A\ddot{q} = Bq + C\dot{q}$$

就可化成梯度系统 (2.1.1).

例 5　Lagrange 函数和广义力分别为

$$\begin{aligned}
L &= \frac{1}{2}\dot{q}^2 - \frac{7}{2}q^2 \\
Q &= -4q\sin q - 2q(3+\sin q) - 2q^2\cos q - 4q\dot{q}\cos q + q^2\dot{q}\sin q
\end{aligned} \tag{2.4.23}$$

试将其化成梯度系统, 并研究零解的稳定性.

解　微分方程为

$$\ddot{q} = -q(7+4\sin q) - 2\dot{q}(3+\sin q) - 2q^2\cos q - 4q\dot{q}\cos q + q^2\dot{q}\sin q$$

令

$$\begin{aligned}
a^1 &= q \\
a^2 &= \dot{q} + 2q(2+\sin q) + q^2\cos q
\end{aligned}$$

则有

$$\begin{aligned}
\dot{a}^1 &= -2a^1(2+\sin a^1) - (a^1)^2\cos a^1 + a^2 \\
\dot{a}^2 &= a^1 - 2a^2
\end{aligned}$$

它可写成形式

$$\begin{pmatrix} \dot{a}^1 \\ \dot{a}^2 \end{pmatrix} = \begin{pmatrix} -1 & 0 \\ 0 & -1 \end{pmatrix} \begin{pmatrix} \dfrac{\partial V}{\partial a^1} \\ \dfrac{\partial V}{\partial a^2} \end{pmatrix}$$

其中

$$V = (a^1)^2(2+\sin a^1) + (a^2)^2 - a^1 a^2$$

它在 $a^1 = a^2 = 0$ 的邻域内是正定的, 因此, 零解 $a^1 = a^2 = 0$ 是渐近稳定的.

例 6　Lagrange 函数和广义力分别为

$$\begin{aligned}
L &= \frac{1}{2}\dot{q}^2 - \frac{3}{2}q^2 \\
Q &= -4q\exp(-q) - 2\dot{q}[2+\exp(-q)] + 2q\dot{q}\exp(-q)
\end{aligned} \tag{2.4.24}$$

试将其化成梯度系统, 并研究零解的稳定性.

解　微分方程为

$$\ddot{q} = -q[3+4\exp(-q)] - 2\dot{q}[2+\exp(-q)] + 2q\dot{q}\exp(-q)$$

令

$$a^2 = q$$
$$a^1 = -\dot{q} - 2q[1 + \exp(-q)]$$

则有

$$\dot{a}^1 = -2a^1 - a^2$$
$$\dot{a}^2 = -a^1 - 2a^2[1 + \exp(-a^2)]$$

它可写成形式

$$\begin{pmatrix} \dot{a}^1 \\ \dot{a}^2 \end{pmatrix} = \begin{pmatrix} -1 & 0 \\ 0 & -1 \end{pmatrix} \begin{pmatrix} \dfrac{\partial V}{\partial a^1} \\ \dfrac{\partial V}{\partial a^2} \end{pmatrix}$$

其中

$$V = (a^1)^2 + (a^2)^2[1 + \exp(-a^2)] + a^1 a^2$$

它在 $a^1 = a^2 = 0$ 的邻域内是正定的, 因此, 零解 $a^1 = a^2 = 0$ 是渐近稳定的.

2.5　带附加项的 Hamilton 系统与梯度系统

本节研究带非保守力的 Hamilton 系统的梯度表示, 包括系统的运动微分方程、化成梯度系统的条件、解及其稳定性、以及应用举例等.

2.5.1　系统的运动微分方程

研究带附加项的定常 Hamilton 系统, 其微分方程表示为

$$\dot{q}_s = \frac{\partial H}{\partial p_s}, \quad \dot{p}_s = -\frac{\partial H}{\partial q_s} + Q_s \quad (s = 1, 2, \cdots, n) \tag{2.5.1}$$

其中 $H = H(\boldsymbol{q}, \boldsymbol{p})$ 为 Hamilton 函数, $Q_s = Q_s(\boldsymbol{q}, \boldsymbol{p})$ 为用正则变量表示的非势广义力. 方程 (2.5.1) 还可写成形式

$$\dot{a}^\mu = \omega^{\mu\nu} \frac{\partial H}{\partial a^\nu} + \Lambda_\mu \quad (\mu, \nu = 1, 2, \cdots, 2n) \tag{2.5.2}$$

其中

$$a^s = q_s, \quad a^{n+s} = p_s$$
$$(\omega^{\mu\nu}) = \begin{pmatrix} 0_{n\times n} & 1_{n\times n} \\ -1_{n\times n} & 0_{n\times n} \end{pmatrix} \tag{2.5.3}$$
$$\Lambda_s = 0, \quad \Lambda_{n+s} = Q_s$$

2.5.2　系统的梯度表示

一般说, 方程 (2.5.2) 不是梯度系统的方程 (2.1.1), 仅在一定条件下才能化成梯度系统 (2.1.1). 对方程 (2.5.2), 若满足条件

$$\frac{\partial}{\partial a^\rho}\left(\omega^{\mu\nu}\frac{\partial H}{\partial a^\nu}+\Lambda_\mu\right)-\frac{\partial}{\partial a^\mu}\left(\omega^{\rho\nu}\frac{\partial H}{\partial a^\nu}+\Lambda_\rho\right)=0 \quad (\mu,\nu,\rho=1,2,\cdots,2n) \quad (2.5.4)$$

则它是一个梯度系统. 此时, 可求得势函数 $V=V(\boldsymbol{a})$ 使得

$$\omega^{\mu\nu}\frac{\partial H}{\partial a^\nu}+\Lambda_\mu=-\frac{\partial V}{\partial a^\mu}\quad(\mu,\nu=1,2,\cdots,2n) \quad (2.5.5)$$

2.5.3　解及其稳定性

方程 (2.5.2) 在满足条件 (2.5.4) 时可化成梯度系统 (2.1.1), 有

$$\dot{a}^\mu=-\frac{\partial V}{\partial a^\mu}\quad(\mu=1,2,\cdots,2n) \quad (2.5.6)$$

如果

$$\frac{\partial V}{\partial a^\mu}=0\quad(\mu=1,2,\cdots,2n) \quad (2.5.7)$$

有解

$$a^\mu=a_0^\mu\quad(\mu=1,2,\cdots,2n) \quad (2.5.8)$$

且函数 V 在解的邻域内正定, 那么解 (2.5.8) 是渐近稳定的. 如果 V 不能成为 Lyapunov 函数, 那么可由线性化系统的特征根来判断解的稳定性: 若特征根全为负实根, 则解是渐近稳定的; 若有正实根, 则解是不稳定的.

2.5.4　应用举例

例 1　单自由度系统为

$$\begin{aligned}H&=\frac{1}{2}p^2+\frac{3}{2}q^2\\Q&=-4p\end{aligned} \quad (2.5.9)$$

试将其化成梯度系统, 并研究零解的稳定性.

解　微分方程为

$$\begin{aligned}\dot{q}&=p\\\dot{p}&=-3q-4p\end{aligned}$$

令

$$a^1=q$$

$$a^2 = p + 2q$$

则有

$$\dot{a}^1 = a^2 - 2a^1$$
$$\dot{a}^2 = a^1 - 2a^2$$

它是一个梯度系统, 可求得势函数

$$V = (a^1)^2 + (a^2)^2 - a^1 a^2$$

它在 $a^1 = a^2 = 0$ 的邻域内是正定的. 按方程求 $\dot{V}$, 得

$$\dot{V} = -5(a^1)^2 - 5(a^2)^2 + 8a^1 a^2$$

它是负定的, 因此, 零解 $a^1 = a^2 = 0$ 是渐近稳定的.

例 2 单自由度系统为

$$H = \frac{1}{2}p^2 - \frac{1}{2}q^2$$
$$Q = -p - p^2 \tag{2.5.10}$$

试将其化成梯度系统, 并研究零解的稳定性.

解 微分方程为

$$\dot{q} = p$$
$$\dot{p} = q - p - p^2$$

令

$$a^1 = q$$
$$a^2 = p$$

则有

$$\dot{a}^1 = a^2$$
$$\dot{a}^2 = -a^1 - a^2 - (a^2)^2$$

这是一个梯度系统. 方程的线性化系统的特征根有一正实根, 因此, 零解 $a^1 = a^2 = 0$ 是不稳定的.

例 3 单自由度系统为

$$H = \frac{1}{2}p^2 + \frac{3}{2}q^2 + 2q^3$$
$$Q = -4p - 6qp \tag{2.5.11}$$

试将其化成梯度系统, 并研究零解的稳定性.

　　解　微分方程为

$$\dot{q} = p$$
$$\dot{p} = -3q - 6q^2 - 4p - 6qp$$

令

$$a^1 = q$$
$$a^2 = p + 2q + 3q^2$$

则有

$$\dot{a}^1 = -2a^1 - 3(a^1)^2 + a^2$$
$$\dot{a}^2 = a^1 - 2a^2$$

它可写成形式

$$\begin{pmatrix} \dot{a}^1 \\ \dot{a}^2 \end{pmatrix} = \begin{pmatrix} -1 & 0 \\ 0 & -1 \end{pmatrix} \begin{pmatrix} \dfrac{\partial V}{\partial a^1} \\ \dfrac{\partial V}{\partial a^2} \end{pmatrix}$$

其中

$$V = (a^1)^2 + (a^2)^2 - a^1 a^2 + (a^1)^3$$

它在 $a^1 = a^2 = 0$ 的邻域内是正定的, 因此, 零解 $a^1 = a^2 = 0$ 是渐近稳定的.

2.6　准坐标下完整系统与梯度系统

　　本节研究准坐标下一般完整系统的梯度表示, 包括系统的运动微分方程、化成梯度系统的条件、解及其稳定性、应用举例等.

2.6.1　系统的运动微分方程

　　假设力学系统的位形由 n 个广义坐标 $q_s(s = 1, 2, \cdots, n)$ 来确定. 引进 n 个彼此独立且相容的准速度 ω_s

$$\omega_s = a_{sk}(\boldsymbol{q})\dot{q}_k \quad (s, k = 1, 2, \cdots, n) \tag{2.6.1}$$

设由式 (2.6.1) 可解出所有广义速度 $\dot{q}_s$

$$\dot{q}_s = b_{sk}(\boldsymbol{q})\omega_k \quad (s, k = 1, 2, \cdots, n) \tag{2.6.2}$$

其中

$$a_{sk}b_{kr} = \delta_{sr} \quad (s, k, r = 1, 2, \cdots, n) \tag{2.6.3}$$

系统的运动微分方程可表示为 [4-7]

$$\frac{\mathrm{d}}{\mathrm{d}t}\frac{\partial L^*}{\partial \omega_s} + \frac{\partial L^*}{\partial \omega_k}\gamma_{rs}^k \omega_r - \frac{\partial L^*}{\partial \pi_s} = P_s^* \quad (s,k,r = 1,2,\cdots,n) \tag{2.6.4}$$

其中

$$\gamma_{rs}^k = \left(\frac{\partial a_{km}}{\partial q_l} - \frac{\partial a_{kl}}{\partial q_m}\right)b_{lr}b_{ms} \tag{2.6.5}$$

称为 Boltzmann 三标记号, 有

$$\gamma_{rs}^k = -\gamma_{sr}^k \tag{2.6.6}$$

而 L^* 为用准速度表示的 Lagrange 函数, 有

$$L^*(t,q_s,\omega_s) = L(t,q_s,b_{sk}\omega_k) \tag{2.6.7}$$

对准坐标 π_s 的偏导数定义为

$$\frac{\partial}{\partial \pi_s} = \frac{\partial}{\partial q_k}b_{ks} \tag{2.6.8}$$

而 P_s^* 为用准速度表示的非势广义力, 有

$$P_s^* = Q_k b_{ks} \tag{2.6.9}$$

设系统非奇异, 即设

$$\det\left(\frac{\partial^2 L}{\partial \omega_s \partial \omega_k}\right) \neq 0 \tag{2.6.10}$$

则由方程 (2.6.4) 可解出所有 $\dot{\omega}_s$, 简记作

$$\dot{\omega}_s = \alpha_s(t,\boldsymbol{q},\boldsymbol{\omega}) \quad (s = 1,2,\cdots,n) \tag{2.6.11}$$

这样, 系统的运动就由方程 (2.6.2) 和 (2.6.11) 来确定.

2.6.2 系统的梯度表示

设系统不含时间 t. 为将方程 (2.6.2), (2.6.11) 化成梯度系统的方程, 需将其表示为一阶形式. 令

$$a^s = q_s, \quad a^{n+s} = \omega_s \quad (s = 1,2,\cdots,n) \tag{2.6.12}$$

则方程 (2.6.2), (2.6.11) 统一表示为

$$\dot{a}^\mu = F_\mu(\boldsymbol{a}) \quad (\mu = 1,2,\cdots,2n) \tag{2.6.13}$$

其中

$$F_s = b_{sk}a^{n+k}, \quad F_{n+s} = \alpha_s(\boldsymbol{a}) \quad (s = 1,2,\cdots,n) \tag{2.6.14}$$

一般说, 方程 (2.6.13) 不是梯度系统的方程, 仅在一定条件下才能成为梯度系统的方程. 对系统 (2.6.13), 若满足条件

$$\frac{\partial F_\mu}{\partial a^\nu} - \frac{\partial F_\nu}{\partial a^\mu} = 0 \quad (\mu, \nu = 1, 2, \cdots, 2n) \tag{2.6.15}$$

则它是一个梯度系统. 此时可求得势函数 $V = V(\boldsymbol{a})$ 使得

$$F_\mu = -\frac{\partial V}{\partial a^\mu} \quad (\mu = 1, 2, \cdots, 2n) \tag{2.6.16}$$

值得注意的是, 如果条件 (2.6.15) 不满足, 还不能断定它不是梯度系统, 因为这依赖于方程组的一阶表达形式.

2.6.3　解及其稳定性

方程 (2.6.13) 在条件 (2.6.15) 下可化成梯度系统

$$\dot{a}^\mu = -\frac{\partial V}{\partial a^\mu} \quad (\mu = 1, 2, \cdots, 2n) \tag{2.6.17}$$

如果

$$\frac{\partial V}{\partial a^\mu} = 0 \quad (\mu = 1, 2, \cdots, 2n) \tag{2.6.18}$$

有解

$$a^\mu = a_0^\mu \quad (\mu = 1, 2, \cdots, 2n) \tag{2.6.19}$$

且函数 V 在解的邻域内正定, 那么解 (2.6.19) 是渐近稳定的. 如果 V 不能成为 Lyapunov 函数, 那么可由其线性化系统的特征根来判断解的稳定性: 若特征根全为负实根, 则解是渐近稳定的; 若有正实根, 则解是不稳定的.

2.6.4　应用举例

例 1　二自由度系统为

$$\begin{aligned}
&L = \frac{1}{2}(\omega_1^2 + \omega_2^2) + \frac{1}{4}q_1^2 + \frac{1}{2}q_2^2 \\
&\dot{q}_1 = q_1\omega_1, \quad \dot{q}_2 = \omega_2 \\
&P_1^* = 0, \quad P_2^* = \omega_2
\end{aligned} \tag{2.6.20}$$

试将其化成梯度系统, 并研究零解的稳定性.

解　作计算, 有

$$\frac{\partial L^*}{\partial \pi_1} = \frac{1}{2}q_1^2, \quad \frac{\partial L^*}{\partial \pi_2} = q_2, \quad \gamma_{rs}^k = 0 \quad (r, s, k = 1, 2)$$

方程 (2.6.4) 给出

$$\dot{\omega}_1 = \frac{1}{2}q_1^2$$

$$\dot{\omega}_2 = q_2 + \omega_2$$

令

$$a^1 = q_1$$
$$a^2 = q_2$$
$$a^3 = \omega_1$$
$$a^4 = \omega_2$$

则方程 (2.6.13) 给出

$$\dot{a}^1 = a^1 a^3$$
$$\dot{a}^2 = a^4$$
$$\dot{a}^3 = \frac{1}{2}(a^1)^2$$
$$\dot{a}^4 = a^2 + a^4$$

显然, 这是一个梯度系统, 可求得势函数为

$$V = -\frac{1}{2}(a^1)^2 a^3 - a^2 a^4 - \frac{1}{2}(a^4)^2$$

它还不能成为 Lyapunov 函数. 方程的线性化系统有正实根, 因此, 零解 $a^1 = a^2 = a^3 = a^4 = 0$ 是不稳定的.

例 2 二自由度系统为

$$L^* = \frac{1}{2}(\omega_1^2 + \omega_2^2) + \frac{1}{4}q_1^2 - \frac{7}{2}q_2^2$$
$$\dot{q}_1 = q_1 \omega_1, \quad \dot{q}_2 = \omega_2 \qquad (2.6.21)$$
$$P_1^* = 0, \quad P_2^* = -6\omega_2$$

试将其化成梯度系统, 并研究零解的稳定性.

解 类似于例 1, 方程 (2.6.4) 给出

$$\dot{\omega}_1 = \frac{1}{2}q_1^2$$
$$\dot{\omega}_2 = -7q_2 - 6\omega_2$$

令

$$a^1 = q_1$$
$$a^2 = q_2$$

$$a^3 = \omega_1$$
$$a^4 = \omega_2$$

方程 (2.6.13) 给出

$$\dot{a}^1 = a^1 a^3$$
$$\dot{a}^2 = a^4$$
$$\dot{a}^3 = \frac{1}{2}(a^1)^2$$
$$\dot{a}^4 = -7a^2 - 6a^4$$

它还不是一个梯度系统. 再令

$$a^1 = q_1$$
$$a^2 = q_2$$
$$a^3 = \omega_1$$
$$a^4 = \omega_2 + 4q_2$$

则方程有形式

$$\dot{a}^1 = a^1 a^3$$
$$\dot{a}^2 = a^4 - 4a^2$$
$$\dot{a}^3 = \frac{1}{2}(a^1)^2$$
$$\dot{a}^4 = a^2 - 2a^4$$

它是一个梯度系统, 其势函数为

$$V = -\frac{1}{2}(a^1)a^3 - a^2 a^4 + 2(a^2)^2 + (a^4)^2$$

它还不能成为 Lyapunov 函数. 方程的线性化系统的特征根有两个零根和两个负实根, 属于稳定性的临界情形. 因方程的第二和第四个独立于第一和第三个, 可单独研究这两个方程, 可找到相应的势函数

$$V = -a^2 a^4 + 2(a^2)^2 + (a^4)^2$$

它在 $a^2 = a^4 = 0$ 的邻域内是正定的. 按方程求 $\dot{V}$, 得

$$\dot{V} = -17(a^2)^2 - 5(a^4)^2 + 12a^2 a^4$$

它是负定的, 因此, 零解 $a^2 = a^4 = 0$ 是渐近稳定的.

2.7 相对运动动力学系统与梯度系统

本节研究相对运动动力学系统的梯度表示, 包括系统的运动微分方程、化成梯度系统的条件、解及其稳定性、应用举例等.

2.7.1 系统的运动微分方程

设载体极点 O 的速度 $\boldsymbol{v}_0$ 以及载体的角速度 $\boldsymbol{\omega}$ 为时间的已知函数. 被载体由 N 个质点组成, 质点系的位置由 n 个广义坐标 $q_s(s=1,2,\cdots,n)$ 来确定. 系统的运动微分方程有形式 [5,6]

$$\frac{\mathrm{d}}{\mathrm{d}t}\frac{\partial T_r}{\partial \dot{q}_s} - \frac{\partial T_r}{\partial q_s} = Q_s - \frac{\partial}{\partial q_s}(V^0 + V^\omega) + Q_s^{\dot{\omega}} + \varGamma_s \quad (s=1,2,\cdots,n) \tag{2.7.1}$$

其中 $T_r = T_r(t,\boldsymbol{q},\dot{\boldsymbol{q}})$ 为系统的相对运动动能, $Q_s = Q_s(t,\boldsymbol{q},\dot{\boldsymbol{q}})$ 为广义力, V^0 为均匀力场势能, V^ω 为离心力势能, $Q_s^{\dot{\omega}}$ 为广义回转惯性力, $\varGamma_s$ 为广义陀螺力. 将广义力 Q_s 分为有势的 Q_s' 和非势的 Q_s'', 有

$$Q_s = Q_s' + Q_s'', \quad Q_s' = -\frac{\partial V}{\partial q_s} \tag{2.7.2}$$

令

$$L_r = T_r - V - V^0 - V^\omega \tag{2.7.3}$$

则方程 (2.7.1) 可写成形式

$$\frac{\mathrm{d}}{\mathrm{d}t}\frac{\partial L_r}{\partial \dot{q}_s} - \frac{\partial L_r}{\partial q_s} = Q_s'' + Q_s^{\dot{\omega}} + \varGamma_s \quad (s=1,2,\cdots,n) \tag{2.7.4}$$

设系统非奇异, 即设

$$\det\left(\frac{\partial^2 L_r}{\partial \dot{q}_s \partial \dot{q}_k}\right) \neq 0 \tag{2.7.5}$$

则由方程 (2.7.4) 可解出所有广义加速度, 记作

$$\ddot{q}_s = \alpha_s(t,\boldsymbol{q},\dot{\boldsymbol{q}}) \quad (s=1,2,\cdots,n) \tag{2.7.6}$$

2.7.2 系统的梯度表示

研究定常系统, 方程 (2.7.6) 成为

$$\ddot{q}_s = \alpha_s(\boldsymbol{q},\dot{\boldsymbol{q}}) \quad (s=1,2,\cdots,n) \tag{2.7.7}$$

为将方程 (2.7.7) 化成梯度系统, 需将其表示为一阶形式. 可令

$$a^s = q_s, \quad a^{n+s} = \dot{q}_s \tag{2.7.8}$$

则方程 (2.7.7) 可写成形式

$$\dot{a}^{\mu} = F_{\mu}(\boldsymbol{a}) \quad (\mu = 1, 2, \cdots, 2n) \tag{2.7.9}$$

其中

$$F_s = a^{n+s}, \quad F_{n+s} = \alpha_s(\boldsymbol{a}) \quad (s = 1, 2, \cdots, n) \tag{2.7.10}$$

对方程 (2.7.9), 若满足条件

$$\frac{\partial F_{\mu}}{\partial a^{\nu}} - \frac{\partial F_{\nu}}{\partial a^{\mu}} = 0 \quad (\mu, \nu = 1, 2, \cdots, 2n) \tag{2.7.11}$$

则它是一个梯度系统. 引进广义动量 p_s 和 Hamilton 函数 H

$$\begin{aligned} p_s &= \frac{\partial L_r}{\partial \dot{q}_s} \\ H &= p_s \dot{q}_s - L_r \end{aligned} \tag{2.7.12}$$

则方程 (2.7.4) 可在正则坐标下表示为

$$\dot{q}_s = \frac{\partial H}{\partial p_s}, \quad \dot{p}_s = -\frac{\partial H}{\partial q_s} + \tilde{Q}''_s + \tilde{Q}^{\dot{\omega}}_s + \tilde{\Gamma}_s \quad (s = 1, 2, \cdots, n) \tag{2.7.13}$$

其中

$$\begin{aligned} \tilde{Q}_s(t, \boldsymbol{q}, \boldsymbol{p}) &= Q_s(t, \boldsymbol{q}, \dot{\boldsymbol{q}}(t, \boldsymbol{q}, \boldsymbol{p})) \\ \tilde{Q}^{\dot{\omega}}_s(t, \boldsymbol{q}, \boldsymbol{p}) &= Q^{\dot{\omega}}_s(t, \boldsymbol{q}, \dot{\boldsymbol{q}}(t, \boldsymbol{q}, \boldsymbol{p})) \\ \tilde{\Gamma}_s(t, \boldsymbol{q}, \boldsymbol{p}) &= F_s(t, \boldsymbol{q}, \dot{\boldsymbol{q}}(t, \boldsymbol{q}, \boldsymbol{p})) \end{aligned} \tag{2.7.14}$$

方程 (2.7.13) 可写成如下形式

$$\dot{a}^{\mu} = \omega^{\mu\nu} \frac{\partial H}{\partial a^{\nu}} + \Lambda_{\mu} \quad (\mu, \nu = 1, 2, \cdots, 2n) \tag{2.7.15}$$

其中

$$\begin{aligned} a^s &= q_s, \quad a^{n+s} = p_s \\ (\omega^{\mu\nu}) &= \begin{pmatrix} 0_{n\times n} & 1_{n\times n} \\ -1_{n\times n} & 0_{n\times n} \end{pmatrix} \\ \Lambda_s &= 0, \quad \Lambda_{n+s} = \tilde{Q}''_s + \tilde{Q}^{\dot{\omega}}_s + \tilde{\Gamma}_s \end{aligned} \tag{2.7.16}$$

假设方程 (2.7.15) 不含时间 t. 它一般不是梯度系统, 仅在一定条件下才能成为梯度系统. 对方程 (2.7.15), 如果满足条件

$$\frac{\partial}{\partial a^{\rho}} \left(\omega^{\mu\nu} \frac{\partial H}{\partial a^{\nu}} + \Lambda_{\mu} \right) - \frac{\partial}{\partial a^{\mu}} \left(\omega^{\rho\nu} \frac{\partial H}{\partial a^{\nu}} + \Lambda_{\rho} \right) = 0 \quad (\mu, \nu, \rho = 1, 2, \cdots, 2n) \tag{2.7.17}$$

那么它是一个梯度系统. 此时可求得势函数 $V = V(\boldsymbol{a})$ 使得

$$\omega^{\mu\nu} \frac{\partial H}{\partial a^{\nu}} + \Lambda_{\mu} = -\frac{\partial V}{\partial a^{\mu}} \quad (\mu, \nu = 1, 2, \cdots, 2n) \tag{2.7.18}$$

2.7.3 解及其稳定性

相对运动动力学系统在条件 (2.7.11) 或条件 (2.7.17) 下，可化成梯度系统

$$\dot{a}^\mu = -\frac{\partial V}{\partial a^\mu} \quad (\mu = 1, 2, \cdots, 2n) \tag{2.7.19}$$

如果

$$\frac{\partial V}{\partial a^\mu} = 0 \quad (\mu = 1, 2, \cdots, 2n) \tag{2.7.20}$$

有解

$$a^\mu = a_0^\mu \quad (\mu = 1, 2, \cdots, 2n) \tag{2.7.21}$$

且函数 V 在解的邻域内正定，那么解 (2.7.21) 就是渐近稳定的. 如果 V 不能成为 Lyapunov 函数，那么可由方程的线性化系统的特征根来判断解的稳定性: 若特征根皆为负实根，则解是渐近稳定的; 若有正根，则解是不稳定的.

2.7.4 应用举例

例 1　二自由度相对运动动力学系统为

$$\begin{aligned} & T_r = \frac{1}{2}(\dot{q}_1^2 + \dot{q}_2^2), \quad V^\omega = -\frac{1}{2}(q_1^2 + q_2^2) \\ & V^0 = V = \varGamma_1 = \varGamma_2 = Q_1^{\dot\omega} = Q_2^{\dot\omega} = 0 \\ & Q_1'' = \dot{q}_1^2, \quad Q_2'' = \dot{q}_2^2 \end{aligned} \tag{2.7.22}$$

试将其化成梯度系统, 并研究零解的稳定性.

解　方程 (2.7.4) 给出

$$\ddot{q}_1 = q_1 + \dot{q}_1^2$$
$$\ddot{q}_2 = q_2 + \dot{q}_2^2$$

方程 (2.7.9) 给出

$$\dot{a}^1 = a^3$$
$$\dot{a}^2 = a^4$$
$$\dot{a}^3 = a^1 + (a^3)^2$$
$$\dot{a}^4 = a^2 + (a^4)^2$$

容易看出, 它是一个梯度系统, 其势函数为

$$V = -a^1 a^3 - a^2 a^4 - \frac{1}{3}(a^3)^3 - \frac{1}{3}(a^4)^3$$

它还不能成为 Lyapunov 函数. 方程的线性化系统的特征根有正实根, 因此, 解 $a^1 = a^2 = a^3 = a^4 = 0$ 是不稳定的.

例 2　单自由度相对运动动力学系统为

$$T_r = \frac{1}{2}\dot{q}^2, \quad V = 4q^2, \quad V^\omega = -\frac{1}{2}q^2$$
$$V^0 = Q^{\dot\omega} = \Gamma = 0, \quad Q'' = -6\dot{q} \tag{2.7.23}$$

试将其化成梯度系统, 并研究零解的稳定性.

解　方程 (2.7.4) 给出

$$\ddot{q} = -7q - 6\dot{q}$$

令

$$a^1 = q$$
$$a^2 = \dot{q}$$

则有

$$\dot{a}^1 = a^2$$
$$\dot{a}^2 = -7a^1 - 6a^2$$

它还不是梯度系统. 现令

$$a^1 = q$$
$$a^2 = \dot{q} + 4q$$

则有

$$\dot{a}^1 = a^2 - 4a^1$$
$$\dot{a}^2 = a^1 - 2a^2$$

它是一个梯度系统, 其势函数为

$$V = 2(a^1)^2 + (a^2)^2 - a^1 a^2$$

它在 $a^1 = a^2 = 0$ 的邻域内是正定的. 按方程求 $\dot{V}$, 得

$$\dot{V} = -17(a^1)^2 - 5(a^2)^2 + 12a^1 a^2$$

它在 $a^1 = a^2 = 0$ 的邻域内是负定的, 因此, 零解 $a^1 = a^2 = 0$ 是渐近稳定的.

例 3 单自由度相对运动动力学系统为

$$T_r = \frac{1}{2}\dot{q}^2, \quad V^\omega = -\frac{1}{2}q^2, \quad Q^{\dot{\omega}} = \Gamma = V = V^0 = 0$$

$$Q'' = -q\mu\nu - \dot{q}(\mu + \nu) + q^2\nu + 2q\dot{q} \tag{2.7.24}$$

其中 μ, ν 为参数. 试将其化成梯度系统, 并研究零解的稳定性.

解 方程 (2.7.4) 给出

$$\ddot{q} = q(1 - \mu\nu) - \dot{q}(\mu + \nu) + q^2\nu + 2q\dot{q}$$

若令 $a^1 = q$. $a^2 = \dot{q}$, 它还不能成为梯度系统. 现令

$$a^1 = q$$
$$a^2 = -\dot{q} - q\mu + q^2$$

则方程写成形式

$$\dot{a}^1 = -a^2 - \mu a^1 + (a^1)^2$$
$$\dot{a}^2 = -a^1 - \nu a^2$$

显然, 它是一个梯度系统. 方程有解 $a^1 = a^2 = 0$, 其线性化系统的特征方程有形式

$$\begin{vmatrix} \lambda + \mu & 1 \\ 1 & \lambda + \nu \end{vmatrix} = \lambda^2 + \lambda(\mu + \nu) + \mu\nu - 1 = 0$$

因此, 当 $\mu + \nu > 0, \mu\nu - 1 > 0$ 时, 有二负实根, 平衡是渐近稳定的; 当 $\mu + \nu > 0, \mu\nu - 1 = 0$ 时, 有一零根和一负实根, 平衡是稳定的; 当 $\mu\nu - 1 < 0$ 时, 有一正实根, 平衡是不稳定的. 在参数平面 $\mu\nu$ 上可划分出稳定性区域.

2.8 变质量力学系统与梯度系统

本节研究变质量完整力学系统的梯度表示, 包括系统的运动微分方程、化成梯度系统的条件、解及其稳定性、应用举例等.

2.8.1 系统的运动微分方程

假设系统由 N 个质点组成. 在瞬时 t, 第 i 个质点的质量为 m_i $(i = 1, 2, \cdots, N)$; 在瞬时 $t + dt$, 由质点分离 (或并入) 的微粒的质量为 dm_i. 假设系统的位形由 n 个广义坐标 q_s $(s = 1, 2, \cdots, n)$ 来确定, 并设质点的质量依赖于时间和广义坐标

$$m_i = m_i(t, \boldsymbol{q}) \quad (i = 1, 2, \cdots, N) \tag{2.8.1}$$

系统的运动微分方程有形式 [8]

$$\frac{\mathrm{d}}{\mathrm{d}t}\frac{\partial L}{\partial \dot{q}_s} - \frac{\partial L}{\partial q_s} = Q_s + P_s \quad (s = 1, 2, \cdots, n) \tag{2.8.2}$$

其中 $L = L(t, \boldsymbol{q}, \dot{\boldsymbol{q}})$ 为系统的 Lagrange 函数, $Q_s = Q_s(t, \boldsymbol{q}, \dot{\boldsymbol{q}})$ 为非势广义力, P_s 为广义反推力

$$P_s = \dot{m}_i(\boldsymbol{u}_i + \dot{\boldsymbol{r}}_i) \cdot \frac{\partial \boldsymbol{r}_i}{\partial q_s} - \frac{1}{2}\dot{\boldsymbol{r}}_i \cdot \dot{\boldsymbol{r}}_i \frac{\partial m_i}{\partial q_s} \quad (s = 1, 2, \cdots, n) \tag{2.8.3}$$

这里 $\boldsymbol{r}_i$ 和 $\dot{\boldsymbol{r}}_i$ 分别为第 i 个质点的矢径和速度, $\boldsymbol{u}_i$ 为微粒相对第 i 个质点的相对速度. 设系统 (2.8.2) 非奇异, 即设

$$\det\left(\frac{\partial^2 L}{\partial \dot{q}_s \partial \dot{q}_k}\right) \neq 0 \tag{2.8.4}$$

则由方程 (2.8.2) 可解出所有广义加速度, 记作

$$\ddot{q}_s = \alpha_s(t, \boldsymbol{q}, \dot{\boldsymbol{q}}) \quad (s = 1, 2, \cdots, n) \tag{2.8.5}$$

令

$$a^s = q_s, \quad a^{n+s} = \dot{q}_s \tag{2.8.6}$$

则方程 (2.8.5) 可写成形式

$$\dot{a}^\mu = F_\mu(t, \boldsymbol{a}) \quad (\mu = 1, 2, \cdots, 2n) \tag{2.8.7}$$

其中

$$F_s = a^{n+s}, \quad F_{n+s} = \alpha_s \tag{2.8.8}$$

引进广义动量 p_s 和 Hamilton 函数 H

$$p_s = \frac{\partial L}{\partial \dot{q}_s}$$
$$H = p_s\dot{q}_s - L \tag{2.8.9}$$

则方程 (2.8.2) 可写成形式

$$\dot{q}_s = \frac{\partial H}{\partial p_s}, \quad \dot{p}_s = -\frac{\partial H}{\partial q_s} + \tilde{Q}_s + \tilde{P}_s \quad (s = 1, 2, \cdots, n) \tag{2.8.10}$$

其中

$$\tilde{Q}_s(t, \boldsymbol{q}, \dot{\boldsymbol{p}}) = Q_s(t, \boldsymbol{q}, \dot{\boldsymbol{q}}(t, \boldsymbol{q}, \boldsymbol{p}))$$
$$\tilde{P}_s(t, \boldsymbol{q}, \dot{\boldsymbol{p}}) = P_s(t, \boldsymbol{q}, \dot{\boldsymbol{q}}(t, \boldsymbol{q}, \boldsymbol{p})) \tag{2.8.11}$$

方程 (2.8.10) 还可写成如下形式

$$\dot{a}^\mu = \omega^{\mu\nu} \frac{\partial H}{\partial a^\nu} + \varLambda_\mu \quad (\mu, \nu = 1, 2, \cdots, 2n) \tag{2.8.12}$$

其中

$$
\begin{aligned}
& a^s = q_s, \quad a^{n+s} = p_s \\
& (\omega^{\mu\nu}) = \begin{pmatrix} 0_{n\times n} & 1_{n\times n} \\ -1_{n\times n} & 0_{n\times n} \end{pmatrix} \\
& \varLambda_s = 0, \quad \varLambda_{n+s} = \tilde{Q}_s + \tilde{P}_s
\end{aligned}
\tag{2.8.13}
$$

2.8.2 系统的梯度表示

现设方程 (2.8.7), (2.8.12) 都不含时间 t. 一般说, 系统 (2.8.7) 或 (2.8.12) 都不是梯度系统, 仅在一定条件下才能成为梯度系统. 对方程 (2.8.7), 如果满足条件

$$\frac{\partial F_\mu}{\partial a^\nu} - \frac{\partial F_\nu}{\partial a^\mu} = 0 \quad (\mu, \nu = 1, 2, \cdots, 2n) \tag{2.8.14}$$

那么它是一个梯度系统. 对方程 (2.8.12), 如果满足条件

$$\frac{\partial}{\partial a^\rho} \left(\omega^{\mu\nu} \frac{\partial H}{\partial a^\nu} + \varLambda_\mu \right) - \frac{\partial}{\partial a^\mu} \left(\omega^{\rho\nu} \frac{\partial H}{\partial a^\nu} + \varLambda_\rho \right) = 0 \quad (\mu, \nu, \rho = 1, 2, \cdots, 2n) \tag{2.8.15}$$

那么它是一个梯度系统.

2.8.3 解及其稳定性

方程 (2.8.7) 或方程 (2.8.12) 在条件 (2.8.14) 或 (2.8.15) 下, 可化成梯度系统

$$\dot{a}^\mu = -\frac{\partial V}{\partial a^\mu} \quad (\mu = 1, 2, \cdots, 2n) \tag{2.8.16}$$

如果

$$\frac{\partial V}{\partial a^\mu} = 0 \quad (\mu = 1, 2, \cdots, 2n) \tag{2.8.17}$$

有解

$$a^\mu = a_0^\mu \quad (\mu = 1, 2, \cdots, 2n) \tag{2.8.18}$$

且 V 在解的邻域内正定, 则解 (2.8.18) 是渐近稳定的. 如果 V 不能成为 Lyapunov 函数, 那么可由系统的线性化系统的特征根来判断稳定性: 若特征根全为负实根, 则解是渐近稳定的; 若有正实根, 则解是不稳定的.

2.8.4 应用举例

例 一变质量质点以与水平成角 β 的初速度 v_0 射出后, 在重力场中运动, 其质量变化规律为 $m = m_0 \exp(-\gamma t)$, 其中 m_0, γ 为常数. 假设微粒分离的相对速度 v_r 的大小为常量, 方向永远与 v_0 相反[8]. 试将系统的运动微分方程化成梯度系统的方程.

解　系统的 Lagrange 函数和反推力分别为

$$L = \frac{1}{2}m(\dot{q}_1^2 + \dot{q}_2^2) - mgq_2$$

$$P_1 = \dot{m}(\dot{q}_1 - v_r\cos\beta), \quad P_2 = \dot{m}(\dot{q}_2 - v_r\sin\beta)$$

其中 $q_1 = x$, $q_2 = y$ 分别为水平坐标和铅垂坐标. 对此问题施加广义力

$$Q_1 = mq_1$$

$$Q_2 = mq_2$$

方程 (2.8.2) 给出

$$\frac{\mathrm{d}}{\mathrm{d}t}(m\dot{q}_1) = \dot{m}(\dot{q}_1 - v_r\cos\beta) + mq_1$$

$$\frac{\mathrm{d}}{\mathrm{d}t}(m\dot{q}_2) = \dot{m}(\dot{q}_2 - v_r\sin\beta) + mq_2 - mg$$

消去 m, 得到

$$\ddot{q}_1 = q_1 + \gamma v_r\cos\beta$$

$$\ddot{q}_2 = q_2 + \gamma v_r\sin\beta - g$$

令

$$a^1 = q_1$$

$$a^2 = q_2$$

$$a^3 = \dot{q}_1$$

$$a^4 = \dot{q}_2$$

则方程写成形式

$$\dot{a}^1 = a^3$$

$$\dot{a}^2 = a^4$$

$$\dot{a}^3 = a^1 + \gamma v_r\cos\beta$$

$$\dot{a}^4 = a^2 + \gamma v_r\sin\beta - g$$

它有解

$$a_0^1 = -\gamma v_r\cos\beta$$

$$a_0^2 = g - \gamma v_r \sin\beta$$
$$a_0^3 = a_0^4 = 0$$

为研究这个解的稳定性, 令

$$a^1 = a_0^1 + \xi_1$$
$$a^2 = a_0^2 + \xi_2$$
$$a^3 = a_0^3 + \xi_3$$
$$a^4 = a_0^4 + \xi_4$$

则有

$$\dot{\xi}_1 = \xi_3$$
$$\dot{\xi}_2 = \xi_4$$
$$\dot{\xi}_3 = \xi_1$$
$$\dot{\xi}_4 = \xi_2$$

这是一个梯度系统, 其势函数为

$$V = -\xi_1\xi_3 - \xi_2\xi_4$$

它还不能成为 Lyapunov 函数. 由于方程的特征方程有正实根, 可知解 $\xi_1 = \xi_2 = \xi_3 = \xi_4 = 0$ 是不稳定的.

2.9 事件空间中动力学系统与梯度系统

本节研究事件空间中完整力学系统的梯度表示, 包括系统的运动微分方程、化成梯度系统的条件、解及其稳定性、应用举例等.

2.9.1 系统的运动微分方程

研究受有双面理想完整约束的力学系统, 其位形由 n 个广义坐标 q_s $(s = 1, 2, \cdots, n)$ 来确定. 下面来构造事件空间. 空间点的坐标为 q_s 和 t. 引入记号

$$x_s = q_s, \quad x_{n+1} = t \tag{2.9.1}$$

那么所有变量 $x_\alpha (\alpha = 1, 2, \cdots, n+1)$ 可作为某参数 τ 的已知函数. 令 $x_\alpha = x_\alpha(\tau)$ 是 C^2 类曲线, 使得

$$\frac{\mathrm{d}x_\alpha}{\mathrm{d}\tau} = x_\alpha' \tag{2.9.2}$$

不同时为零, 有

$$\dot{x}_\alpha = \frac{\mathrm{d}x_\alpha}{\mathrm{d}t} = \frac{x'_\alpha}{x'_{n+1}} \tag{2.9.3}$$

对给定的 Lagrange 函数 $L = L(q_s, t, \dot{q}_s)$, 事件空间中参数形式的 Lagrange 函数 Λ 由下式确定 [9]

$$\Lambda(x_\alpha, x'_\alpha) = x'_{n+1} L\left(x_1, x_2, \cdots, x_{n+1}, \frac{x'_1}{x'_{n+1}}, \frac{x'_2}{x'_{n+1}}, \cdots, \frac{x'_n}{x'_{n+1}}\right) \tag{2.9.4}$$

对给定的 $Q_s = Q_s(q_k, t, \dot{q}_k)$, 事件空间中的广义力 P_α 由下式确定 [10]

$$P_s(x_\alpha, x'_\alpha) = x'_{n+1} Q_s\left(x_1, x_2, \cdots, x_{n+1}, \frac{x'_1}{x'_{n+1}}, \frac{x'_2}{x'_{n+1}}, \cdots, \frac{x'_n}{x'_{n+1}}\right)$$

$$P_{n+1}(x_x, x'_\alpha) \overset{\text{def}}{=} -Q_s x'_s \tag{2.9.5}$$

事件空间中完整系统的运动微分方程有形式

$$\frac{\mathrm{d}}{\mathrm{d}\tau}\frac{\partial \Lambda}{\partial x'_\alpha} - \frac{\partial \Lambda}{\partial x_\alpha} = P_\alpha \quad (\alpha = 1, 2, \cdots, n+1) \tag{2.9.6}$$

注意到 $n+1$ 个方程 (2.9.6) 不是彼此独立的, 因为有

$$x'_\alpha\left(\frac{\mathrm{d}}{\mathrm{d}\tau}\frac{\partial \Lambda}{\partial x'_\alpha} - \frac{\partial \Lambda}{\partial x_\alpha} - P_\alpha\right) = 0 \tag{2.9.7}$$

因为参数 τ 可任意选取, 当方程中不出现 x_{n+1} 时, 取 $x_{n+1} = \tau$ 会带来方便. 此时有

$$\frac{x'_s}{x'_{n+1}} = \frac{\mathrm{d}x_s}{\mathrm{d}x_{n+1}}, \quad \frac{\mathrm{d}}{\mathrm{d}\tau}\left(\frac{x'_s}{x'_{n+1}}\right) = \frac{\mathrm{d}^2 x_s}{\mathrm{d}x_{n+1}^2} \tag{2.9.8}$$

设由方程 (2.9.6) 的前 n 个方程可解出 $\dfrac{\mathrm{d}^2 x_s}{\mathrm{d}x_{n+1}^2}$, 记作

$$\frac{\mathrm{d}^2 x_s}{\mathrm{d}x_{n+1}^2} = G_s\left(x_k, \frac{\mathrm{d}x_k}{\mathrm{d}x_{n+1}}\right) \quad (s, k = 1, 2, \cdots, n) \tag{2.9.9}$$

取记号

$$* \overset{\text{def}}{=} \frac{\mathrm{d}}{\mathrm{d}x_{n+1}} \tag{2.9.10}$$

则方程 (2.9.9) 可写成一阶形式

$$a^{\mu *} = H_\mu(\boldsymbol{a}) \quad (\mu = 1, 2, \cdots, 2n) \tag{2.9.11}$$

其中

$$a^s = x_s, \quad a^{n+s} = a^{s*}$$

$$H_s = a^{n+s}, \quad H_{n+s} = G_s \tag{2.9.12}$$

2.9.2 系统的梯度表示

方程 (2.9.11) 一般不是梯度系统, 仅在一定条件下才能成为梯度系统. 对方程 (2.9.11), 如果满足条件

$$\frac{\partial H_\mu}{\partial a^\nu} - \frac{\partial H_\nu}{\partial a^\mu} = 0 \quad (\mu, \nu = 1, 2, \cdots, 2n) \tag{2.9.13}$$

那么它是一个梯度系统. 此时, 可求得势函数 $V = V(\boldsymbol{a})$ 使得

$$H_\mu = -\frac{\partial V}{\partial a^\mu} \quad (\mu = 1, 2, \cdots, 2n) \tag{2.9.14}$$

2.9.3 解及其稳定性

事件空间中完整系统动力学方程在满足条件 (2.9.13) 下可化成梯度系统的方程. 这样就可利用梯度系统的性质来研究系统的解及其稳定性. 如果

$$\frac{\partial V}{\partial a^\mu} = 0 \quad (\mu = 1, 2, \cdots, 2n) \tag{2.9.15}$$

有解

$$a^\mu = a_0^\mu \quad (\mu = 1, 2, \cdots, 2n) \tag{2.9.16}$$

且 V 在解的邻域内正定, 那么解 (2.9.16) 是渐近稳定的. 如果 V 不能成为 Lyapunov 函数, 那么可用方程的线性化系统的特征根来判断稳定性: 若特征根全为负实根, 则解是渐近稳定的; 若有正实根, 则解是不稳定的.

2.9.4 应用举例

例 二自由度系统在位形空间中的 Lagrange 函数和广义力分别为

$$\begin{aligned} L &= \frac{1}{2}(\dot{q}_1^2 + \dot{q}_2^2) \\ Q_1 &= -3q_1 - 4\dot{q}_1, \quad Q_2 = -\dot{q}_2 \end{aligned} \tag{2.9.17}$$

试研究事件空间中系统的梯度表示.

解 令

$$x_1 = q_1$$
$$x_2 = q_2$$
$$x_3 = t$$

则事件空间中的 Lagrange 函数和广义力分别为

$$\Lambda = \frac{1}{2}\left[\frac{1}{x_3'}(x_1')^2 + (x_2')^2\right]$$

$$P_1 = -3x_1 - 4x_1', \quad P_2 = -x_2'$$

方程 (2.9.6) 的前两个方程为

$$\left(\frac{x_1'}{x_3'}\right)' = -3x_1 - 4x_1', \quad \left(\frac{x_2'}{x_3'}\right)' = -x_2'$$

取 $x_3 = \tau$, 则有

$$x_1'' = -3x_1 - 4x_1'$$
$$x_2'' = -x_2'$$

首先, 研究第一个方程的梯度表示. 令

$$a^1 = x_1$$
$$a^2 = x_1'$$

则有

$$(a^1)' = a^2$$
$$(a^2)' = -3a^1 - 4a^2$$

它还不是梯度系统. 再令

$$a^1 = x_1$$
$$a^2 = 2x_1 + x_1'$$

则有

$$(a^1)' = a^2 - 2a^1$$
$$(a^2)' = a^1 - 2a^2$$

它是一个梯度系统, 其势函数为

$$V = -a^1 a^2 + (a^1)^2 + (a^2)^2$$

它在 $a^1 = a^2 = 0$ 的邻域内是正定的. 按方程求 V', 得

$$V' = -5(a^1)^2 - 5(a^2)^2 + 8a^1 a^2$$

它是负定的, 因此, 解 $a^1 = a^2 = 0$ 是渐近稳定的.

其次, 研究第二个方程的梯度表示. 令

$$a^3 = x_2$$
$$a^4 = -\frac{1}{2}x_2 - \frac{5}{2}x_2'$$

则有

$$(a^3)' = -\frac{1}{5}a^3 - \frac{2}{5}a^4$$
$$(a^4)' = -\frac{2}{5}a^3 - \frac{4}{5}a^4$$

这是一个梯度系统, 其特征方程为

$$\begin{vmatrix} \lambda + \dfrac{1}{5} & \dfrac{2}{5} \\[2mm] \dfrac{2}{5} & \lambda + \dfrac{4}{5} \end{vmatrix} = \lambda^2 + \lambda = 0$$

它有一个零根和一个负实根, 属于稳定性的临界情形.

2.10　Chetaev 型非完整系统与梯度系统

本节研究 Chetaev 型非完整系统的梯度表示, 包括系统的运动微分方程、化成梯度系统的条件、解及其稳定性、应用举例等.

2.10.1　系统的运动微分方程

设力学系统的位形由 n 个广义坐标 q_s $(s = 1, 2, \cdots, n)$ 来确定, 系统的运动受有 g 个彼此独立相容的定常双面理想 Chetaev 型非完整约束

$$f_\beta(\boldsymbol{q}, \dot{\boldsymbol{q}}) = 0 \quad (\beta = 1, 2, \cdots, g) \tag{2.10.1}$$

系统的运动微分方程有形式 [3]

$$\frac{\mathrm{d}}{\mathrm{d}t}\frac{\partial L}{\partial \dot{q}_s} - \frac{\partial L}{\partial q_s} = Q_s + \lambda_\beta \frac{\partial f_\beta}{\partial \dot{q}_s} \quad (s = 1, 2, \cdots, n; \beta = 1, 2, \cdots, g) \tag{2.10.2}$$

其中 $L = L(\boldsymbol{q}, \dot{\boldsymbol{q}})$ 为系统的 Lagrange 函数, $Q_s = Q_s(\boldsymbol{q}, \dot{\boldsymbol{q}})$ 为非势广义力, λ_β 为约束乘子. 假设系统非奇异, 即设

$$\det\left(\frac{\partial^2 L}{\partial \dot{q}_s \partial \dot{q}_k}\right) \neq 0 \tag{2.10.3}$$

则在运动微分方程积分之前, 可求出 λ_β 为 $\boldsymbol{q}, \dot{\boldsymbol{q}}$ 的函数, 于是方程 (2.10.2) 可写成形式

$$\frac{\mathrm{d}}{\mathrm{d}t}\frac{\partial L}{\partial \dot{q}_s} - \frac{\partial L}{\partial q_s} = Q_s + \Lambda_s \quad (s = 1, 2, \cdots, n) \tag{2.10.4}$$

其中广义非完整约束力 Λ_s 已表示为 $\boldsymbol{q}, \dot{\boldsymbol{q}}$ 的函数, 即

$$\Lambda_s = \Lambda_s(\boldsymbol{q}, \dot{\boldsymbol{q}}) = \lambda_\beta(\boldsymbol{q}, \dot{\boldsymbol{q}})\frac{\partial f_\beta}{\partial \dot{q}_s} \tag{2.10.5}$$

称方程 (2.10.4) 为与非完整系统 (2.10.1), (2.10.2) 相应的完整系统的运动微分方程. 如果运动的初始值 $\boldsymbol{q}_0, \dot{\boldsymbol{q}}_0$ 满足非完整约束方程, 即

$$f_\beta(\boldsymbol{q}_0, \dot{\boldsymbol{q}}_0) = 0 \quad (\beta = 1, 2, \cdots, g) \tag{2.10.6}$$

则相应完整系统 (2.10.4) 的解就给出非完整系统的运动 [11]. 因此, 只需研究系统 (2.10.4) 的解.

为将方程 (2.10.4) 表示为梯度系统的方程, 需将其化成一阶形式.

在条件 (2.10.3) 下, 可由方程 (2.10.4) 解出所有广义加速度, 简记作

$$\ddot{q}_s = G_s(\boldsymbol{q}, \dot{\boldsymbol{q}}) \quad (s = 1, 2, \cdots, n) \tag{2.10.7}$$

令

$$a^s = q_s, \quad a^{n+s} = \dot{q}_s \quad (s = 1, 2, \cdots, n) \tag{2.10.8}$$

则方程 (2.10.7) 可写成形式

$$\dot{a}^\mu = F_\mu(\boldsymbol{a}) \quad (\mu = 1, 2, \cdots, 2n) \tag{2.10.9}$$

其中

$$F_s = a^{n+s}, \quad F_{n+s} = G_s(\boldsymbol{a}) \tag{2.10.10}$$

引进广义动量 p_s 和 Hamilton 函数 H

$$p_s = \frac{\partial L}{\partial \dot{q}_s}$$
$$H(\boldsymbol{q}, \boldsymbol{p}) = p_s \dot{q}_s - L \tag{2.10.11}$$

则方程 (2.10.4) 可表示为

$$\dot{q}_s = \frac{\partial H}{\partial q_s}, \quad \dot{p}_s = -\frac{\partial H}{\partial q_s} + \tilde{Q}_s + \tilde{\Lambda}_s \quad (s = 1, 2, \cdots, n) \tag{2.10.12}$$

其中 $\tilde{Q}_s, \tilde{\Lambda}_s$ 为用正则变量表示的 Q_s, Λ_s. 进而, 方程 (2.10.12) 可写成形式

$$\dot{a}^\mu = \omega^{\mu\nu}\frac{\partial H}{\partial a^\nu} + P_\mu \quad (\mu, \nu = 1, 2, \cdots, 2n) \tag{2.10.13}$$

其中

$$a^s = q_s, \quad a^{n+s} = p_s$$
$$(\omega^{\mu\nu}) = \begin{pmatrix} 0_{n\times n} & 1_{n\times n} \\ -1_{n\times n} & 0_{n\times n} \end{pmatrix} \tag{2.10.14}$$
$$P_s = 0, \quad P_{n+s} = \tilde{Q}_s(\boldsymbol{a}) + \tilde{\Lambda}_s(\boldsymbol{a})$$

2.10.2 系统的梯度表示

方程 (2.10.9) 或方程 (2.10.13), 一般都不是梯度系统, 仅在一定条件下才能成为梯度系统. 对方程 (2.10.9), 如果满足条件

$$\frac{\partial F_\mu}{\partial a^\nu} - \frac{\partial F_\nu}{\partial a^\mu} = 0 \quad (\mu, \nu = 1, 2, \cdots, 2n) \tag{2.10.15}$$

那么它是一个梯度系统. 此时可求得势函数 $V = V(\boldsymbol{a})$ 使得

$$F_\mu = -\frac{\partial V}{\partial a^\mu} \quad (\mu = 1, 2, \cdots, 2n) \tag{2.10.16}$$

对方程 (2.10.13), 如果满足条件

$$\frac{\partial}{\partial a^\rho}\left(\omega^{\mu\nu}\frac{\partial H}{\partial a^\nu} + P_\mu\right) - \frac{\partial}{\partial a^\mu}\left(\omega^{\rho\nu}\frac{\partial H}{\partial a^\nu} + P_\rho\right) = 0 \quad (\mu, \nu, \rho = 1, 2, \cdots, 2n) \tag{2.10.17}$$

那么它是一个梯度系统. 此时可求得势函数 $V = V(\boldsymbol{a})$ 使得

$$\omega^{\mu\nu}\frac{\partial H}{\partial a^\nu} + P_\mu = -\frac{\partial V}{\partial a^\mu} \quad (\mu, \nu = 1, 2, \cdots, 2n) \tag{2.10.18}$$

2.10.3 解及其稳定性

Chetaev 型非完整系统化成梯度系统后, 便可利用梯度系统的性质来研究这类约束力学系统的解及其稳定性. 如果

$$\frac{\partial V}{\partial a^\mu} = 0 \quad (\mu = 1, 2, \cdots, 2n) \tag{2.10.19}$$

有解

$$a^\mu = a_0^\mu \quad (\mu = 1, 2, \cdots, 2n) \tag{2.10.20}$$

且 V 在解的邻域内正定, 那么解 (2.10.20) 是渐近稳定的. 如果 V 不能成为 Lyapunov 函数, 那么可由系统的线性化系统的特征根来判断解的稳定性: 若特征根全为负实根, 则解是渐近稳定的; 若有正实根, 则解是不稳定的.

2.10.4　应用举例

例 1　非完整系统为

$$L = \frac{1}{2}(\dot{q}_1^2 + \dot{q}_2^2)$$
$$Q_1 = -6q_1 - 8\dot{q}_1 - 12q_1^2 - 12q_1\dot{q}_1, \quad Q_2 = -\dot{q}_2 \qquad (2.10.21)$$
$$f = \dot{q}_1 + \dot{q}_2 + q_2 = 0$$

试将其化成梯度系统, 并研究解的稳定性.

解　方程 (2.10.2) 给出

$$\ddot{q}_1 = -6q_1 - 8\dot{q}_1 - 12q_1^2 - 12q_1\dot{q}_1 + \lambda$$
$$\ddot{q}_2 = -\dot{q}_2 + \lambda$$

可解得乘子 λ 为

$$\lambda = 3q_1 + 4\dot{q}_1 + 6q_1^2 + 6q_1\dot{q}_1$$

于是相应完整系统的方程有形式

$$\ddot{q}_1 = -3q_1 - 4\dot{q}_1 - 6q_1^2 - 6q_1\dot{q}_1$$
$$\ddot{q}_2 = 3q_1 + 4\dot{q}_1 + 6q_1^2 + 6q_1\dot{q}_1 - \dot{q}_2$$

现将第一个方程化成梯度系统的方程. 令

$$a^1 = q_1$$
$$a^3 = \dot{q}_1$$

则有

$$\dot{a}^1 = a^3$$
$$\dot{a}^3 = -3a^1 - 4a^3 - 6(a^1)^2 - 6a^1 a^3$$

它还不是梯度系统. 再令

$$a^1 = q_1$$
$$a^3 = \dot{q}_1 + 2q_1 + 3q_1^2$$

则有

$$\dot{a}^1 = a^3 - 2a^1 - 3(a^1)^2$$
$$\dot{a}^3 = a^1 - 2a^3$$

它是一个梯度系统, 其势函数为

$$V = -a^1 a^3 + (a^1)^2 + (a^3)^2 + (a^1)^3$$

它在 $a^1 = a^3 = 0$ 的邻域内是正定的, 因此, 零解 $a^1 = a^3 = 0$ 是渐近稳定的.

例 2 Chaplygin 雪橇问题

设雪橇质量为 m, 对过质心的铅垂轴的转动惯量为 J_c; 质心在平面上投影与接触点重合, 坐标为 x, y; 刀片方向与固定轴 Ox 夹角为 θ. 设所受力偶矩为 $M_\theta = -k^2\theta - \beta\dot{\theta}$ (k, β 为常数). 雪橇不能横滑的条件为

$$\dot{y} - \dot{x}\tan\theta = 0$$

微分方程为

$$m\ddot{x} = -\lambda\tan\theta$$
$$m\ddot{y} = \lambda$$
$$J_c\ddot{\theta} = -k^2\theta - \beta\dot{\theta}$$

现将第三个方程化成梯度系统的方程. 取 $J_c = 1, k^2 = 3, \beta = 4$, 即

$$\ddot{\theta} = -3\theta - 4\dot{\theta}$$

令

$$a^1 = \theta$$
$$a^2 = \dot{\theta} + 2\theta$$

则有

$$\dot{a}^1 = a^2 - 2a^1$$
$$\dot{a}^2 = a^1 - 2a^2$$

这是一个梯度系统, 可找到势函数

$$V = (a^1)^2 + (a^2)^2 - a^1 a^2$$

它在 $a^1 = a^2 = 0$ 的邻域内是正定的, 因此, 零解 $a^1 = a^2 = 0$ 是渐近稳定的.

如取 $J_c = 1$, $k^2 = 3$, $\beta = -4$, 可令

$$a^1 = \theta$$
$$a^2 = \dot{\theta} - 2\theta$$

则有

$$\dot{a}^1 = a^2 + 2a^1$$
$$\dot{a}^2 = a^1 + 2a^2$$

这是一个梯度系统, 其势函数为

$$V = -a^1 a^2 - (a^1)^2 - (a^2)^2$$

它是负定的, 而 $\dot{V}$ 也是负定的, 因此, 解 $a^1 = a^2 = 0$ 是不稳定的.

2.11　非 Chetaev 型非完整系统与梯度系统

本节研究非 Chetaev 型非完整系统的梯度表示, 包括系统的运动微分方程、化成梯度系统的条件、解及其稳定性、应用举例等.

2.11.1　系统的运动微分方程

假设力学系统的位形由 n 个广义坐标 q_s $(s = 1, 2, \cdots, n)$ 来确定, 它的运动受有 g 个双面理想非 Chetaev 型非完整约束

$$f_\beta(\boldsymbol{q}, \dot{\boldsymbol{q}}) = 0 \quad (\beta = 1, 2, \cdots, g) \tag{2.11.1}$$

假设约束加在虚位移 δq_s 上的限制为

$$f_{\beta s}(\boldsymbol{q}, \dot{\boldsymbol{q}})\delta q_s = 0 \quad (s = 1, 2, \cdots, n) \tag{2.11.2}$$

一般说来, $f_{\beta s}$ 与 $\dfrac{\partial f_\beta}{\partial \dot{q}_s}$ 没有联系. 特别地, 若有

$$f_{\beta s} = \frac{\partial f_\beta}{\partial \dot{q}_s} \tag{2.11.3}$$

则非 Chetaev 型非完整约束成为 Chetaev 型非完整约束.

非 Chetaev 型非完整系统的运动微分方程有形式 [11,12]

$$\frac{\mathrm{d}}{\mathrm{d}t}\frac{\partial L}{\partial \dot{q}_s} - \frac{\partial L}{\partial q_s} = Q_s + \lambda_\beta f_{\beta s} \quad (s = 1, 2, \cdots, n; \beta = 1, 2, \cdots, g) \tag{2.11.4}$$

其中 $L = L(\boldsymbol{q}, \dot{\boldsymbol{q}})$ 为系统的 Lagrange 函数, $Q_s = Q_s(\boldsymbol{q}, \dot{\boldsymbol{q}})$ 为非势广义力, λ_β 为约束乘子. 假设系统非奇异, 即设

$$\det\left(\frac{\partial^2 L}{\partial \dot{q}_s \partial \dot{q}_k}\right) \neq 0 \tag{2.11.5}$$

则在运动微分方程积分之前, 就可由方程 (2.11.1), (2.11.4) 解出 λ_β 为 $\boldsymbol{q}, \dot{\boldsymbol{q}}$ 的函数. 于是方程 (2.11.4) 可写成形式

$$\frac{\mathrm{d}}{\mathrm{d}t} \frac{\partial L}{\partial \dot{q}_s} - \frac{\partial L}{\partial q_s} = Q_s + \Lambda_s \quad (s = 1, 2, \cdots, n) \qquad (2.11.6)$$

其中

$$\Lambda_s = \Lambda_s(\boldsymbol{q}, \dot{\boldsymbol{q}}) = \lambda_\beta f_{\beta s} \qquad (2.11.7)$$

称方程 (2.11.6) 为与非完整系统 (2.11.1), (2.11.4) 相应的完整系统的方程. 如果运动初始条件满足方程 (2.11.1), 那么方程 (2.11.6) 的解就给出非完整系统的运动. 因此, 只需研究方程 (2.11.6). 在假设 (2.11.5) 下, 由方程 (2.11.6) 可解出所有广义加速度, 简记作

$$\ddot{q}_s = \alpha_s(\boldsymbol{q}, \dot{\boldsymbol{q}}) \quad (s = 1, 2, \cdots, n) \qquad (2.11.8)$$

2.11.2　系统的梯度表示

为研究方程的梯度表示, 需将其化成一阶形式. 令

$$a^s = q_s, \quad a^{n+s} = \dot{q}_s \quad (s = 1, 2, \cdots, n) \qquad (2.11.9)$$

则方程 (2.11.8) 可写成一阶形式

$$\dot{a}^\mu = F_\mu(\boldsymbol{a}) \quad (\mu = 1, 2, \cdots, 2n) \qquad (2.11.10)$$

其中

$$F_s = a^{n+s}, \quad F_{n+s} = \alpha_s(\boldsymbol{a}) \quad (s = 1, 2, \cdots, n) \qquad (2.11.11)$$

引进广义动量 p_s 和 Hamilton 函数 H

$$p_s = \frac{\partial L}{\partial \dot{q}_s}$$
$$H = p_s \dot{q}_s - L \qquad (2.11.12)$$

则方程 (2.11.6) 可写成一阶形式

$$\dot{q}_s = \frac{\partial H}{\partial p_s}, \quad \dot{p}_s = -\frac{\partial H}{\partial q_s} + \tilde{Q}_s + \tilde{\Lambda}_s \quad (s = 1, 2, \cdots, n) \qquad (2.11.13)$$

其中 $\tilde{Q}_s, \tilde{\Lambda}_s$ 为用正则变量表示的 Q_s, Λ_s. 进而, 还可表示为

$$\dot{a}^\mu = \omega^{\mu\nu} \frac{\partial H}{\partial a^\nu} + P_\mu \quad (\mu, \nu = 1, 2, \cdots, 2n) \qquad (2.11.14)$$

其中

$$a^s = q_s, \quad a^{n+s} = p_s$$

$$(\omega^{\mu\nu}) = \begin{pmatrix} 0_{n\times n} & 1_{n\times n} \\ -1_{n\times n} & 0_{n\times n} \end{pmatrix} \tag{2.11.15}$$

$$P_s = 0, \quad P_{n+s} = \tilde{Q}_s + \tilde{\Lambda}_s$$

一般说来, 方程 (2.11.10) 或方程 (2.11.14) 都不是梯度系统的方程, 仅在一定条件下才能成为梯度系统的方程. 对方程 (2.11.10), 如果满足条件

$$\frac{\partial F_\mu}{\partial a^\nu} - \frac{\partial F_\nu}{\partial a^\mu} = 0 \quad (\mu, \nu = 1, 2, \cdots, 2n) \tag{2.11.16}$$

那么它是一个梯度系统. 对方程 (2.11.14), 如果满足条件

$$\frac{\partial}{\partial a^\rho}\left(\omega^{\mu\nu}\frac{\partial H}{\partial a^\nu} + P_\mu\right) - \frac{\partial}{\partial a^\mu}\left(\omega^{\rho\nu}\frac{\partial H}{\partial a^\nu} + P_\rho\right) = 0 \quad (\mu, \nu, \rho = 1, 2, \cdots, 2n) \tag{2.11.17}$$

那么它是一个梯度系统.

值得注意的是, 如果条件 (2.11.16) 或条件 (2.11.17) 不满足, 还不能断定它不是梯度系统, 因为这与方程的一阶形式选取相关.

2.11.3　解及其稳定性

与非 Chetaev 型非完整系统相应的完整系统的方程, 在条件 (2.11.16) 或条件 (2.11.17) 下可化成梯度系统的方程.

$$\dot{a}^\mu = -\frac{\partial V}{\partial a^\mu} \quad (\mu = 1, 2, \cdots, 2n) \tag{2.11.18}$$

如果

$$\frac{\partial V}{\partial a^\mu} = 0 \quad (\mu = 1, 2, \cdots, 2n) \tag{2.11.19}$$

有解

$$a^\mu = a_0^\mu \quad (\mu = 1, 2, \cdots, 2n) \tag{2.11.20}$$

且函数 V 在解的邻域内正定, 那么解 (2.11.20) 是渐进稳定的. 如果 V 不能成为 Lyapunov 函数, 那么可由系统的线性化系统的特征根来判断解的稳定性: 若特征根全为负实根, 则解是渐近稳定的; 若有正实根, 则解是不稳定的.

2.11.4　应用举例

例 1　非 Chetaev 型非完整系统的 Lagrange 函数、广义力、约束方程分别为

$$L = \frac{1}{2}(\dot{q}_1^2 + \dot{q}_2^2)$$

$$Q_1 = 3q_1 + 4\dot{q}_1, \quad Q_2 = -\dot{q}_2 \tag{2.11.21}$$

$$f = 2\dot{q}_1 + \dot{q}_2 + q_2 = 0$$

虚位移方程为

$$\delta q_1 - \delta q_2 = 0$$

试将其化成梯度系统, 并研究解的稳定性.

解   方程 (2.11.4) 给出

$$\ddot{q}_1 = 3q_1 + 4\dot{q}_1 + \lambda$$
$$\ddot{q}_2 = -\dot{q}_2 - \lambda \qquad\qquad (2.11.22)$$

解出 λ, 有

$$\lambda = -6q_1 - 8\dot{q}_1$$

代入得相应完整系统的方程

$$\ddot{q}_1 = -3q_1 - 4\dot{q}_1$$
$$\ddot{q}_2 = 6q_1 + 8\dot{q}_1 - \dot{q}_2$$

令

$$a^1 = q_1$$
$$a^2 = q_2$$
$$a^3 = \dot{q}_1$$
$$a^4 = \dot{q}_2$$

则有

$$\dot{a}^1 = a^3$$
$$\dot{a}^2 = a^4$$
$$\dot{a}^3 = -3a^1 - 4a^2$$
$$\dot{a}^4 = 6a^1 + 8a^3 - a^4$$

它还不是梯度系统.

注意到, 关于 q_1 的方程不出现 q_2, 可单独进行研究. 令

$$a^1 = q_1$$
$$a^3 = 2q_1 + \dot{q}_1$$

则有

$$\dot{a}^1 = a^3 - 2a^1$$

$$\dot{a}^3 = a^1 - 2a^3$$

这是一个梯度系统, 其势函数为

$$V = -a^1 a^3 + (a^1)^2 + (a^3)^2$$

它在 $a^1 = a^3 = 0$ 的邻域内是正定的, 因此, 解 $a^1 = a^3 = 0$ 是渐近稳定的.

例 2　非 Chetaev 型非完整系统为

$$L = \frac{1}{2}(\dot{q}_1^2 + \dot{q}_2^2)$$
$$Q_1 = \frac{1}{2}(q_1 + \dot{q}_1), \quad Q_2 = -\dot{q}_2 \tag{2.11.23}$$
$$f = \dot{q}_1 + \dot{q}_2 + q_2 = 0, \quad \delta q_1 - 2\delta q_2 = 0$$

试将其化成梯度系统, 并研究解的稳定性.

解　方程 (2.11.4) 给出

$$\ddot{q}_1 = \frac{1}{2}(q_1 + \dot{q}_1) + \lambda$$
$$\ddot{q}_2 = -\dot{q}_2 - 2\lambda$$

解得

$$\lambda = \frac{1}{2}(q_1 + \dot{q}_1)$$

代入得相应完整系统的方程

$$\ddot{q}_1 = q_1 + \dot{q}_1$$
$$\ddot{q}_2 = -\dot{q}_2 - q_1 - \dot{q}_1$$

令

$$a^1 = q_1$$
$$a^3 = q_1 - \dot{q}_1$$

则第一个方程成为

$$\dot{a}^1 = a^1 - a^3$$
$$\dot{a}^3 = -a^1$$

这是一个梯度系统, 可求得势函数为

$$V = a^1 a^3 - \frac{1}{2}(a^1)^2$$

它还不能成为 Lyapunov 函数. 方程的特征方程为

$$\begin{vmatrix} \lambda - 1 & 1 \\ 1 & \lambda \end{vmatrix} = \lambda^2 - \lambda - 1 = 0$$

它有一正实根, 因此, 解 $a^1 = a^3 = 0$ 是不稳定的.

2.12　Birkhoff 系统与梯度系统

本节研究 Birkhoff 系统的梯度表示, 包括系统的运动微分方程、系统的梯度表示、解及其稳定性、应用举例等.

2.12.1　系统的运动微分方程

研究自治 Birkhoff 系统, 其微分方程有形式 [13,14]

$$\Omega_{\mu\nu}\dot{a}^{\nu} - \frac{\partial B}{\partial a^{\mu}} = 0 \quad (\mu,\nu = 1,2,\cdots,2n) \tag{2.12.1}$$

其中 $B = B(\boldsymbol{a})$ 为 Birkhoff 函数, 而

$$\Omega_{\mu\nu} = \frac{\partial R_{\nu}}{\partial a^{\mu}} - \frac{\partial R_{\mu}}{\partial a^{\nu}} \tag{2.12.2}$$

为 Birkhoff 张量, $R_{\mu} = R_{\mu}(\boldsymbol{a})$ 为 Birkhoff 函数组. 设系统非奇异, 即设

$$\det(\Omega_{\mu\nu}) \neq 0 \tag{2.12.3}$$

则由方程 (2.12.1) 可解出所有 $\dot{a}^{\mu}$, 有

$$\dot{a}^{\mu} = \Omega^{\mu\nu}\frac{\partial B}{\partial a^{\nu}} \quad (\mu,\nu = 1,2,\cdots,2n) \tag{2.12.4}$$

其中

$$\Omega^{\mu\nu}\Omega_{\nu\rho} = \delta^{\mu}_{\rho} \tag{2.12.5}$$

一阶 Lagrange 系统的 Lagrange 函数为 [15]

$$L = A_{s}(t,\boldsymbol{q})\dot{q}_{s} - B(t,\boldsymbol{q}) \quad (s = 1,2,\cdots,k) \tag{2.12.6}$$

当 A_{s}, B 不显含 t, 且 $k = 2n$ 时, 取 $a^{\nu} = q_{\nu}$ $(\nu = 1,2,\cdots,2n)$, 则方程有形式

$$\left(\frac{\partial A_{\nu}}{\partial a^{\mu}} - \frac{\partial A_{\mu}}{\partial a^{\nu}}\right)\dot{a}^{\nu} - \frac{\partial B}{\partial a^{\mu}} = 0 \quad (\mu = 1,2,\cdots,2n) \tag{2.12.7}$$

它实际上是 Birkhoff 方程.

2.12.2　系统的梯度表示

Birkhoff 方程 (2.12.1) 或 (2.12.4), 一般不是梯度系统. 对方程 (2.12.4), 如果满足条件

$$\frac{\partial}{\partial a^{\rho}}\left(\Omega^{\mu\nu}\frac{\partial B}{\partial a^{\nu}}\right) - \frac{\partial}{\partial a^{\mu}}\left(\Omega^{\rho\nu}\frac{\partial B}{\partial a^{\nu}}\right) = 0 \quad (\mu,\nu,\rho = 1,2,\cdots,2n) \tag{2.12.8}$$

那么它是一个梯度系统. 此时, 可求得势函数 $V = V(\boldsymbol{a})$ 使得

$$\Omega^{\mu\nu}\frac{\partial B}{\partial a^{\nu}} = -\frac{\partial V}{\partial a^{\mu}} \quad (\mu,\nu = 1,2,\cdots,2n) \tag{2.12.9}$$

2.12.3　解及其稳定性

Birkhoff 系统在满足条件 (2.12.8) 后, 可化成梯度系统

$$\dot{a}^\mu = -\frac{\partial V}{\partial a^\mu} \quad (\mu = 1, 2, \cdots, 2n) \tag{2.12.10}$$

如果

$$\frac{\partial V}{\partial a^\mu} = 0 \quad (\mu = 1, 2, \cdots, 2n) \tag{2.12.11}$$

有解

$$a^\mu = a_0^\mu \quad (\mu = 1, 2, \cdots, 2n) \tag{2.12.12}$$

且函数 V 在解的邻域内正定, 那么解 (2.12.12) 是渐近稳定的. 如果 V 不能成为 Lyapunov 函数, 那么可用系统的线性化系统的特征根来判断解的稳定性: 若特征根全为负实根, 则解是渐近稳定的; 若有正实根, 则解是不稳定的.

2.12.4　应用举例

例 1　二阶 Birkhoff 系统为

$$\begin{aligned} &R_1 = a^2, \quad R_2 = 0 \\ &B = \frac{1}{2}(a^1)^2 - \frac{1}{2}(a^2)^2 + \frac{1}{3}(a^1)^3 \end{aligned} \tag{2.12.13}$$

试将其化成梯度系统, 并研究解的稳定性.

解　Birkhoff 方程 (2.12.4) 给出

$$\dot{a}^1 = -a^2$$
$$\dot{a}^2 = -a^1 - (a^1)^2$$

这是一个梯度系统, 其势函数为

$$V = a^1 a^2 + \frac{1}{3}(a^1)^3$$

它还不能成为 Lyapunov 函数. 系统的线性化系统的特征方程为

$$\begin{vmatrix} \lambda & 1 \\ 1 & \lambda \end{vmatrix} = \lambda^2 - 1 = 0$$

它有正实根, 因此, 解 $a^1 = a^2 = 0$ 是不稳定的.

例 2　Birkhoff 系统为

$$\begin{aligned} &R_1 = 0, \quad R_2 = a^1 \\ &B = \frac{1}{2}(a^1)^2 - \frac{1}{2}(a^2)^2 + ta^1 + 2ta^2 \end{aligned} \tag{2.12.14}$$

试将其化成梯度系统, 并研究解的稳定性.

解 Birkhoff 方程 (2.12.4) 给出

$$\dot{a}^1 = a^2 - 2t$$
$$\dot{a}^2 = a^1 + t$$

它有解

$$a_0^1 = 2 - t$$
$$a_0^2 = 2t - 1$$

作变换, 令

$$a^1 = a_0^1 + \xi_1$$
$$a^2 = a_0^2 + \xi_2$$

则方程有形式

$$\dot{\xi}_1 = \xi_2$$
$$\dot{\xi}_2 = \xi_1$$

这是一个梯度系统, 其势函数为

$$V = -\xi_1 \xi_2$$

方程的特征根有正实根, 因此, 解 $\xi_1 = \xi_2 = 0$ 是不稳定的.

2.13 广义 Birkhoff 系统与梯度系统

本节研究广义 Birkhoff 系统的梯度表示, 包括系统的运动微分方程、系统的梯度表示、解及其稳定性、应用举例等.

2.13.1 系统的运动微分方程

广义 Birkhoff 系统的微分方程有形式 [16,17]

$$\Omega_{\mu\nu}\dot{a}^\nu - \frac{\partial B}{\partial a^\mu} - \frac{\partial R_\mu}{\partial t} = -\Lambda_\mu \quad (\mu, \nu = 1, 2, \cdots, 2n) \tag{2.13.1}$$

其中 $\Lambda_\mu = \Lambda_\mu(t, \boldsymbol{a})$ 为附加项. 方程 (2.13.1) 首先由 Pfaff 作用量的广义准对称变换导出 [16], 其后, 由广义 Pfaff-Birkhoff 原理导出 [17].

假设系统是自治的, 即设

$$R_\mu = R_\mu(\boldsymbol{a}), \quad B = B(\boldsymbol{a}), \quad \Lambda_\mu = \Lambda_\mu(\boldsymbol{a}) \tag{2.13.2}$$

则方程有形式

$$\Omega_{\mu\nu}\dot{a}^\nu = \frac{\partial B}{\partial a^\mu} - \Lambda_\mu \quad (\mu, \nu = 1, 2, \cdots, 2n) \tag{2.13.3}$$

设系统非奇异, 即设

$$\det(\Omega_{\mu\nu}) \neq 0 \tag{2.13.4}$$

则由方程 (2.13.3) 可解出所有 $\dot{a}^\mu$

$$\dot{a}^\mu = \Omega^{\mu\nu}\frac{\partial B}{\partial a^\nu} - \tilde{\Lambda}_\mu \tag{2.13.5}$$

其中

$$\begin{aligned} \Omega^{\mu\nu}\Omega_{\nu\rho} &= \delta^\mu_\rho \\ \tilde{\Lambda}_\mu &= \Omega^{\mu\nu}\Lambda_\nu \end{aligned} \tag{2.13.6}$$

2.13.2　系统的梯度表示

一般说, 方程 (2.13.5) 不是梯度系统的方程, 仅在一定条件下才能成为梯度系统的方程. 对方程 (2.13.5), 如果满足条件

$$\frac{\partial}{\partial a^\rho}\left(\Omega^{\mu\nu}\frac{\partial B}{\partial a^\nu} - \tilde{\Lambda}_\mu\right) - \frac{\partial}{\partial a^\mu}\left(\Omega^{\rho\nu}\frac{\partial B}{\partial a^\nu} - \tilde{\Lambda}_\rho\right) = 0 \quad (\mu, \nu, \rho = 1, 2, \cdots, 2n) \tag{2.13.7}$$

那么它是一个梯度系统. 此时, 可求得势函数 $V = V(\boldsymbol{a})$ 使得

$$\Omega^{\mu\nu}\frac{\partial B}{\partial a^\nu} - \tilde{\Lambda}_\mu = -\frac{\partial V}{\partial a^\mu} \quad (\mu, \nu = 1, 2, \cdots, 2n) \tag{2.13.8}$$

2.13.3　解及其稳定性

广义 Birkhoff 系统在条件 (2.13.7) 下可化成梯度系统

$$\dot{a}^\mu = -\frac{\partial V}{\partial a^\mu} \quad (\mu = 1, 2, \cdots, 2n) \tag{2.13.9}$$

如果

$$\frac{\partial V}{\partial a^\mu} = 0 \quad (\mu = 1, 2, \cdots, 2n) \tag{2.13.10}$$

有解

$$a^\mu = a_0^\mu \quad (\mu = 1, 2, \cdots, 2n) \tag{2.13.11}$$

且函数 V 在解的邻域内正定, 那么解 (2.13.11) 是渐进稳定的. 如果 V 不能成为 Lyapunov 函数, 那么可由系统的线性化系统的特征根来判断解的稳定性: 若特征根全为负实根, 则解是渐近稳定的; 若有正实根, 则解是不稳定的.

2.13.4 应用举例

例 1 广义 Birkhoff 系统为

$$R_1 = a^2, \quad R_2 = 0$$
$$B = \frac{1}{2}(a^2)^2 - \frac{1}{2}(a^1)^2 \qquad\qquad (2.13.12)$$
$$\Lambda_1 = -2a^2, \quad \Lambda_2 = a^1$$

试将其化成梯度系统, 并研究解的稳定性.

解 方程 (2.13.5) 给出

$$\dot{a}^1 = a^2 - a^1$$
$$\dot{a}^2 = a^1 - 2a^2$$

这是一个梯度系统, 其势函数为

$$V = \frac{1}{2}(a^1)^2 + (a^2)^2 - a^1 a^2$$

它在 $a^1 = a^2 = 0$ 的邻域内正定, 因此, 零解 $a^1 = a^2 = 0$ 是渐近稳定的.

例 2 广义 Birkhoff 系统为

$$R_1 = a^2, \quad R_2 = 0$$
$$B = a^1 a^2 \qquad\qquad (2.13.13)$$
$$\Lambda_1 = a^2 - \alpha a^2 + a^1, \quad \Lambda_2 = a^1 + \beta a^1 - a^2$$

其中 α, β 为参数. 试将其化成梯度系统, 并研究解的稳定性.

解 方程 (2.13.5) 给出

$$\dot{a}^1 = -\beta a^1 + a^2$$
$$\dot{a}^2 = -\alpha a^2 + a^1$$

这是一个梯度系统, 其特征方程为

$$\begin{vmatrix} \lambda + \beta & -1 \\ -1 & \lambda + \alpha \end{vmatrix} = \lambda^2 + (\alpha + \beta)\lambda + \alpha\beta - 1 = 0$$

当 $\alpha + \beta > 0, \alpha\beta - 1 > 0$ 时, 方程有二负实根, 因此解 $a^1 = a^2 = 0$ 是渐近稳定的; 当 $\alpha\beta - 1 < 0$ 时, 方程有一正实根, 解是不稳定的; 当 $\alpha + \beta > 0, \alpha\beta - 1 = 0$ 时, 方程有一零根和一负实根, 平衡属于临界情形. 这样, 可在参数平面 $\alpha\beta$ 上划分出稳定性区域.

例 3　广义 Birkhoff 系统为

$$R_1 = a^2, \quad R_2 = 0$$
$$B = \frac{1}{2}(a^1)^2 + \frac{1}{2}(a^2)^2 \tag{2.13.14}$$
$$\Lambda_1 = 2a^1 + (a^2)^2, \quad \Lambda_2 = (a^1)^2$$

试将其化成梯度系统, 并研究解的稳定性.

　　解　方程 (2.13.5) 给出

$$\dot{a}^1 = a^2 - (a^1)^2$$
$$\dot{a}^2 = a^1 - (a^2)^2$$

它有解 $a^1 = a^2 = 0$, 其线性化系统的特征方程为

$$\begin{vmatrix} \lambda & -1 \\ -1 & \lambda \end{vmatrix} = \lambda^2 - 1 = 0$$

它有一正实根, 因此, 解 $a^1 = a^2 = 0$ 是不稳定的.

2.14　广义 Hamilton 系统与梯度系统

　　本节研究广义 Hamilton 系统的梯度表示, 包括系统的运动微分方程、系统的梯度表示、解及其稳定性、应用举例等.

2.14.1　系统的运动微分方程

　　广义 Hamilton 系统的微分方程有形式 [18]

$$\dot{a}^i = J_{ij}\frac{\partial H}{\partial a^j} \quad (i, j = 1, 2, \cdots, m) \tag{2.14.1}$$

其中 $J_{ij} = J_{ij}(\boldsymbol{a})$ 满足

$$J_{ij} = -J_{ji}$$
$$J_{il}\frac{\partial J_{jk}}{\partial a^l} + J_{jl}\frac{\partial J_{ki}}{\partial a^l} J_{kl}\frac{\partial J_{ij}}{\partial a^l} = 0 \quad (i, j, k, l = 1, 2, \cdots, m) \tag{2.14.2}$$

　　对方程 (2.14.1) 的右端添加附加项 $\Lambda_i = \Lambda_i(\boldsymbol{a})$, 则有

$$\dot{a}^i = J_{ij}\frac{\partial H}{\partial a^j} + \Lambda_i \quad (i, j = 1, 2, \cdots, m) \tag{2.14.3}$$

系统(2.14.3)比系统(2.14.1)更为普遍, 称其为带附加项的广义 Hamilton 系统.

2.14.2 系统的梯度表示

广义 Hamilton 系统一般不是梯度系统, 仅在一定条件下才能成为梯度系统. 对方程 (2.14.1), 如果满足条件

$$\frac{\partial}{\partial a^j}\left(J_{ik}\frac{\partial H}{\partial a^k}\right) - \frac{\partial}{\partial a^i}\left(J_{jk}\frac{\partial H}{\partial a^k}\right) = 0 \quad (i,j,k=1,2,\cdots,m) \tag{2.14.4}$$

那么它是一个梯度系统. 此时, 可求得势函数 $V = V(\boldsymbol{a})$ 使得

$$J_{ij}\frac{\partial H}{\partial a^j} = -\frac{\partial V}{\partial a^i} \quad (i,j=1,2,\cdots,m) \tag{2.14.5}$$

对方程 (2.14.3), 如果满足条件

$$\frac{\partial}{\partial a^j}\left(J_{ik}\frac{\partial H}{\partial a^k} + \Lambda_i\right) - \frac{\partial}{\partial a^i}\left(J_{jk}\frac{\partial H}{\partial a^k} + \Lambda_j\right) = 0 \quad (i,j,k=1,2,\cdots,m) \tag{2.14.6}$$

那么它是一个梯度系统. 此时, 可求得势函数 $V = V(\boldsymbol{a})$ 使得

$$J_{ij}\frac{\partial H}{\partial a^j} + \Lambda_i = -\frac{\partial V}{\partial a^i} \quad (i,j=1,2,\cdots,m) \tag{2.14.7}$$

2.14.3 解及其稳定性

广义 Hamilton 系统 (2.14.1) 在满足条件 (2.14.4) 之后, 或系统 (2.14.3) 在满足条件 (2.14.6) 之后, 可化成梯度系统

$$\dot{a}^i = -\frac{\partial V}{\partial a^i} \quad (i=1,2,\cdots,m) \tag{2.14.8}$$

如果

$$\frac{\partial V}{\partial a^i} = 0 \quad (i=1,2,\cdots,m) \tag{2.14.9}$$

有解

$$a^i = a_0^i \quad (i=1,2,\cdots,m) \tag{2.14.10}$$

且函数 V 在解的邻域内正定, 那么解 (2.14.10) 就是渐进稳定的. 如果 V 不能成为 Lyapunov 函数, 那么可由系统的线性化系统的特征根来判断解的稳定性: 若特征根全为负实根, 则解是渐近稳定的; 若有正实根, 则解是不稳定的.

2.14.4 应用举例

例 1 广义 Hamilton 系统为

$$H = -a^1 a^2 - \frac{1}{2}(a^3)^2$$
$$(J_{ij}) = \begin{pmatrix} 0 & -1 & 1 \\ 1 & 0 & -1 \\ -1 & 1 & 0 \end{pmatrix} \tag{2.14.11}$$

试将其化成梯度系统, 并研究解的稳定性.

解　方程 (2.14.1) 给出

$$\dot{a}^1 = a^1 - a^3$$
$$\dot{a}^2 = -a^2 + a^3$$
$$\dot{a}^3 = a^2 - a^1$$

易见, 它是一个梯度系统, 其势函数为

$$V = -\frac{1}{2}(a^1)^2 + \frac{1}{2}(a^2)^2 + a^1 a^3 - a^2 a^3$$

它还不能成为 Lyapunov 函数, 但方程的特征根有正实根, 因此, 解 $a^1 = a^2 = a^3 = 0$ 是不稳定的.

例 2　带附加项的广义 Hamilton 系统为

$$H = \frac{1}{2}\left[\left(a^1\right)^2 + \left(a^2\right)^2 + \left(a^3\right)^2\right]$$
$$(J_{ij}) = \begin{pmatrix} 0 & -1 & -1 \\ 1 & 0 & -1 \\ 1 & 1 & 0 \end{pmatrix} \tag{2.14.12}$$
$$\Lambda_1 = -2a^1 + 2a^2 + a^3, \quad \Lambda_2 = -2a^2 + a^3, \quad \Lambda_3 = -2a^3 - a^1 - a^2$$

试将其化成梯度系统, 并研究零解的稳定性.

解　方程 (2.14.3) 给出

$$\dot{a}^1 = -2a^1 + a^2$$
$$\dot{a}^2 = a^1 - 2a^2$$
$$\dot{a}^3 = -2a^3$$

这是一个梯度系统, 其势函数为

$$V = (a^1)^2 + (a^2)^2 + (a^3)^2 - a^1 a^2$$

它在 $a^1 = a^2 = a^3 = 0$ 的邻域内是正定的, 因此, 解 $a^1 = a^2 = a^3 = 0$ 是渐近稳定的. 方程的特征方程为

$$\begin{vmatrix} \lambda + 2 & -1 & 0 \\ -1 & \lambda + 2 & 0 \\ 0 & 0 & \lambda + 2 \end{vmatrix} = \lambda^3 + 6\lambda^2 + 11\lambda + 6 = 0$$

由 Routh-Hurwitz 判据知, 特征根全为负实根, 因此, 零解 $a^1 = a^2 = a^3 = 0$ 是渐近稳定的.

本章研究了各类约束力学系统的通常梯度表示, 给出约束力学系统成为梯度系统的条件. 化成梯度系统后, 便可利用梯度系统的特性来研究力学系统的解及其稳定性. 如果势函数 V 可以是正定的 Lyapunov 函数, 那么解就是渐近稳定的. 如果势函数 V 不能成为 Lyapunov 函数, 那么可用系统的线性化系统的特征根来判断解的稳定性. 因为梯度系统的线性化系统只是实特征根, 因此, 不能用于研究振子问题的稳定性.

习　　题

2-1　为什么定常 Lagrange 系统和定常 Hamilton 系统化成梯度系统有那么多困难?

2-2　单自由度 Lagrange 系统为

$$L = \frac{1}{2}\dot{q}^2 - \frac{3}{2}q^2$$
$$Q = -4\dot{q}$$

试将其化成通常梯度系统, 并研究零解的稳定性.

2-3　试对 2.4 节例 3 求出函数 V, 并用 $\dot{V}$ 的符号来研究零解的稳定性.

2-4　试利用 2.4 节例 4 的结果将方程 $A\ddot{q} = Bq + C\dot{q}$ 化成梯度系统, 并研究零解的稳定性:

1)$A = 1, B = -3, C = -4$;

2)$A = 1, B = -9, C = -10$;

3)$A = 1, B = -6, C = -7$.

2-5　非 Chetaev 型非完整系统为

$$L = \frac{1}{2}(\dot{q}_1^2 + \dot{q}_2^2)$$
$$Q_1 = 3(q_1 + \dot{q}_1 + \dot{q}_1^2), \quad Q_2 = -\dot{q}_2$$
$$f = 2\dot{q}_1 + \dot{q}_2 + q_2 = 0, \quad \delta q_1 + \delta q_2 = 0$$

试将其化成梯度系统.

参 考 文 献

[1]　Hirsch MW, Smale S, Devaney RL. Differential Equations, Dynamical Systems, and an Introduction to Chaos. Singapore: Elsevier, 2008

[2]　McLachlan RI, Quispel GRW, Robidoux N.Geometric integration using discrete gradients. Phil Trans R Soc Lond A, 1999, 357: 1021–1045

[3]　梅凤翔. 分析力学. 北京: 北京理工大学出版社, 2013

[4] Whittaker ET. A Treatise on the Analytical Dynamics of Particles and Rigid Bodies. 9th ed. New York: Macmillan Co., 1944

[5] Лурье　АИ．Аналитнческая Механика．Москва：ГИфМЛ，1961

[6] 梅凤翔，刘桂林. 分析力学基础. 西安: 西安交通大学出版社, 1987

[7] Papastavridis JG. Analytical Mechanics. New York: Oxford Univ. Press, 2002

[8] 杨来伍，梅凤翔. 变质量系统力学. 北京: 北京理工大学出版社, 1989

[9] Synge JL. Classical Dynamics. Berlin: Springer-Verlag, 1960

[10] Mei FX. Parametric equations of nonholonomic non conservative systems in the event space and the method of their integration. Acta Mech Sin, 1990, 6(2): 160–168

[11] Новосёлов ВС．Вариапионные Методы в Механике．Ленинград：лгу，1966

[12] 梅凤翔. 非完整动力学研究. 北京: 北京工业学院出版社, 1987

[13] 梅凤翔，史荣昌，张永发，吴惠彬. Birkhoff 系统动力学. 北京: 北京理工大学出版社, 1996

[14] Галиуллин АС，Гафаров ГГ，Мадайшка РII，ХванАМ．Аналитическая Динамика Систем Гельмгоьца，Биркгофа，Намбу．Москва：УФН，1997

[15] Santilli RM. Foundations of Theoretical Mechanics II. NewYork: Springer-Verlag, 1983

[16] Mei FX. The Noether's theory of Birkhoffian systems. Science in China, Serie A, 1993, 36(12): 1456–1467

[17] 梅凤翔，张永发，何光等. 广义 Birkhoff 系统动力学的基本框架. 北京理工大学学报, 2007, 27(12): 1036–1038

[18] 李继彬，赵晓华，刘正荣. 广义哈密顿系统的理论及其应用. 北京: 科学出版社, 1994

第 3 章　约束力学系统与斜梯度系统

本章研究各类约束力学系统的斜梯度表示, 包括 Lagrange 系统、Hamilton 系统、广义坐标下一般完整系统、带附加项的 Hamilton 系统、准坐标下完整系统、相对运动动力学系统、变质量力学系统、事件空间中动力学系统、Chetaev 型非完整系统、非 Chetaev 型非完整系统、Birkhoff 系统、广义 Birkhoff 系统, 以及广义 Hamilton 系统等, 并给出具体应用.

3.1　斜梯度系统

本节讨论斜梯度系统, 包括系统的微分方程、性质, 以及对力学系统的应用.

3.1.1　微分方程

斜梯度 (Skew-gradient) 系统的方程为 [1]

$$\dot{x}_i = b_{ij}(\boldsymbol{X})\frac{\partial V(\boldsymbol{X})}{\partial x_j} \quad (i, j = 1, 2, \cdots, m) \tag{3.1.1}$$

其中 $V = V(\boldsymbol{X})$ 称为能量函数 [1], 而矩阵 $(b_{ij}(\boldsymbol{X}))$ 是反对称的, 即有

$$b_{ij}(\boldsymbol{X}) = -b_{ji}(\boldsymbol{X}) \quad (i, j = 1, 2, \cdots, m) \tag{3.1.2}$$

3.1.2　性质

斜梯度系统有如下重要性质:

1) 能量函数 $V = V(\boldsymbol{X})$ 是斜梯度系统 (3.1.1) 的积分.

实际上, 按方程 (3.1.1) 求 $\dot{V}$, 得

$$\dot{V} = \frac{\partial V}{\partial x_i}b_{ij}\frac{\partial V}{\partial x_j}$$

由 (b_{ij}) 的反对称性, 得 $\dot{V} = 0, V = \text{const}.$

2) 如果 V 可以是 Lyapunov 函数, 那么斜梯度系统 (3.1.1) 的解 $x_i = x_{i0}$ $(i = 1, 2, \cdots, m)$ 是稳定的.

这可由 $\dot{V} = 0$, 利用 Lyapunov 定理得知.

3) 如果 V 不能成为 Lyapunov 函数, 那么可利用 Lyapunov 一次近似理论来研究稳定性.

3.1.3　对力学系统的应用

如果约束力学系统的方程可化成斜梯度系统的方程, 那么就可以利用斜梯度系统的性质来研究力学系统的积分和解的稳定性.

3.2　Lagrange 系统与斜梯度系统

本节研究 Lagrange 系统的斜梯度表示, 包括系统的运动微分方程、化成斜梯度系统的条件、积分和解的稳定性、应用举例等.

3.2.1　系统的运动微分方程

定常 Lagrange 系统的微分方程为

$$\frac{\mathrm{d}}{\mathrm{d}t}\frac{\partial L}{\partial \dot{q}_s} - \frac{\partial L}{\partial q_s} = 0 \quad (s = 1, 2, \cdots, n) \tag{3.2.1}$$

其中 $L = L(\boldsymbol{q}, \dot{\boldsymbol{q}})$ 为系统的 Lagrange 函数. 假设系统非奇异, 即设

$$\det\left(\frac{\partial^2 L}{\partial \dot{q}_s \partial \dot{q}_k}\right) \neq 0 \tag{3.2.2}$$

则由方程 (3.2.1) 可解出所有广义加速度, 记作

$$\ddot{q}_s = \alpha_s(\boldsymbol{q}, \dot{\boldsymbol{q}}) \quad (s = 1, 2, \cdots, n) \tag{3.2.3}$$

引进广义动量 p_s 和 Hamilton 函数 H

$$p_s = \frac{\partial L}{\partial \dot{q}_s}$$
$$H = p_s \dot{q}_s - L \tag{3.2.4}$$

则方程 (3.2.1) 可写成形式

$$\dot{a}^\mu = \omega^{\mu\nu}\frac{\partial H}{\partial a^\nu} \quad (\mu, \nu = 1, 2, \cdots, 2n) \tag{3.2.5}$$

其中

$$a^s = q_s, \quad a^{n+s} = p_s \quad (s = 1, 2, \cdots, n)$$
$$(\omega^{\mu\nu}) = \begin{pmatrix} 0_{n\times n} & 1_{n\times n} \\ -1_{n\times n} & 0_{n\times n} \end{pmatrix} \tag{3.2.6}$$

3.2.2 系统的斜梯度表示

取

$$\omega^{\mu\nu} = b_{\mu\nu}, \quad H = V \tag{3.2.7}$$

则方程 (3.2.5) 成为

$$\dot{a}^{\mu} = b_{\mu\nu} \frac{\partial V}{\partial a^{\nu}} \quad (\mu, \nu = 1, 2, \cdots, 2n) \tag{3.2.8}$$

因此, 它自然是一个斜梯度系统.

3.2.3 积分和解的稳定性

由斜梯度系统的性质知, $V = H$ 是系统的积分. 如果

$$\frac{\partial V}{\partial a^{\mu}} = 0 \quad (\mu = 1, 2, \cdots, 2n) \tag{3.2.9}$$

有解

$$a^{\mu} = a_0^{\mu} \quad (\mu = 1, 2, \cdots, 2n) \tag{3.2.10}$$

且 V 在解的邻域内正定, 那么解 (3.2.10) 是稳定的, 因为有 $\dot{V} = 0$. 如果 V 不能成为 Lyapunov 函数, 那么可用 Lyapunov 一次近似理论来研究解的稳定性.

3.2.4 应用举例

例 1 单自由度 Lagrange 系统为

$$L = \frac{1}{2}(\dot{q}^2 - q^2) - \frac{1}{3}q^3 \tag{3.2.11}$$

其中 $q, \dot{q}$ 已无量纲化. 试将其化成斜梯度系统, 并研究积分和解的稳定性.

解 令

$$a^1 = q$$
$$a^2 = \dot{q}$$

则方程可写成一阶形式

$$\dot{a}^1 = a^2$$
$$\dot{a}^2 = -a^1 - (a^1)^2$$

它可写成形式

$$\begin{pmatrix} \dot{a}^1 \\ \dot{a}^2 \end{pmatrix} = \begin{pmatrix} 0 & 1 \\ -1 & 0 \end{pmatrix} \begin{pmatrix} \dfrac{\partial V}{\partial a^1} \\ \dfrac{\partial V}{\partial a^2} \end{pmatrix}$$

其中

$$V = \frac{1}{2}(a^1)^2 + \frac{1}{2}(a^2)^2 + \frac{1}{3}(a^1)^3$$

它在 $a^1 = a^2 = 0$ 的邻域内是正定的, 又是积分, 因此, 零解 $a^1 = a^2 = 0$ 是稳定的.

例 2　Beghin 问题 (1948)

一薄的铅垂平板可无摩擦地绕铅垂轴 Oz 以常角速度 ω 转动. 一质量为 m 的质点 M 可无摩擦地沿平板上的直槽移动. 已知平板对轴 Oz 的转动惯量为 J, 直槽与铅垂线的夹角为 α, $\overline{OM} = r$. 系统的动能为

$$T = \frac{1}{2}m\dot{r}^2 + \frac{1}{2}(J + mr^2\sin^2\alpha)\omega^2$$

力函数为

$$U = -mgr\cos\alpha$$

Lagrange 函数为 [2]

$$L = T + U = \frac{1}{2}m\dot{r}^2 + \frac{1}{2}(J + mr^2\sin^2\alpha)\omega^2 - mgr\cos\alpha \tag{3.2.12}$$

试将其化成斜梯度系统, 并研究其积分.

解　令 $q = r$, 则

$$L = \frac{1}{2}m\dot{q}^2 + \frac{1}{2}(J + mq^2\sin^2\alpha)\omega^2 - mgq\cos\alpha$$

广义动量 p 和 Hamilton 函数 H 分别为

$$p = m\dot{q}$$
$$H = \frac{p^2}{2m} - \frac{1}{2}(J + mq^2\sin^2\alpha)\omega^2 + mgq\cos\alpha$$

方程可写成形式

$$\begin{pmatrix} \dot{q} \\ \dot{p} \end{pmatrix} = \begin{pmatrix} 0 & 1 \\ -1 & 0 \end{pmatrix} \begin{pmatrix} \dfrac{\partial H}{\partial q} \\ \dfrac{\partial H}{\partial p} \end{pmatrix}$$

这是一个斜梯度系统, H 是积分, 代表广义能量守恒.

例 3　二自由度系统的 Lagrange 函数为 [3]

$$L = \frac{1}{2}(\dot{q}_1^2 + \dot{q}_2^2) - \frac{1}{2}(q_1^2 + q_2^2) - \frac{1}{3}(q_1^3 + q_2^3) \tag{3.2.13}$$

试将其化成斜梯度系统, 并研究其积分和解的稳定性.

解 令

$$a^1 = q_1$$
$$a^2 = q_2$$
$$a^3 = \dot{q}_1$$
$$a^4 = \dot{q}_2$$

则方程表示为一阶形式

$$\dot{a}^1 = a^3$$
$$\dot{a}^2 = a^4$$
$$\dot{a}^3 = -a^1 - (a^1)^2$$
$$\dot{a}^4 = -a^2 - (a^2)^2$$

这是一个斜梯度系统, 其函数 V 为

$$V = \frac{1}{2}[(a^1)^2 + (a^2)^2 + (a^3)^2 + (a^4)^2] + \frac{1}{3}[(a^1)^3 + (a^2)^3]$$

它在 $a^1 = a^2 = a^3 = a^4 = 0$ 的邻域内正定, 又是积分, 因此, 零解 $a^1 = a^2 = a^3 = a^4 = 0$ 是稳定的.

例 4 二自由度系统的 Lagrange 函数为

$$L = \frac{1}{2}(\dot{q}_1^2 + \dot{q}_2^2) + \frac{1}{2}\mu q_1^2 + \frac{1}{2}\nu q_2^2 \tag{3.2.14}$$

其中 μ, ν 为参数. 试将其化成斜梯度系统, 并研究解的稳定性.

解 令

$$a^1 = q_1$$
$$a^2 = q_2$$
$$a^3 = \dot{q}_1$$
$$a^4 = \dot{q}_2$$

则方程写成一阶形式

$$\dot{a}^1 = a^3$$
$$\dot{a}^2 = a^4$$

$$\dot{a}^3 = -\mu a^1$$

$$\dot{a}^4 = -\nu a^2$$

这是一个斜梯度系统, 其函数 V 为

$$V = \frac{1}{2}\mu(a^1)^2 + \frac{1}{2}\nu(a^2)^2 + \frac{1}{2}(a^3)^2 + \frac{1}{2}(a^4)^2$$

它是系统的积分. 当 $\mu > 0, \nu > 0$ 时, 函数 V 在 $a^1 = a^2 = a^3 = a^4 = 0$ 的邻域内正定, 因此, 零解 $a^1 = a^2 = a^3 = a^4 = 0$ 是稳定的.

方程的特征方程为

$$\begin{vmatrix} \lambda & 0 & -1 & 0 \\ 0 & \lambda & 0 & -1 \\ \mu & 0 & \lambda & 0 \\ 0 & \nu & 0 & \lambda \end{vmatrix} = (\lambda^2 + \mu)(\lambda^2 + \nu) = 0$$

因此, 当 $\mu < 0$ 或 $\nu < 0$ 时, 它有正根, 而零解 $a^1 = a^2 = a^3 = a^4 = 0$ 是不稳定的.

例 5   单自由度系统的 Lagrange 函数为

$$L = \frac{1}{2}\dot{q}^2 - 2q^2(2 + \sin q) \tag{3.2.15}$$

试将其化成斜梯度系统, 并研究解的稳定性.

解   微分方程为

$$\ddot{q} = -4q(2 + \sin q) - 2q^2\cos q$$

令

$$a^1 = -\frac{1}{2}\dot{q}$$

$$a^2 = q$$

则有

$$\dot{a}^1 = 2a^2(2 + \sin a^2) + (a^2)^2\cos a^2$$

$$\dot{a}^2 = -2a^1$$

即

$$\begin{pmatrix} \dot{a}^1 \\ \dot{a}^2 \end{pmatrix} = \begin{pmatrix} 0 & 1 \\ -1 & 0 \end{pmatrix} \begin{pmatrix} \dfrac{\partial V}{\partial a^1} \\ \dfrac{\partial V}{\partial a^2} \end{pmatrix}$$

其中

$$V = (a^1)^2 + (a^2)^2(2 + \sin a^2)$$

它在 $a^1 = a^2 = 0$ 的邻域内是正定的, 又是积分, 因此, 零解 $a^1 = a^2 = 0$ 是稳定的.

例 6 单摆问题的 Lagrange 函数为

$$L = \frac{1}{2}m\ell^2\dot{\theta}^2 - mg\ell(1 - \cos\theta) \tag{3.2.16}$$

其中 m 为单摆质量, ℓ 为摆长, g 为重力加速度, θ 为摆与铅垂线夹角. 试将其化成斜梯度系统.

解 微分方程为

$$\ddot{\theta} = -\frac{g}{\ell}\sin\theta$$

令

$$a^1 = \theta$$
$$a^2 = \dot{\theta}$$

则有

$$\dot{a}^1 = a^2$$
$$\dot{a}^2 = -\frac{g}{\ell}\sin a^1$$

这是一个斜梯度系统, 其函数 V 为

$$V = \frac{1}{2}(a^2)^2 + \frac{g}{\ell}(1 - \cos a^1)$$

它在 $a^1 = a^2 = 0$ 的邻域内是正定的, 又是系统的积分, 因此, 零解 $a^1 = a^2 = 0$ 是稳定的.

例 7 单自由度系统的 Lagrange 函数为

$$L = \frac{1}{2}\dot{q}^2 - \left(\frac{1}{2}q^2 + \frac{1}{4}\varepsilon q^4\right) \tag{3.2.17}$$

其中 ε 为一参数, 试将其化成斜梯度系统.

解 微分方程为

$$\ddot{q} = q + \varepsilon q^3$$

当 $\varepsilon \ll 1$ 时, 它是 Duffing 方程. 令

$$a^1 = q$$

$$a^2 = \dot{q}$$

则有

$$\dot{a}^1 = a^2$$
$$\dot{a}^2 = -a^1 - \varepsilon(a^1)^3$$

它是一个斜梯度系统, 其函数 V 为

$$V = \frac{1}{2}(a^1)^2 + \frac{1}{4}\varepsilon(a^1)^4 + \frac{1}{2}(a^2)^2$$

它在 $a^1 = a^2 = 0$ 的邻域内是正定的, 又是积分, 因此, 零解 $a^1 = a^2 = 0$ 是稳定的.

定常 Lagrange 系统自然是一个斜梯度系统, 其能量函数 V 是积分, 因此, 如果 V 正定, 那么系统的解就是稳定的.

3.3　Hamilton 系统与斜梯度系统

本节研究 Hamilton 系统的斜梯度表示, 包括系统的运动微分方程、系统成为斜梯度系统的条件、积分和解的稳定性、应用举例等.

3.3.1　系统的运动微分方程

研究定常 Hamilton 系统, 其 Hamilton 函数不含时间 t, 即有

$$H = H(\boldsymbol{q}, \boldsymbol{p}) \tag{3.3.1}$$

运动微分方程有形式

$$\dot{q}_s = \frac{\partial H}{\partial p_s}, \quad \dot{p}_s = -\frac{\partial H}{\partial q_s} \quad (s = 1, 2, \cdots, n) \tag{3.3.2}$$

方程 (3.3.2) 可表示为

$$\dot{a}^\mu = \omega^{\mu\nu} \frac{\partial H}{\partial a^\nu} \quad (\mu, \nu = 1, 2, \cdots, 2n) \tag{3.3.3}$$

其中

$$a^s = q_s, \quad a^{n+s} = p_s$$
$$(\omega^{\mu\nu}) = \begin{pmatrix} 0_{n\times n} & 1_{n\times n} \\ -1_{n\times n} & 0_{n\times n} \end{pmatrix} \tag{3.3.4}$$

3.3.2　系统的斜梯度表示

方程 (3.3.3), 显然是一个斜梯度系统, 其能量函数为 Hamilton 函数 H.

3.3.3 积分和解的稳定性

对 Hamilton 系统 (3.3.3),Hamilton 函数 H 是积分. 如果

$$\omega^{\mu\nu}\frac{\partial H}{\partial a^\nu} = 0 \quad (\mu, \nu = 1, 2, \cdots, 2n) \tag{3.3.5}$$

有解

$$a^\mu = a_0^\mu \quad (\mu = 1, 2, \cdots, 2n) \tag{3.3.6}$$

且 Hamilton 函数 H 在解的邻域内正定, 那么解 (3.3.6) 是稳定的.

3.3.4 应用举例

例 1   单自由度系统的 Hamilton 函数为

$$H = q^2 + p^2 - kqp \tag{3.3.7}$$

其中 k 为参数. 试研究问题的积分和解的稳定性.

解   方程 (3.3.3) 给出

$$\dot{a}^1 = 2a^2 - ka^1$$
$$\dot{a}^2 = -2a^1 + ka^2$$

这是一个斜梯度系统, Hamilton 函数

$$H = (a^1)^2 + (a^2)^2 - ka^1a^2$$

是积分. 当 $|k| < 2$ 时,H 在 $a^1 = a^2 = 0$ 的邻域内正定, 因此, 解 $a^1 = a^2 = 0$ 是稳定的. 方程的特征方程为

$$\begin{vmatrix} \lambda + k & -2 \\ 2 & \lambda - k \end{vmatrix} = \lambda^2 - k^2 + 4 = 0$$

因此, 当 $|k| > 2$ 时,λ 有正根, 解 $a^1 = a^2 = 0$ 是不稳定的.

例 2   圆环绕其一竖直的直径以等角速度 ω 旋转, 半径为 R. 有一质量为 m 的质点沿圆环可自由滑动 [4]. 试研究质点在圆环最低处的稳定性.

解   质点的动能和力函数分别为

$$T = \frac{1}{2}m(R^2\dot{\theta}^2 + \omega^2R^2\sin^2\theta)$$
$$U = -mgR(1 - \cos\theta)$$

其中 θ 为质点偏离环最低点的张角. 在 $\theta = 0$ 附近, Lagrange 函数为

$$L = \frac{1}{2}mR^2(\dot{\theta}^2 + \omega^2\theta^2) - \frac{1}{2}mgR\theta^2$$

广义动量和 Hamilton 函数分别为

$$p_\theta = \frac{\partial L}{\partial \dot\theta} = mR^2\dot\theta$$

$$H = p_\theta\dot\theta - L = \frac{1}{2}\frac{p_\theta^2}{mR^2} + \frac{1}{2}mR\theta^2(g - \omega^2 R)$$

因此, 当 $g - \omega^2 R > \theta$ 时, H 对 θ, p_θ 正定, 解 $\theta = 0$ 是稳定的.

例 3　常规战斗的微分方程模型为 [5,6]

$$\dot x = -by, \quad \dot y = -cx \tag{3.3.8}$$

其中 b, c 为正的常数. 试将其化成 Hamilton 系统, 再化成斜梯度系统.

解　令

$$x = q, \quad y = p$$

则 Hamilton 函数为

$$H = \frac{1}{2}cq^2 - \frac{1}{2}bp^2$$

它可写成斜梯度系统形式, 有

$$\begin{pmatrix} \dot q \\ \dot p \end{pmatrix} = \begin{pmatrix} 0 & 1 \\ -1 & 0 \end{pmatrix} \begin{pmatrix} \dfrac{\partial H}{\partial q} \\ \dfrac{\partial H}{\partial p} \end{pmatrix}$$

对斜梯度系统, H 是积分. 令

$$H = k$$

当 $k > 0$ 时, y 胜; 当 $k < 0$ 时, x 胜.

例 4　单自由度系统 Hamilton 函数为

$$H = q^2 + p^2(2 + \cos p) \tag{3.3.9}$$

试研究零解的稳定性.

解　H 是积分, 又是 Lyapunov 函数, 因此, 零解 $q = p = 0$ 是稳定的.

例 5　单自由度系统 Hamilton 函数为

$$H = q^2 + \frac{p^2}{2 + \sin p} \tag{3.3.10}$$

试研究零解的稳定性.

解　H 是积分, 且在 $q = p = 0$ 的邻域内正定, 因此, 零解 $q = p = 0$ 是稳定的.

例 6 单摆问题的 Hamilton 函数为

$$H = \frac{1}{2}\frac{p_\theta^2}{m\ell^2} + mg\ell(1 - \cos\theta) \tag{3.3.11}$$

试研究零解的稳定性.

解 H 是积分, 且在 $\theta = p_\theta = 0$ 的邻域内正定, 因此, 零解 $\theta = p_\theta = 0$ 是稳定的.

例 7 单自由度系统 Hamilton 函数为

$$H = pq \tag{3.3.12}$$

试将其化成斜梯度系统.

解 H 是积分, 但不能成为 Lyapunov 函数.

定常 Hamilton 系统自然是一个斜梯度系统, Hamilton 函数 H 是积分. 如果 H 可为 Lyapunov 函数, 那么解是稳定的.

3.4 广义坐标下一般完整系统与斜梯度系统

本节研究广义坐标下一般完整系统的斜梯度表示, 给出系统成为斜梯度系统的条件, 并借助斜梯度系统来研究系统的积分以及解的稳定性.

3.4.1 系统的运动微分方程

研究定常完整系统, 其微分方程为

$$\frac{\mathrm{d}}{\mathrm{d}t}\frac{\partial L}{\partial \dot{q}_s} - \frac{\partial L}{\partial q_s} = Q_s \quad (s = 1, 2, \cdots, n) \tag{3.4.1}$$

其中 $L = L(\boldsymbol{q}, \dot{\boldsymbol{q}})$ 为系统的 Lagrange 函数, $Q_s = Q_s(\boldsymbol{q}, \dot{\boldsymbol{q}})$ 为非势广义力. 设系统非奇异, 即设

$$\det\left(\frac{\partial^2 L}{\partial \dot{q}_s \partial \dot{q}_k}\right) \neq 0 \tag{3.4.2}$$

则由方程可解出所有广义加速度, 简记作

$$\ddot{q}_s = \alpha_s(\boldsymbol{q}, \dot{\boldsymbol{q}}) \quad (s = 1, 2, \cdots, n) \tag{3.4.3}$$

令

$$a^s = q_s, \quad a^{n+s} = \dot{q}_s \tag{3.4.4}$$

则方程 (3.4.3) 可写成一阶形式

$$\dot{a}^\mu = F_\mu(\boldsymbol{a}) \quad (\mu = 1, 2, \cdots, 2n) \tag{3.4.5}$$

其中

$$F_s = a^{n+s}, \quad F_{n+s} = \alpha_s(\boldsymbol{a}) \tag{3.4.6}$$

引进广义动量 p_s 和 Hamilton 函数 H

$$\begin{aligned} p_s &= \frac{\partial L}{\partial \dot{q}_s} \\ H &= p_s \dot{q}_s - L \end{aligned} \tag{3.4.7}$$

则方程 (3.4.1) 可写成形式

$$\dot{q}_s = \frac{\partial H}{\partial p_s}, \quad \dot{p}_s = -\frac{\partial H}{\partial q_s} + \tilde{Q}_s \quad (s = 1, 2, \cdots, n) \tag{3.4.8}$$

其中

$$\tilde{Q}_s(\boldsymbol{q}, \boldsymbol{p}) = Q_s(\boldsymbol{q}, \dot{\boldsymbol{q}}(\boldsymbol{q}, \boldsymbol{p})) \quad (s = 1, 2, \cdots, n) \tag{3.4.9}$$

为用正则变量 $\boldsymbol{q}, \boldsymbol{p}$ 表示的非势广义力. 进而, 方程 (3.4.8) 还可写成如下形式

$$\dot{a}^\mu = \omega^{\mu\nu} \frac{\partial H}{\partial a^\nu} + \varLambda_\mu \quad (\mu, \nu = 1, 2, \cdots, 2n) \tag{3.4.10}$$

其中

$$\begin{aligned} a^s &= q_s, \quad a^{n+s} = p_s \\ (\omega^{\mu\nu}) &= \begin{pmatrix} 0_{n \times n} & 1_{n \times n} \\ -1_{n \times n} & 0_{n \times n} \end{pmatrix} \\ \varLambda_s &= 0, \quad \varLambda_{n+s} = \tilde{Q}_s(\boldsymbol{a}) \end{aligned} \tag{3.4.11}$$

3.4.2　系统的斜梯度表示

一般说, 方程 (3.4.5) 或方程 (3.4.10) 都不是斜梯度系统的方程, 仅在一定条件下才能成为斜梯度系统的方程. 对方程 (3.4.5), 如果存在反对称矩阵 $(b_{\mu\nu}(\boldsymbol{a}))$ 和函数 $V = V(\boldsymbol{a})$ 使得

$$F_\mu = b_{\mu\nu} \frac{\partial V}{\partial a^\nu} \quad (\mu, \nu = 1, 2, \cdots, 2n) \tag{3.4.12}$$

那么它是一个斜梯度系统. 对方程 (3.4.10), 如果存在反对称矩阵 $(b_{\mu\nu}(\boldsymbol{a}))$ 和函数 $V = V(\boldsymbol{a})$ 使得

$$\omega^{\mu\nu} \frac{\partial H}{\partial a^\nu} + \varLambda_\mu = b_{\mu\nu} \frac{\partial V}{\partial a^\nu} \quad (\mu, \nu = 1, 2, \cdots, 2n) \tag{3.4.13}$$

那么它是一个斜梯度系统.

值得注意的是, 如果条件 (3.4.12) 或条件 (3.4.13) 不满足, 还不能断定它不是斜梯度系统, 因为这与方程的一阶形式选取相关.

3.4.3 积分和解的稳定性

广义坐标下一般完整系统的方程在满足条件 (3.4.12) 或条件 (3.4.13) 下可化成斜梯度系统的方程. 斜梯度系统的函数 V 是积分. 如果 V 可以成为 Lyapunov 函数, 那么解是稳定的. 如果 V 不能成为 Lyapunov 函数, 那么可由 Lyapunov 一次近似理论来研究解的稳定性.

3.4.4 应用举例

例 1 试证: 对单自由度线性系统

$$L = \frac{1}{2}\dot{q}^2 - Bq^2$$
$$Q = -C\dot{q}$$
$$(B, C \text{为常数})$$

$$\text{(a)}$$

经过变换

$$a^1 = Dq + E\dot{q}$$
$$a^2 = Fq + G\dot{q}$$

$$\text{(b)}$$

其中 D, E, F, G 为常数, 且 $\Delta = DG - EF \neq 0$, 将微分方程化成斜梯度系统形式

$$\begin{pmatrix} \dot{a}^1 \\ \dot{a}^2 \end{pmatrix} = \begin{pmatrix} 0 & 1 \\ -1 & 0 \end{pmatrix} \begin{pmatrix} \dfrac{\partial V}{\partial a^1} \\ \dfrac{\partial V}{\partial a^2} \end{pmatrix} \tag{c}$$

在 $C \neq 0$ 时是不可能的.

证明 由式 (b) 解出 $q, \dot{q}$, 有

$$q = \frac{Ga^1 - Ea^2}{\Delta}, \quad \dot{q} = \frac{Da^2 - Fa^1}{\Delta} \tag{d}$$

由此得

$$G\dot{a}^1 - E\dot{a}^2 = Da^2 - Fa^1 \tag{e}$$

微分方程为

$$\ddot{q} = -2Bq - C\dot{q}$$

代入式 (d), 则有

$$D\dot{a}^2 - F\dot{a}^1 = -2B(Ga^1 - Ea^2) - C(Da^2 - Fa^1) \tag{f}$$

由式 (e),(f) 解出 $\dot{a}^1, \dot{a}^2$, 得

$$\Delta\dot{a}^1 = a^1(-DF - 2BEG + CEF) + a^2(D^2 + 2BE^2 - CDE)$$
$$\Delta\dot{a}^2 = a^1(-F^2 - 2BG^2 + CFG) + a^2(DF + 2BEG - CDG)$$

$$\text{(g)}$$

由式 (c) 得

$$\dot{a}^1 = \frac{\partial V}{\partial a^2}$$
$$\dot{a}^2 = \frac{\partial V}{\partial a^1}$$

于是有

$$\frac{\partial \dot{a}^1}{\partial a^1} = -\frac{\partial \dot{a}^2}{\partial a^2} \tag{h}$$

由式 (g),(h) 得

$$-DF - 2BEG + CEF = -DF - 2BEG + CDG$$

即

$$C(DG - EF) = 0$$

因假设 $\Delta = DG - EF \neq 0$, 故有 $C = 0$. 这表明仅当系统无阻尼时才能实现斜梯度表示, 而当 $C \neq 0$ 时是不能实现的.

例 2　单自由度系统的 Lagrange 函数和广义力分别为

$$L = \frac{1}{2}\dot{q}^2 - \frac{1}{2}q^2\left(1 + q^2 + \frac{1}{3}q^4\right)$$
$$Q = \frac{2q\dot{q}^2}{1 + q^2} \tag{3.4.14}$$

试将其化成斜梯度系统, 并研究零解的稳定性.

解　微分方程为

$$\ddot{q} = -q(1 + q^2)^2 + \frac{2q\dot{q}^2}{1 + q^2}$$

令

$$a^1 = q$$
$$a^2 = \frac{\dot{q}}{1 + q^2}$$

则有

$$\dot{a}^1 = a^2[1 + (a^1)^2]$$
$$\dot{a}^2 = -a^1[1 + (a^1)^2]$$

它可写成形式

$$\begin{pmatrix} \dot{a}^1 \\ \dot{a}^2 \end{pmatrix} = \begin{pmatrix} 0 & 1 + (a^1)^2 \\ -[1 + (a^1)^2] & 0 \end{pmatrix} \begin{pmatrix} \dfrac{\partial V}{\partial a^1} \\ \dfrac{\partial V}{\partial a^2} \end{pmatrix}$$

其中

$$V = \frac{1}{2}(a^1)^2 + \frac{1}{2}(a^2)^2$$

它是积分, 又是正定的, 因此, 零解 $a^1 = a^2 = 0$ 是稳定的.

例 3 单自由度系统为

$$L = \frac{1}{2}\dot{q}^2$$
$$Q = \frac{2q\dot{q}^2}{1+q^2} - 3q(1+q^2)^2 \tag{3.4.15}$$

试将其化成斜梯度系统, 并研究零解的稳定性.

解 微分方程为

$$\ddot{q} = -3q(1+q^2)^2 + \frac{2q\dot{q}^2}{1+q^2}$$

令

$$a^2 = q$$
$$a^1 = \frac{1}{2}\left(q - \frac{\dot{q}}{1+q^2}\right)$$

则方程有如下一阶形式

$$\dot{a}^1 = (2a^2 - a^1)[1 + (a^2)^2]$$
$$\dot{a}^2 = -(2a^1 - a^2)[1 + (a^2)^2]$$

它可写成形式

$$\begin{pmatrix} \dot{a}^1 \\ \dot{a}^2 \end{pmatrix} = \begin{pmatrix} 0 & 1+(a^2)^2 \\ -[1+(a^2)^2] & 0 \end{pmatrix} \begin{pmatrix} \dfrac{\partial V}{\partial a^1} \\ \dfrac{\partial V}{\partial a^2} \end{pmatrix}$$

其中

$$V = (a^1)^2 + (a^2)^2 - a^1 a^2$$

它在 $a^1 = a^2 = 0$ 的邻域内正定, 又是积分, 因此, 零解 $a^1 = a^2 = 0$ 是稳定的.

例 4 二自由度系统为

$$L = \frac{1}{2}(\dot{q}_1^2 + \dot{q}_2^2) - \frac{1}{2}(q_1^2 + q_2^2)$$
$$Q_1 = \dot{q}_2, \quad Q_2 = -\dot{q}_1 \tag{3.4.16}$$

试将其化成斜梯度系统, 并研究零解的稳定性.

解　微分方程为

$$\ddot{q}_1 = -q_1 + \dot{q}_2$$

$$\ddot{q}_2 = -q_2 - \dot{q}_1$$

令

$$a^1 = q_1$$

$$a^2 = q_2$$

$$a^3 = \dot{q}_1$$

$$a^4 = \dot{q}_2$$

则方程有一阶形式

$$\dot{a}^1 = a^3$$

$$\dot{a}^2 = a^4$$

$$\dot{a}^3 = -a^1 + a^4$$

$$\dot{a}^4 = -a^2 - a^3$$

它可写成形式

$$
\begin{pmatrix} \dot{a}^1 \\ \dot{a}^2 \\ \dot{a}^3 \\ \dot{a}^4 \end{pmatrix}
\begin{pmatrix} 0 & 0 & 1 & 0 \\ 0 & 0 & 0 & 1 \\ -1 & 0 & 0 & 1 \\ 0 & -1 & -1 & 0 \end{pmatrix}
\begin{pmatrix} \dfrac{\partial V}{\partial a^1} \\[2mm] \dfrac{\partial V}{\partial a^2} \\[2mm] \dfrac{\partial V}{\partial a^3} \\[2mm] \dfrac{\partial V}{\partial a^4} \end{pmatrix}
$$

其中

$$V = \frac{1}{2}[(a^1)^2 + (a^2)^2 + (a^3)^2 + (a^4)^2]$$

这是一个斜梯度系统. V 是积分且正定, 因此, 零解 $a^1 = a^2 = a^3 = a^4 = 0$ 是稳定的.

　　广义坐标下一般完整系统化成斜梯度系统有较大困难. 若按式 (3.4.12) 或式 (3.4.13) 选矩阵 $(b_{\mu\nu})$ 和 V 不易实现, 可考虑另选方程的一阶形式, 例如例 2, 例 3.

3.5　带附加项的 Hamilton 系统与斜梯度系统

　　本节研究带附加项的 Hamilton 系统的斜梯度表示, 给出系统成为斜梯度系统的条件, 并给出具体应用.

3.5.1 系统的运动微分方程

运动微分方程有形式

$$\dot{q}_s = \frac{\partial H}{\partial p_s}, \quad \dot{p}_s = -\frac{\partial H}{\partial q_s} + Q_s \quad (s = 1, 2, \cdots, n) \tag{3.5.1}$$

其中 $H = H(\boldsymbol{q}, \boldsymbol{p})$ 为系统的 Hamilton 函数, $Q_s = Q_s(\boldsymbol{q}, \boldsymbol{p})$ 为附加项, 即非保守力项. 方程 (3.5.1) 可写成如下形式

$$\dot{a}^\mu = \omega^{\mu\nu} \frac{\partial H}{\partial a^\nu} + \Lambda_\mu \quad (\mu, \nu = 1, 2, \cdots, 2n) \tag{3.5.2}$$

其中

$$\begin{aligned}
& a^s = q_s, \quad a^{n+s} = p_s \\
& (\omega^{\mu\nu}) = \begin{pmatrix} 0_{n\times n} & 1_{n\times n} \\ -1_{n\times n} & 0_{n\times n} \end{pmatrix} \\
& \Lambda_s = 0, \quad \Lambda_{n+s} = Q_s(\boldsymbol{a})
\end{aligned} \tag{3.5.3}$$

3.5.2 系统的斜梯度表示

因方程 (3.5.2) 右端出现附加项, 故一般不是斜梯度系统. 对方程 (3.5.2), 如果存在反对称矩阵 $(b_{\mu\nu}(\boldsymbol{a}))$ 和函数 $V = V(\boldsymbol{a})$ 满足以下条件

$$\omega^{\mu\nu} \frac{\partial H}{\partial a^\nu} + \Lambda_\mu = b_{\mu\nu} \frac{\partial V}{\partial a^\nu} \quad (\mu, \nu = 1, 2, \cdots, 2n) \tag{3.5.4}$$

那么它是一个斜梯度系统.

注意到, 如果条件 (3.5.4) 不满足, 还不能断定它不是斜梯度系统, 因为这与方程的一阶形式选取相关.

3.5.3 积分和解的稳定性

带附加项的 Hamilton 系统化成斜梯度系统后, 便知函数 V 是系统的积分. 如果 V 可以成为 Lyapunov 函数, 因有 $\dot{V} = 0$, 故解是稳定的. 如果 V 不能成为 Lyapunov 函数, 那么可用 Lyapunov 一次近似理论来研究系统的稳定性.

3.5.4 应用举例

例 1 二自由度系统的 Hamilton 函数和非势力分别为

$$\begin{aligned}
& H = \frac{1}{2}(p_1^2 + q_1^2 + p_2^2 + q_2^2) \\
& Q_1 = -p_2, \quad Q_2 = p_1
\end{aligned} \tag{3.5.5}$$

试将其化成斜梯度系统.

解　微分方程为

$$\dot{q}_1 = p_1$$

$$\dot{q}_2 = p_2$$

$$\dot{p}_1 = -q_1 - p_2$$

$$\dot{p}_2 = -q_2 + p_1$$

令

$$a^1 = q_1$$

$$a^2 = q_2$$

$$a^3 = p_1$$

$$a^4 = p_2$$

则有斜梯度表示

$$\begin{pmatrix} \dot{a}^1 \\ \dot{a}^2 \\ \dot{a}^3 \\ \dot{a}^4 \end{pmatrix} = \begin{pmatrix} 0 & 0 & 1 & 0 \\ 0 & 0 & 0 & 1 \\ -1 & 0 & 0 & -1 \\ 0 & -1 & 1 & 0 \end{pmatrix} \begin{pmatrix} \dfrac{\partial V}{\partial a^1} \\ \dfrac{\partial V}{\partial a^2} \\ \dfrac{\partial V}{\partial a^3} \\ \dfrac{\partial V}{\partial a^4} \end{pmatrix}$$

其中

$$V = \frac{1}{2}[(a^1)^2 + (a^2)^2 + (a^3)^2 + (a^4)^2]$$

因此, 零解 $a^1 = a^2 = a^3 = a^4 = 0$ 是稳定的.

例 2　Hamilton 函数和非势广义力分别为

$$H = -q^2 - \frac{1}{2}q^4 - p^2(1 + q^2)$$

$$Q = -2p^2 q \tag{3.5.6}$$

试研究零解的稳定性.

解　微分方程为

$$\dot{q} = -2p(1 + q^2)$$

$$\dot{p} = 2q(1 + q^2)$$

$$a^1 = q$$

$$a^2 = p$$

则它可写成如下斜梯度系统

$$\begin{pmatrix} \dot{a}^1 \\ \dot{a}^2 \end{pmatrix} = \begin{pmatrix} 0 & -[1 + (a^1)^2] \\ 1 + (a^1)^2 & 0 \end{pmatrix} \begin{pmatrix} \dfrac{\partial V}{\partial a^1} \\ \dfrac{\partial V}{\partial a^2} \end{pmatrix}$$

其中

$$V = (a^1)^2 + (a^2)^2$$

因 V 在 $a^1 = a^2 = 0$ 的邻域内正定, 故零解 $a^1 = a^2 = 0$ 是稳定的.

例 3 单自由度系统 Hamilton 函数和非势广义力分别为

$$\begin{aligned} H &= -qp(2 + \sin q) \\ Q &= -qp\cos q \end{aligned} \tag{3.5.7}$$

试将其化成斜梯度系统, 并研究零解的稳定性.

解 微分方程为

$$\begin{aligned} \dot{q} &= -q(2 + \sin q) \\ \dot{p} &= p(2 + \sin q) \end{aligned}$$

令

$$\begin{aligned} a^1 &= q \\ a^2 &= p \end{aligned}$$

它可写成如下斜梯度系统

$$\begin{pmatrix} \dot{a}^1 \\ \dot{a}^2 \end{pmatrix} = \begin{pmatrix} 0 & -(2 + \sin a^1) \\ 2 + \sin a^1 & 0 \end{pmatrix} \begin{pmatrix} \dfrac{\partial V}{\partial a^1} \\ \dfrac{\partial V}{\partial a^2} \end{pmatrix}$$

其中

$$V = \frac{1}{2}(a^1)^2 + \frac{1}{2}(a^2)^2$$

因此, 零解 $a^1 = a^2 = 0$ 是稳定的.

例 4 Hamilton 函数和广义力分别为

$$\begin{aligned} H &= pq \\ Q &= -q \end{aligned} \tag{3.5.8}$$

试将其化成斜梯度系统, 并研究零解的稳定性.

解   微分方程为

$$\dot{q} = q$$
$$\dot{p} = -q - p$$

令

$$a^1 = q$$
$$a^2 = p$$

则有

$$\dot{a}^1 = a^1$$
$$\dot{a}^2 = -a^1 - a^2$$

它可写成形式

$$\begin{pmatrix} \dot{a}^1 \\ \dot{a}^2 \end{pmatrix} = \begin{pmatrix} 0 & 1 \\ -1 & 0 \end{pmatrix} \begin{pmatrix} \dfrac{\partial V}{\partial a^1} \\ \dfrac{\partial V}{\partial a^2} \end{pmatrix}$$

其中

$$V = a^1 a^2 + \frac{1}{2}(a^1)^2$$

它还不能成为 Lyapunov 函数. 方程的特征方程为

$$\begin{vmatrix} \lambda - 1 & 0 \\ 1 & \lambda + 1 \end{vmatrix} = \lambda^2 - 1 = 0$$

它有一个正根, 因此, 零解 $a^1 = a^2 = 0$ 是不稳定的.

与广义坐标下一般完整系统相比, 带附加项的 Hamilton 系统较易实现斜梯度化. 如果斜梯度系统的函数 V 在解的邻域内正定, 那么解就是稳定的.

3.6   准坐标下完整系统与斜梯度系统

本节研究准坐标下一般完整系统的斜梯度表示, 给出系统成为斜梯度系统的条件, 并给出具体应用.

3.6.1 系统的运动微分方程

假设力学系统的位形由 n 个广义坐标 q_s $(s = 1, 2, \cdots, n)$ 来确定. 引进 n 个彼此独立相容的准速度 ω_s

$$\omega_s = \tilde{a}_{sk}(\boldsymbol{q})\dot{q}_k \quad (s, k = 1, 2, \cdots, n) \tag{3.6.1}$$

设由式 (3.6.1) 可解出所有广义速度 $\dot{q}_s$

$$\dot{q}_s = \tilde{b}_{sk}(\boldsymbol{q})\omega_k \quad (s, k = 1, 2, \cdots, n) \tag{3.6.2}$$

其中

$$\tilde{a}_{sk}\tilde{b}_{kr} = \delta_{sr} \quad (s, k, r = 1, 2, \cdots, n) \tag{3.6.3}$$

系统的运动微分方程有形式 [2]

$$\frac{\mathrm{d}}{\mathrm{d}t}\frac{\partial L^*}{\partial \omega_s} + \frac{\partial L^*}{\partial \omega_k}\gamma_{rs}^k\omega_r - \frac{\partial L^*}{\partial \pi_s} = P_s^* \quad (s, k, r = 1, 2, \cdots, n) \tag{3.6.4}$$

其中

$$\frac{\partial}{\partial \pi_s} = \frac{\partial}{\partial q_k}\tilde{b}_{ks} \tag{3.6.5}$$

而

$$\gamma_{rs}^k = \left(\frac{\partial \tilde{a}_{km}}{\partial q_\ell} - \frac{\partial \tilde{a}_{k\ell}}{\partial q_m}\right)\tilde{b}_{\ell r}\tilde{b}_{ms} \tag{3.6.6}$$

称为 Boltzmann 三标记号, 有

$$\gamma_{rs}^k = -\gamma_{sr}^k \tag{3.6.7}$$

L^* 为用准速度表示的 Lagrange 函数, 有

$$L^*(t, q_s, \omega_s) = L(t, q_s, \tilde{b}_{sk}\omega_k) \tag{3.6.8}$$

而 P_s^* 为用准速度表示的广义力, 有

$$P_s^* = Q_k\tilde{b}_{ks} \tag{3.6.9}$$

设系统非奇异, 即设

$$\det\left(\frac{\partial^2 L^*}{\partial \omega_s \partial \omega_k}\right) \neq 0 \tag{3.6.10}$$

则由方程 (3.6.4) 可解出所有 $\dot{\omega}_s$, 简记作

$$\dot{\omega}_s = \alpha_s(t, \boldsymbol{q}, \boldsymbol{\omega}) \quad (s = 1, 2, \cdots, n) \tag{3.6.11}$$

这样, 系统的运动就由方程 (3.6.2) 和方程 (3.6.11) 来确定.

3.6.2　系统的斜梯度表示

设系统不含时间 t. 为将方程表示为斜梯度系统的方程, 需将其写成一阶形式. 可令

$$a^s = q_s, \quad a^{n+s} = \omega_s \quad (s = 1, 2, \cdots, n) \tag{3.6.12}$$

则方程 (3.6.2), (3.6.11) 可统一写成形式

$$\dot{a}^\mu = F_\mu(\boldsymbol{a}) \quad (\mu = 1, 2, \cdots, 2n) \tag{3.6.13}$$

其中

$$F_s = \tilde{b}_{sk} a^{n+k}, \quad F_{n+s} = \alpha_s(\boldsymbol{a}) \tag{3.6.14}$$

一般说, 方程 (3.6.13) 不是斜梯度系统的方程, 仅在一定条件下才能成为斜梯度的方程. 对方程 (3.6.13), 如果存在反对称矩阵 $(b_{\mu\nu}(\boldsymbol{a}))$ 和函数 $V(\boldsymbol{a})$ 使得

$$F_\mu = b_{\mu\nu} \frac{\partial V}{\partial a^\nu} \quad (\mu, \nu = 1, 2, \cdots, 2n) \tag{3.6.15}$$

那么它是一个斜梯度系统.

3.6.3　积分和解的稳定性

方程 (3.6.13) 在条件 (3.6.15) 下, 可化成斜梯度系统

$$\dot{a}^\mu = b_{\mu\nu} \frac{\partial V}{\partial a^\nu} \quad (\mu, \nu = 1, 2, \cdots, 2n) \tag{3.6.16}$$

此时, V 是系统的积分. 如果

$$b_{\mu\nu} \frac{\partial V}{\partial a^\nu} = 0 \quad (\mu, \nu = 1, 2, \cdots, 2n) \tag{3.6.17}$$

有解

$$a^\mu = a_0^\mu \quad (\mu = 1, 2, \cdots, 2n) \tag{3.6.18}$$

且 V 在解的邻域内正定, 那么解 (3.6.18) 是稳定的. 如果 V 不能成为 Lyapunov 函数, 那么可用 Lyapunov 一次近似理论来研究解的稳定性.

3.6.4　应用举例

例　二自由度完整系统为

$$\begin{aligned}
&L^* = \frac{1}{2}(\omega_1^2 + \omega_2^2) + \frac{1}{2} q_2^2 \\
&\dot{q}_1 = (q_1 + 1)\omega_1, \quad \dot{q}_2 = \omega_2 \\
&P_1^* = -\frac{1}{2}\omega_1^2, \quad P_2^* = 0
\end{aligned} \tag{3.6.19}$$

试将其化成斜梯度系统, 并研究零解的稳定性.

解　作计算, 有

$$\frac{\partial L^*}{\partial \pi_1} = 0, \quad \frac{\partial L^*}{\partial \pi_2} = q_2, \quad \gamma_{rs}^k = 0 \quad (r, s, k = 1, 2)$$

方程 (3.6.4) 给出

$$\dot{\omega}_1 = -\frac{1}{2}\omega_1^2$$
$$\dot{\omega}_2 = q_2$$

令

$$a^1 = q_1$$
$$a^2 = q_2$$
$$a^3 = \omega_1$$
$$a^4 = \omega_2$$

则有

$$\dot{a}^1 = (a^1 + 1)a^3$$
$$\dot{a}^2 = a^4$$
$$\dot{a}^3 = -\frac{1}{2}(a^3)^2$$
$$\dot{a}^4 = a^2$$

它可写成如下形式

$$\begin{pmatrix} \dot{a}^1 \\ \dot{a}^2 \\ \dot{a}^3 \\ \dot{a}^4 \end{pmatrix} = \begin{pmatrix} 0 & 0 & 1 & 0 \\ 0 & 0 & 0 & 1 \\ -1 & 0 & 0 & 0 \\ 0 & -1 & 0 & 0 \end{pmatrix} \begin{pmatrix} \dfrac{\partial V}{\partial a^1} \\ \dfrac{\partial V}{\partial a^2} \\ \dfrac{\partial V}{\partial a^3} \\ \dfrac{\partial V}{\partial a^4} \end{pmatrix}$$

其中

$$V = \frac{1}{2}(a^1 + 1)(a^3)^2 - \frac{1}{2}(a^2)^2 + \frac{1}{2}(a^4)^2$$

这是一个斜梯度系统,V 是积分, 但还不能成为 Lyapunov 函数. 方程的一次近似方程的特征方程为

$$\begin{vmatrix} \lambda & 0 & 0 & 0 \\ 0 & \lambda & 0 & -1 \\ 0 & 0 & \lambda & 0 \\ 0 & -1 & 0 & \lambda \end{vmatrix} = \lambda^2(\lambda^2 - 1) = 0$$

它有正根, 因此, 零解 $a^1 = a^2 = a^3 = a^4 = 0$ 是不稳定的.

3.7　相对运动动力学系统与斜梯度系统

本节研究相对运动完整力学系统的斜梯度表示, 给出这类力学系统成为斜梯度系统的条件, 并给出具体应用.

3.7.1　系统的运动微分方程

相对运动动力学系统的微分方程为式 (2.7.1), 即

$$\frac{\mathrm{d}}{\mathrm{d}t}\frac{\partial T_r}{\partial \dot{q}_s} - \frac{\partial T_r}{\partial q_s} = Q_s - \frac{\partial}{\partial q_s}(V^0 + V^\omega) + Q_s^{\dot{\omega}} + \Gamma_s \quad (s = 1, 2, \cdots, n) \tag{3.7.1}$$

令

$$L_r = T_r - V - V^0 - V^\omega \tag{3.7.2}$$

则有

$$\frac{\mathrm{d}}{\mathrm{d}t}\frac{\partial L_r}{\partial \dot{q}_s} - \frac{\partial L_r}{\partial q_s} = Q_s'' + Q_s^{\dot{\omega}} + \Gamma_s \quad (s = 1, 2, \cdots, n) \tag{3.7.3}$$

设系统非奇异, 即设

$$\det\left(\frac{\partial^2 L_r}{\partial \dot{q}_s \partial \dot{q}_k}\right) \neq 0 \tag{3.7.4}$$

则由方程 (3.7.3) 可解出所有广义加速度, 简记作

$$\ddot{q}_s = \alpha_s(t, \boldsymbol{q}, \dot{\boldsymbol{q}}) \quad (s = 1, 2, \cdots, n) \tag{3.7.5}$$

3.7.2　系统的斜梯度表示

为将方程 (3.7.3) 或方程 (3.7.5) 化成斜梯度系统, 需将其写成一阶形式. 假设方程中不含时间 t. 令

$$a^s = q_s, \quad a^{n+s} = \dot{q}_s \quad (s = 1, 2, \cdots, n) \tag{3.7.6}$$

则方程 (3.7.5) 可写成形式

$$\dot{a}^{\mu} = F_{\mu}(\boldsymbol{a}) \quad (\mu = 1, 2, \cdots, 2n) \tag{3.7.7}$$

其中

$$F_s = a^{n+s}, \quad F_{n+s} = \alpha_s(\boldsymbol{a}) \tag{3.7.8}$$

引进广义动量 p_s 和 Hamilton 函数 H

$$p_s = \frac{\partial L_r}{\partial \dot{q}_s}$$
$$H = p_s \dot{q}_s - L \tag{3.7.9}$$

则方程 (3.7.3) 可写成一阶形式

$$\dot{q}_s = \frac{\partial H}{\partial p_s}, \quad \dot{p}_s = -\frac{\partial H}{\partial q_s} + \tilde{Q}_s'' + \tilde{Q}_s^{\dot{\omega}} + \tilde{\Gamma}_s \quad (s = 1, 2, \cdots, n) \tag{3.7.10}$$

其中 $\tilde{Q}_s'', \tilde{Q}_s^{\dot{\omega}}$ 和 $\tilde{\Gamma}_s$ 为用正则变量表示的 $Q_s'', Q_s^{\dot{\omega}}$ 和 Γ_s. 进而, 方程 (3.7.10) 还可写成如下形式

$$\dot{a}^{\mu} = \omega^{\mu\nu} \frac{\partial H}{\partial a^{\nu}} + \Lambda_{\mu} \quad (\mu, \nu = 1, 2, \cdots, 2n) \tag{3.7.11}$$

其中

$$a^s = q_s, \quad a^{n+s} = p_s$$
$$(\omega^{\mu\nu}) = \begin{pmatrix} 0_{n \times n} & 1_{n \times n} \\ -1_{n \times n} & 0_{n \times n} \end{pmatrix} \tag{3.7.12}$$
$$\Lambda_s = 0, \quad \Lambda_{n+s} = \tilde{Q}_s'' + \tilde{Q}_s^{\dot{\omega}} + \tilde{\Gamma}_s$$

方程 (3.7.7) 或方程 (3.7.11) 仅在一定条件下才能成为斜梯度系统的方程. 对方程 (3.7.7), 如果存在反对称矩阵 $(b_{\mu\nu}(\boldsymbol{a}))$ 和函数 $V = V(\boldsymbol{a})$ 使得

$$F_{\mu} = b_{\mu\nu} \frac{\partial V}{\partial a^{\nu}} \quad (\mu, \nu = 1, 2, \cdots, 2n) \tag{3.7.13}$$

那么它是一个斜梯度系统. 对方程 (3.7.11), 如果存在反对称矩阵 $(b_{\mu\nu}(\boldsymbol{a}))$ 和函数 $V = V(\boldsymbol{a})$ 使得

$$\omega^{\mu\nu} \frac{\partial H}{\partial a^{\nu}} + \Lambda_{\mu} = b_{\mu\nu} \frac{\partial V}{\partial a^{\nu}} \quad (\mu, \nu = 1, 2, \cdots, 2n) \tag{3.7.14}$$

那么它是一个斜梯度系统.

3.7.3　积分和解的稳定性

相对运动动力学系统在满足条件 (3.7.13) 或条件 (3.7.14) 下可化成斜梯度系统

$$\dot{a}^\mu = b_{\mu\nu}\frac{\partial V}{\partial a^\nu} \quad (\mu,\nu = 1,2,\cdots,2n) \tag{3.7.15}$$

此时, V 为系统的积分. 如果

$$b_{\mu\nu}\frac{\partial V}{\partial a^\nu} = 0 \quad (\mu,\nu = 1,2,\cdots,2n) \tag{3.7.16}$$

有解

$$a^\mu = a_0^\mu \quad (\mu = 1,2,\cdots,2n) \tag{3.7.17}$$

而函数 V 在解的邻域内正定, 那么解 (3.7.17) 是稳定的.

3.7.4　应用举例

例 1　二自由度相对运动动力学系统为

$$\begin{aligned}
&L_r = \frac{1}{2}(\dot{q}_1^2 + \dot{q}_2^2) - q_1 q_2 - q_1^2 - \frac{1}{2}q_2^2 \\
&Q'' = Q^{\dot{\omega}} = \varGamma = 0
\end{aligned} \tag{3.7.18}$$

试将其化成斜梯度系统, 并研究零解的稳定性.

解　方程 (3.7.3) 给出

$$\ddot{q}_1 = -q_2 - 2q_1$$
$$\ddot{q}_2 = -q_1 - q_2$$

令

$$a^1 = q_1$$
$$a^2 = q_2$$
$$a^3 = \dot{q}_1 - \dot{q}_2$$
$$a^4 = \dot{q}_2$$

则有

$$\dot{a}^1 = a^3 + a^4$$
$$\dot{a}^2 = a^4$$
$$\dot{a}^3 = -a^1$$

$$\dot{a}^4 = -a^1 - a^2$$

它可写成如下斜梯度系统

$$\begin{pmatrix} \dot{a}^1 \\ \dot{a}^2 \\ \dot{a}^3 \\ \dot{a}^4 \end{pmatrix} = \begin{pmatrix} 0 & 0 & 1 & 1 \\ 0 & 0 & 0 & 1 \\ -1 & 0 & 0 & 0 \\ -1 & -1 & 0 & 0 \end{pmatrix} \begin{pmatrix} a^1 \\ a^2 \\ a^3 \\ a^4 \end{pmatrix}$$

而函数 V 为

$$V = \frac{1}{2}[(a^1)^2 + (a^2)^2 + (a^3)^2 + (a^4)^2]$$

它是积分, 又在 $a^1 = a^2 = a^3 = a^4 = 0$ 的邻域内正定, 因此, 零解 $a^1 = a^2 = a^3 = a^4 = 0$ 是稳定的.

例 2 单自由度相对运动动力学系统为

$$L_r = \frac{1}{2}\dot{q}^2 + \frac{1}{2}q^2(\mu^2 - 1)$$
$$Q'' = Q^{\dot{\omega}} = \Gamma = 0$$

$$\text{(3.7.19)}$$

其中 μ 为参数, 试将其化成斜梯度系统.

解 方程 (3.7.3) 给出

$$\ddot{q} = q(\mu^2 - 1)$$

令

$$a^1 = q$$
$$a^2 = \dot{q} + \mu q$$

则方程的一阶形式为

$$\dot{a}^1 = a^2 - \mu a^1$$
$$\dot{a}^2 = -a^1 + \mu a^2$$

它可写成如下斜梯度系统

$$\begin{pmatrix} \dot{a}^1 \\ \dot{a}^2 \end{pmatrix} = \begin{pmatrix} 0 & 1 \\ -1 & 0 \end{pmatrix} \begin{pmatrix} a^1 - \mu a^2 \\ a^2 - \mu a^1 \end{pmatrix}$$

而函数 V 为

$$V = \frac{1}{2}(a^1)^2 + \frac{1}{2}(a^2)^2 - \mu a^1 a^2$$

它在 $a^1 = a^2 = 0$ 的邻域内, 当 $|\mu| < 1$ 时, 是正定的, 而 $\dot{V} = 0$, 因此, 零解 $a^1 = a^2 = 0$ 是稳定的.

例 3   相对运动动力学系统为

$$L_r = \frac{1}{2}\dot{q}^2 - q^2\left(\frac{1}{2} + \frac{2}{3}q + \frac{1}{4}q^2\right)$$

$$Q^{\dot{\omega}} = \Gamma = 0, \quad Q'' = \frac{\dot{q}^2}{1+q}$$

(3.7.20)

试将其化成斜梯度系统, 并研究零解的稳定性.

解   微分方程为

$$\ddot{q} = -q(1+q)^2 + \frac{\dot{q}^2}{1+q}$$

令

$$a^1 = q$$
$$a^2 = \frac{\dot{q}}{1+q}$$

则有

$$\dot{a}^1 = a^2(1+a^1)$$
$$\dot{a}^2 = -a^1(1+a^1)$$

它可写成形式

$$\begin{pmatrix} \dot{a}^1 \\ \dot{a}^2 \end{pmatrix} = \begin{pmatrix} 0 & 1+a^1 \\ -(1+a^1) & 0 \end{pmatrix} \begin{pmatrix} \dfrac{\partial V}{\partial a^1} \\ \dfrac{\partial V}{\partial a^2} \end{pmatrix}$$

其中

$$V = \frac{1}{2}(a^1)^2 + \frac{1}{2}(a^2)^2$$

因函数 V 为积分, 又可为 Lyapunov 函数, 因此, 零解 $a^1 = a^2 = 0$ 是稳定的.

例 4   相对运动动力学系统为

$$L_r = \frac{1}{2}\dot{q}^2 - \int q(2+\cos q)^2 \mathrm{d}q$$

$$Q'' = -\frac{\dot{q}^2\sin q}{2+\cos q}, \quad Q^{\dot{\omega}} = \Gamma = 0$$

(3.7.21)

试将其化成斜梯度系统, 并研究零解的稳定性.

解   微分方程为

$$\ddot{q} = -q(2+\cos q)^2 - \frac{\dot{q}^2\sin q}{2+\cos q}$$

令

$$a^1 = q$$
$$a^2 = \frac{\dot{q}}{2 + \cos q}$$

则有

$$\dot{a}^1 = a^2(2 + \cos a^1)$$
$$\dot{a}^2 = -a^1(2 + \cos a^1)$$

它可写成如下斜梯度系统

$$\begin{pmatrix} \dot{a}^1 \\ \dot{a}^2 \end{pmatrix} = \begin{pmatrix} 0 & 2 + \cos a^1 \\ -(2 + \cos a^1) & 0 \end{pmatrix} \begin{pmatrix} \dfrac{\partial V}{\partial a^1} \\ \dfrac{\partial V}{\partial a^2} \end{pmatrix}$$

其中

$$V = \frac{1}{2}(a^1)^2 + \frac{1}{2}(a^2)^2$$

因此, 零解 $a^1 = a^2 = 0$ 是稳定的.

3.8 变质量力学系统与斜梯度系统

本节研究变质量完整力学系统的斜梯度表示, 给出这类力学系统成为斜梯度系统的条件, 并给出具体应用.

3.8.1 系统的运动微分方程

假设系统由 N 个质点组成. 在瞬时 t, 第 i 个质点的质量为 $m_i(i = 1, 2, \cdots, N)$; 在瞬时 $t + \mathrm{d}t$, 由质点分离 (或併入) 的微粒的质量为 $\mathrm{d}m_i$. 假设系统的位形由 n 个广义坐标 q_s $(s = 1, 2, \cdots, n)$ 来确定, 并设质点的质量依赖于时间和广义坐标

$$m_i = m_i(t, \boldsymbol{q}) \quad (i = 1, 2, \cdots, N) \tag{3.8.1}$$

系统的运动微分方程有形式 [2]

$$\frac{\mathrm{d}}{\mathrm{d}t} \frac{\partial L}{\partial \dot{q}_s} - \frac{\partial L}{\partial q_s} = Q_s + P_s \quad (s = 1, 2, \cdots, n) \tag{3.8.2}$$

其中 $L = L(t, \boldsymbol{q}, \dot{\boldsymbol{q}})$ 为系统的 Lagrange 函数, $Q_s = Q_s(t, \boldsymbol{q}, \dot{\boldsymbol{q}})$ 为非势广义力, P_s 为广义反推力

$$P_s = \dot{m}_i(\boldsymbol{u}_i + \dot{\boldsymbol{r}}_i) \cdot \frac{\partial \boldsymbol{r}_i}{\partial q_s} - \frac{1}{2} \dot{\boldsymbol{r}}_i \cdot \dot{\boldsymbol{r}}_i \frac{\partial m_i}{\partial q_s} \quad (s = 1, 2, \cdots, n) \tag{3.8.3}$$

这里 r_i 和 $\dot{r}_i$ 分别为第 i 个质点的矢径和速度, u_i 为微粒相对第 i 个质点的相对速度. 设系统非奇异, 即设

$$\det\left(\frac{\partial^2 L}{\partial \dot{q}_s \partial \dot{q}_k}\right) \neq 0 \tag{3.8.4}$$

则可由方程 (3.8.2) 解出所有广义加速度, 记作

$$\ddot{q}_s = \alpha_s(t, \boldsymbol{q}, \dot{\boldsymbol{q}}) \quad (s = 1, 2, \cdots, n) \tag{3.8.5}$$

现假设方程不含时间 t. 令

$$a^s = q_s, \quad a^{n+s} = \dot{q}_s \quad (s = 1, 2, \cdots, n) \tag{3.8.6}$$

则方程 (3.8.5) 可写成一阶形式

$$\dot{a}^\mu = F_\mu(\boldsymbol{a}) \quad (\mu = 1, 2, \cdots, 2n) \tag{3.8.7}$$

其中

$$F_s = a^{n+s}, \quad F_{n+s} = \alpha_s(\boldsymbol{a}) \tag{3.8.8}$$

引进广义动量 p_s 和 Hamilton 函数 H

$$\begin{aligned} p_s &= \frac{\partial L}{\partial \dot{q}_s} \\ H &= p_s \dot{q}_s - L \end{aligned} \tag{3.8.9}$$

方程 (3.8.2) 可写成一阶形式

$$\dot{q}_s = \frac{\partial H}{\partial p_s}, \quad \dot{p}_s = -\frac{\partial H}{\partial q_s} + \tilde{Q}_s + \tilde{P}_s \quad (s = 1, 2, \cdots, n) \tag{3.8.10}$$

其中

$$\begin{aligned} \tilde{Q}_s(\boldsymbol{q}, \boldsymbol{p}) &= Q_s(\boldsymbol{q}, \dot{\boldsymbol{q}}(\boldsymbol{q}, \boldsymbol{p})) \\ \tilde{P}_s(\boldsymbol{q}, \boldsymbol{p}) &= P_s(\boldsymbol{q}, \dot{\boldsymbol{q}}(\boldsymbol{q}, \boldsymbol{p})) \end{aligned} \tag{3.8.11}$$

方程 (3.8.10) 还可表示为如下形式

$$\dot{a}^\mu = \omega^{\mu\nu} \frac{\partial H}{\partial a^\nu} + \Lambda_\mu \quad (\mu, \nu = 1, 2, \cdots, 2n) \tag{3.8.12}$$

其中

$$\begin{aligned} a^s &= q_s, \quad a^{n+s} = p_s \\ (\omega^{\mu\nu}) &= \begin{pmatrix} 0_{n\times n} & 1_{n\times n} \\ -1_{n\times n} & 0_{n\times n} \end{pmatrix} \\ \Lambda_s &= 0, \quad \Lambda_{n+s} = \tilde{Q}_s + \tilde{P}_s \end{aligned} \tag{3.8.13}$$

3.8.2 系统的斜梯度表示

系统 (3.8.7) 或系统 (3.8.12), 仅在一定条件下才能成为斜梯度系统. 对方程 (3.8.7), 如果存在反对称矩阵 $(b_{\mu\nu}(\boldsymbol{a}))$ 和函数 $V = V(\boldsymbol{a})$ 使得

$$F_\mu = b_{\mu\nu} \frac{\partial V}{\partial a^\nu} \quad (\mu, \nu = 1, 2, \cdots, 2n) \tag{3.8.14}$$

那么它是一个斜梯度系统. 对方程 (3.8.12), 如果存在反对称矩阵 $(b_{\mu\nu}(\boldsymbol{a}))$ 和函数 $V = V(\boldsymbol{a})$ 使得

$$\omega^{\mu\nu} \frac{\partial H}{\partial a^\nu} + \Lambda_\mu = b_{\mu\nu} \frac{\partial V}{\partial a^\nu} \quad (\mu, \nu = 1, 2, \cdots, 2n) \tag{3.8.15}$$

那么它是一个斜梯度系统.

3.8.3 积分和解的稳定性

方程 (3.8.7) 在满足条件 (3.8.14) 下, 或方程 (3.8.12) 在满足条件 (3.8.15) 下, 可化成斜梯度系统

$$\dot{a}^\mu = b_{\mu\nu} \frac{\partial V}{\partial a^\nu} \quad (\mu, \nu = 1, 2, \cdots, 2n) \tag{3.8.16}$$

此时, V 是系统的积分. 如果

$$b_{\mu\nu} \frac{\partial V}{\partial a^\nu} = 0 \quad (\mu, \nu = 1, 2, \cdots, 2n) \tag{3.8.17}$$

有解

$$a^\mu = a_0^\mu \quad (\mu = 1, 2, \cdots, 2n) \tag{3.8.18}$$

且 V 在解的邻域内正定, 那么解 (3.8.18) 是稳定的. 如果 V 不能成为 Lyapunov 函数, 那么可利用 Lyapunov 一次近似理论来研究解的稳定性.

3.8.4 应用举例

例 1 一变质量质点以与水平成角 β 的初速度 $\boldsymbol{v}_0$ 射出后, 在重力场中运动, 其质量变化规律为 $m = m_0 \exp(-\gamma t)$, 其中 m_0, γ 为常数. 假设微粒分离的相对速度 $\boldsymbol{v}_r$ 的大小为常量, 方向永远与 $\boldsymbol{v}_0$ 相反. 对此问题施加广义力 $Q_1 = -mq_1, Q_2 = -mq_2$. 试将系统的运动微分方程表示为斜梯度系统的方程, 并研究解的稳定性.

解 系统的 Lagrange 函数和反推力分别为

$$L = \frac{1}{2} m(\dot{q}_1^2 + \dot{q}_2^2) - mgq_2$$

$$P_1 = \dot{m}(\dot{q}_1 - v_r \cos\beta), \quad P_2 = \dot{m}(\dot{q}_2 - v_r \sin\beta)$$

其中 $q_1 = x, q_2 = y$ 分别为水平坐标和铅垂坐标. 方程 (3.8.2) 给出

$$\frac{\mathrm{d}}{\mathrm{d}t}(m\dot{q}_1) = \dot{m}(\dot{q}_1 - v_r\cos\beta) - mq_1$$

$$\frac{\mathrm{d}}{\mathrm{d}t}(m\dot{q}_2) = \dot{m}(\dot{q}_2 - v_r\sin\beta) - mg - mq_2$$

消去 m, 得

$$\ddot{q}_1 = -q_1 + \gamma v_r\cos\beta$$

$$\ddot{q}_2 = -q_2 + \gamma v_r\sin\beta - g$$

令

$$a^1 = q_1$$

$$a^2 = q_2$$

$$a^3 = \dot{q}_1$$

$$a^4 = \dot{q}_2$$

则方程表示为一阶形式

$$\dot{a}^1 = a^3$$

$$\dot{a}^2 = a^4$$

$$\dot{a}^3 = -a^1 + \gamma v_r\cos\beta$$

$$\dot{a}^4 = -a^2 + \gamma v_r\sin\beta - g$$

它有解

$$a_0^1 = \gamma v_r\cos\beta$$

$$a_0^2 = \gamma v_r\sin\beta - g$$

$$a_0^3 = a_0^4 = 0$$

为研究这个解的稳定性, 令

$$a^1 = a_0^1 + \xi_1$$

$$a^2 = a_0^2 + \xi_2$$

$$a^3 = a_0^3 + \xi_3$$

$$a^4 = a_0^4 + \xi_4$$

则有

$$\dot{\xi}_1 = \xi_3$$
$$\dot{\xi}_2 = \xi_4$$
$$\dot{\xi}_3 = -\xi_1$$
$$\dot{\xi}_4 = -\xi_2$$

这是一个斜梯度系统, 可写成形式

$$
\begin{pmatrix} \dot{\xi}_1 \\ \dot{\xi}_2 \\ \dot{\xi}_3 \\ \dot{\xi}_4 \end{pmatrix}
=
\begin{pmatrix}
0 & 0 & 1 & 0 \\
0 & 0 & 0 & 1 \\
-1 & 0 & 0 & 0 \\
0 & -1 & 0 & 0
\end{pmatrix}
\begin{pmatrix}
\dfrac{\partial V}{\partial \xi_1} \\[1mm]
\dfrac{\partial V}{\partial \xi_2} \\[1mm]
\dfrac{\partial V}{\partial \xi_3} \\[1mm]
\dfrac{\partial V}{\partial \xi_4}
\end{pmatrix}
$$

而函数 V 为

$$V = \frac{1}{2}(\xi_1^2 + \xi_2^2 + \xi_3^2 + \xi_4^2)$$

因此, 解 $\xi_1 = \xi_2 = \xi_3 = \xi_4 = 0$ 是稳定的.

例 2 变质量单摆

设单摆质量为 $m = m(t)$, 摆长为 ℓ, 微粒分离的相对速度为零. 单摆的动能为 $T = \dfrac{1}{2}m\ell^2\dot{\varphi}^2$, 势能为 $V = mg\ell(1 - \cos\varphi)$, 其中 φ 为摆与铅垂线的夹角. 运动微分方程为

$$\frac{\mathrm{d}}{\mathrm{d}t}(m\ell^2\dot{\varphi}) = -mg\ell\sin\varphi + P_\varphi$$

其中

$$P_\varphi = \dot{m}(\boldsymbol{u} + \dot{\boldsymbol{r}}) \cdot \frac{\partial \boldsymbol{r}}{\partial \varphi}$$

已知 $\boldsymbol{u} = 0$, 而 $\boldsymbol{r} = \ell\sin\varphi\mathbf{i} + \ell\cos\varphi\mathbf{j}$, $\dot{\boldsymbol{r}} = \ell\dot{\varphi}\cos\varphi\mathbf{i} - \ell\dot{\varphi}\sin\varphi\mathbf{j}$, 于是有

$$P_\varphi = \dot{m}\ell^2\dot{\varphi}$$

代入得

$$m\ell^2\ddot{\varphi} = -mg\ell\sin\varphi$$

这个方程可 Hamilton 化, 令

$$p_\varphi = \frac{\partial T}{\partial \dot{\varphi}} = m\ell^2\dot{\varphi},$$
$$H = p_\varphi\dot{\varphi} - L = \frac{p_\varphi^2}{2m\ell^2} + mg\ell(1 - \cos\varphi)$$

它可写成形式

$$
\begin{pmatrix} \dot{a}^1 \\ \dot{a}^2 \end{pmatrix} = \begin{pmatrix} 0 & 1 \\ -1 & 0 \end{pmatrix} \begin{pmatrix} \dfrac{\partial V}{\partial a^1} \\ \dfrac{\partial V}{\partial a^2} \end{pmatrix}
$$

其中 $a^1 = \varphi, a^2 = p_\varphi, V = H$, 因此, 解 $a^1 = a^2 = 0$ 是稳定的.

3.9　事件空间中动力学系统与斜梯度系统

本节研究事件空间中完整力学系统的斜梯度表示, 得到这类力学系统成为斜梯度系统的条件, 并给出具体应用.

3.9.1　系统的运动微分方程

研究受有双面理想完整约束的力学系统, 其位形由 n 个广义坐标 q_s ($s = 1, 2, \cdots, n$) 来确定. 构造事件空间, 空间点的坐标为 q_s 和 t. 引进记号

$$
x_s = q_s, \quad x_{n+1} = t \quad (s = 1, 2, \cdots, n) \tag{3.9.1}
$$

那么所有变量 $x_\alpha(\alpha = 1, 2, \cdots, n+1)$ 可作为某参数 τ 的已知函数. 令 $x_\alpha = x_\alpha(\tau)$ 是 C^2 类曲线, 使得

$$
\frac{\mathrm{d}x_\alpha}{\mathrm{d}\tau} = x'_\alpha \tag{3.9.2}
$$

不同时为零, 有

$$
\dot{x}_\alpha = \frac{\mathrm{d}x_\alpha}{\mathrm{d}t} = \frac{x'_\alpha}{x'_{n+1}} \tag{3.9.3}
$$

对给定的 Lagrange 函数 $L = L(q_s, t, \dot{q}_s)$, 事件空间中参数形式的 Lagrange 函数 Λ 由下式确定

$$
\Lambda(x_\alpha, x'_\alpha) = x'_{n+1} L \left(x_1, x_2, \cdots, x_{n+1}, \frac{x'_1}{x'_{n+1}}, \frac{x'_2}{x'_{n+1}}, \cdots, \frac{x'_n}{x'_{n+1}} \right) \tag{3.9.4}
$$

对给定的广义力 $Q_s = Q_s(q_k, t, \dot{q}_k)$, 事件空间中的广义力 P_α 由下式确定 [2]

$$
\begin{aligned}
P_s(x_\alpha, x'_\alpha) &= x'_{n+1} Q_s \left(x_1, x_2, \cdots, x_{n+1}, \frac{x'_1}{x'_{n+1}}, \frac{x'_2}{x'_{n+1}}, \cdots, \frac{x'_n}{x'_{n+1}} \right) \\
P_{n+1}(x_\alpha, x'_\alpha) &\stackrel{\text{def}}{=} -Q_s x'_s
\end{aligned} \tag{3.9.5}
$$

事件空间中完整系统的运动微分方程有形式

$$
\frac{\mathrm{d}}{\mathrm{d}\tau} \frac{\partial \Lambda}{\partial x'_\alpha} - \frac{\partial \Lambda}{\partial x_\alpha} = P_\alpha \quad (\alpha = 1, 2, \cdots, n+1) \tag{3.9.6}
$$

注意到, (3.9.6) 中 $n+1$ 个方程不是彼此独立的, 因为有

$$x'_\alpha \left(\frac{\mathrm{d}}{\mathrm{d}\tau} \frac{\partial \Lambda}{\partial x'_\alpha} - \frac{\partial \Lambda}{\partial x_\alpha} - P_\alpha \right) = 0 \tag{3.9.7}$$

因为参数 τ 可任意选取, 当方程中不出现 x_{n+1} 时, 取 $x_{n+1} = \tau$ 会带来方便. 此时有

$$\frac{x'_s}{x'_{n+1}} = \frac{\mathrm{d}x_s}{\mathrm{d}x_{n+1}}, \quad \frac{\mathrm{d}}{\mathrm{d}\tau}\left(\frac{x'_s}{x'_{n+1}} \right) = \frac{\mathrm{d}^2 x_s}{\mathrm{d}x_{n+1}^2} \tag{3.9.8}$$

设由式 (3.9.6) 的前 n 个方程可解出 $\dfrac{\mathrm{d}^2 x_s}{\mathrm{d}x_{n+1}^2}$, 记作

$$\frac{\mathrm{d}^2 x_s}{\mathrm{d}x_{n+1}^2} = G_s \left(x_k, \frac{\mathrm{d}x_k}{\mathrm{d}x_{n+1}} \right) \quad (s, k = 1, 2, \cdots, n) \tag{3.9.9}$$

取记号

$$a^{\mu*} = \frac{\mathrm{d}a^\mu}{\mathrm{d}x_{n+1}} \quad (\mu = 1, 2, \cdots, 2n) \tag{3.9.10}$$

则方程 (3.9.9) 可写成一阶形式

$$a^{\mu*} = H_\mu(\boldsymbol{a}) \quad (\mu = 1, 2, \cdots, 2n) \tag{3.9.11}$$

其中

$$\begin{aligned} a^s = x_s, \quad a^{n+s} = a^{s*} \\ H_s = a^{n+s}, \quad H_{n+s} = G_s \end{aligned} \tag{3.9.12}$$

3.9.2 系统的斜梯度表示

方程 (3.9.11) 仅在一定条件下才能成为斜梯度系统的方程. 对方程 (3.9.11), 如果存在反对称矩阵 $(b_{\mu\nu}(\boldsymbol{a}))$ 和函数 $V = V(\boldsymbol{a})$ 使得

$$H_\mu = b_{\mu\nu} \frac{\partial V}{\partial a^\nu} \quad (\mu, \nu = 1, 2, \cdots, 2n) \tag{3.9.13}$$

那么它是一个斜梯度系统.

3.9.3 积分和解的稳定性

事件空间中完整系统动力学方程 (3.9.11) 在满足条件 (3.9.13) 下可化成斜梯度系统的方程

$$a^{\mu*} = b_{\mu\nu} \frac{\partial V}{\partial a^\nu} \quad (\mu, \nu = 1, 2, \cdots, 2n) \tag{3.9.14}$$

此时, 函数 V 是积分. 如果

$$b_{\mu\nu} \frac{\partial V}{\partial a^\nu} = 0 \quad (\mu, \nu = 1, 2, \cdots, 2n) \tag{3.9.15}$$

有解

$$a^\mu = a_0^\mu \quad (\mu = 1, 2, \cdots, 2n) \tag{3.9.16}$$

且 V 在解的邻域内正定, 那么解 (3.9.16) 就是稳定的. 如果 V 不能成为 Lyapunov 函数, 那么可利用 Lyapunov 一次近似理论来研究解的稳定性.

3.9.4　应用举例

例　二自由度系统在位形空间中的 Lagrange 函数和广义力分别为

$$L = \frac{1}{2}(\dot{q}_1^2 + \dot{q}_2^2) - \frac{1}{2}q_1^2$$
$$Q_1 = 0, \quad Q_2 = -\dot{q}_2 \tag{3.9.17}$$

试研究事件空间中系统的斜梯度表示.

解　令

$$x_1 = q_1$$
$$x_2 = q_2$$
$$x_3 = t$$

则事件空间中的 Lagrange 函数和广义力分别为

$$\Lambda = \frac{1}{2}\left[\frac{1}{x_3'}((x_1')^2 + (x_2')^2)\right] - \frac{1}{2}x_1^2$$
$$P_1 = 0, \quad P_2 = -x_2'$$

式 (3.9.6) 的前两个方程为

$$\left(\frac{x_1'}{x_3'}\right)' = -x_1, \quad \left(\frac{x_2'}{x_3'}\right)' = -x_2'$$

取 $x_3 = \tau$, 则有

$$x_1'' = -x_1$$
$$x_2'' = -x_2'$$

第一个方程可化成斜梯度系统. 令

$$a^1 = x_1$$
$$a^2 = x_1'$$

则有

$$(a^1)' = a^2$$
$$(a^2)' = -a^1$$

它可写成形式

$$
\begin{pmatrix} (a^1)' \\ (a^2)' \end{pmatrix} = \begin{pmatrix} 0 & 1 \\ -1 & 0 \end{pmatrix} \begin{pmatrix} \dfrac{\partial V}{\partial a^1} \\ \dfrac{\partial V}{\partial a^2} \end{pmatrix}
$$

其中

$$V = \frac{1}{2}(a^1)^2 + \frac{1}{2}(a^2)^2$$

它在 $a^1 = a^2 = 0$ 的邻域内正定, 又是积分, 因此, 解 $a^1 = a^2 = 0$ 是稳定的.

3.10 Chetaev 型非完整系统与斜梯度系统

本节研究 Chetaev 型非完整系统的斜梯度表示, 得到这类力学系统成为斜梯度系统的条件, 并给出具体应用.

3.10.1 系统的运动微分方程

定常双面理想 Chetaev 型非完整系统的约束方程和运动方程分别为

$$f_\beta(\boldsymbol{q}, \dot{\boldsymbol{q}}) = 0 \quad (\beta = 1, 2, \cdots, g) \tag{3.10.1}$$

$$\frac{\mathrm{d}}{\mathrm{d}t} \frac{\partial L}{\partial \dot{q}_s} - \frac{\partial L}{\partial q_s} = Q_s + \lambda_\beta \frac{\partial f_\beta}{\partial \dot{q}_s} \quad (s = 1, 2, \cdots, n; \beta = 1, 2, \cdots, g) \tag{3.10.2}$$

设系统非奇异, 即设

$$\det \left(\frac{\partial^2 L}{\partial \dot{q}_s \partial \dot{q}_k} \right) \neq 0 \tag{3.10.3}$$

则在运动微分方程积分之前, 可求出 λ_β 为 $\boldsymbol{q}, \dot{\boldsymbol{q}}$ 的函数, 于是方程 (3.10.2) 可表示为

$$\frac{\mathrm{d}}{\mathrm{d}t} \frac{\partial L}{\partial \dot{q}_s} - \frac{\partial L}{\partial q_s} = Q_s + \Lambda_s \quad (s = 1, 2, \cdots, n) \tag{3.10.4}$$

其中广义非完整约束力 Λ_s 已表示为 $\boldsymbol{q}, \dot{\boldsymbol{q}}$ 的函数, 即

$$\Lambda_s = \Lambda_s(\boldsymbol{q}, \dot{\boldsymbol{q}}) = \lambda_\beta(\boldsymbol{q}, \dot{\boldsymbol{q}}) \frac{\partial f_\beta}{\partial \dot{q}_s} \tag{3.10.5}$$

称方程 (3.10.4) 为与非完整系统 (3.10.1)、(3.10.2) 相应的完整系统的方程. 只要运动的初始条件满足非完整约束方程 (3.10.1), 那么系统 (3.10.4) 的解就给出非完整系统的运动. 因此, 只需研究系统 (3.10.4) 的解.

在条件 (3.10.3) 下, 可由方程 (3.10.4) 求出所有广义加速度, 简记作

$$\ddot{q}_s = G_s(\boldsymbol{q}, \dot{\boldsymbol{q}}) \quad (s = 1, 2, \cdots, n) \tag{3.10.6}$$

令

$$a^s = q_s, \quad a^{n+s} = \dot{q}_s \quad (s = 1, 2, \cdots, n) \tag{3.10.7}$$

则方程 (3.10.6) 可写成一阶形式

$$\dot{a}^\mu = F_\mu(\boldsymbol{a}) \quad (\mu = 1, 2, \cdots, 2n) \tag{3.10.8}$$

其中

$$F_s = a^{n+s}, \quad F_{n+s} = G_s(\boldsymbol{a}) \tag{3.10.9}$$

引进广义动量 p_s 和 Hamilton 函数 H

$$p_s = \frac{\partial L}{\partial \dot{q}_s}$$
$$H = p_s \dot{q}_s - L \tag{3.10.10}$$

则方程 (3.10.4) 可写成一阶形式

$$\dot{q}_s = \frac{\partial H}{\partial p_s}, \quad \dot{p}_s = -\frac{\partial H}{\partial q_s} + \tilde{Q}_s + \tilde{\Lambda}_s \quad (s = 1, 2, \cdots, n) \tag{3.10.11}$$

其中 $\tilde{Q}_s, \tilde{\Lambda}_s$ 为用正则变量表示的 Q_s, Λ_s. 进而, 还可写成形式

$$\dot{a}^\mu = \omega^{\mu\nu} \frac{\partial H}{\partial a^\nu} + P_\mu \quad (\mu, \nu = 1, 2, \cdots, 2n) \tag{3.10.12}$$

其中

$$a^s = q_s, \quad a^{n+s} = p_s$$
$$(\omega^{\mu\nu}) = \begin{pmatrix} 0_{n \times n} & 1_{n \times n} \\ -1_{n \times n} & 0_{n \times n} \end{pmatrix} \tag{3.10.13}$$
$$P_s = 0, \quad P_{n+s} = \tilde{Q}_s(\boldsymbol{a}) + \tilde{\Lambda}_s(\boldsymbol{a})$$

3.10.2 系统的斜梯度表示

方程 (3.10.8) 或方程 (3.8.12), 仅在一定条件下才能成为斜梯度系统的方程. 对方程 (3.10.8), 如果存在反对称矩阵 $(b_{\mu\nu}(\boldsymbol{a}))$ 和函数 $V = V(\boldsymbol{a})$ 使得

$$F_\mu = b_{\mu\nu} \frac{\partial V}{\partial a^\nu} \quad (\mu, \nu = 1, 2 \cdots, 2n) \tag{3.10.14}$$

那么它是一个斜梯度系统. 对方程 (3.10.12), 如果存在反对称矩阵 $(b_{\mu\nu}(\boldsymbol{a}))$ 和函数 $V = V(\boldsymbol{a})$ 使得

$$\omega^{\mu\nu} \frac{\partial H}{\partial a^\nu} + P_\mu = b_{\mu\nu} \frac{\partial V}{\partial a^\nu} \quad (\mu, \nu = 1, 2, \cdots, 2n) \tag{3.10.15}$$

那么它是一个斜梯度系统.

3.10.3 积分和解的稳定性

Chetaev 型非完整系统化成斜梯度系统后, 便可利用斜梯度系统的性质来研究积分和解的稳定性. 此时, 函数 $V = V(\boldsymbol{a})$ 是积分. 如果

$$b_{\mu\nu}\frac{\partial V}{\partial a^\nu} = 0 \quad (\mu, \nu = 1, 2, \cdots, 2n) \tag{3.10.16}$$

有解

$$a^\mu = a_0^\mu \quad (\mu = 1, 2, \cdots, 2n) \tag{3.10.17}$$

且 V 在解的邻域内正定, 那么解 (3.10.17) 是稳定的. 如果 V 不能成为 Lyapunov 函数, 那么可按 Lyapunov 一次近似理论来研究解的稳定性.

3.10.4 应用举例

例 1 Chetaev 型非完整系统为

$$\begin{aligned}
&L = \frac{1}{2}(\dot{q}_1^2 + \dot{q}_2^2) - q_1^2 \\
&Q_1 = 0, \quad Q_2 = -\dot{q}_2 \\
&f = \dot{q}_1 + \dot{q}_2 + q_2 = 0
\end{aligned} \tag{3.10.18}$$

试将其化成斜梯度系统, 并研究解的稳定性.

解 方程 (3.10.2) 给出

$$\begin{aligned}
\ddot{q}_1 &= -2q_1 + \lambda \\
\ddot{q}_2 &= -\dot{q}_2 + \lambda
\end{aligned}$$

可求得约束乘子

$$\lambda = q_1$$

于是相应完整系统的方程有形式

$$\begin{aligned}
\ddot{q}_1 &= -q_1 \\
\ddot{q}_2 &= -\dot{q}_2 + q_1
\end{aligned}$$

令

$$\begin{aligned}
a^1 &= q_1 \\
a^2 &= q_2 \\
a^3 &= \dot{q}_1 \\
a^4 &= \dot{q}_2
\end{aligned}$$

则方程的一阶形式为

$$\dot{a}^1 = a^3$$
$$\dot{a}^2 = a^4$$
$$\dot{a}^3 = -a^1$$
$$\dot{a}^4 = -a^4 + a^1$$

它还不能成为一个斜梯度系统. 第一和第三个方程独立于第二和第四个方程. 这两个方程可化成一个斜梯度系统, 有

$$\begin{pmatrix} \dot{a}^1 \\ \dot{a}^3 \end{pmatrix} = \begin{pmatrix} 0 & 1 \\ -1 & 0 \end{pmatrix} \begin{pmatrix} \dfrac{\partial V}{\partial a^1} \\ \dfrac{\partial V}{\partial a^3} \end{pmatrix}$$

其中

$$V = \frac{1}{2}(a^1)^2 + \frac{1}{2}(a^3)^2$$

它在 $a^1 = a^3 = 0$ 的邻域内正定, 又是积分, 因此, 解 $a^1 = a^3 = 0$ 是稳定的.

例 2   Chetaev 型非完整系统为

$$L = \frac{1}{2}(\dot{q}_1^2 + \dot{q}_2^2)$$
$$Q_1 = -6q_1(2 + \cos q_1)^2 - \frac{2\dot{q}_1^2 \sin q_1}{2 + \cos q_1}, \quad Q_2 = -\dot{q}_2 \qquad (3.10.19)$$
$$f = \dot{q}_1 + \dot{q}_2 + q_2 = 0$$

试将其化成斜梯度系统, 并研究解的稳定性.

解   方程 (3.10.2) 给出

$$\ddot{q}_1 = -6q_1(2 + \cos q_1)^2 - \frac{2\dot{q}_1^2 \sin q_1}{2 + \cos q_1} + \lambda$$
$$\ddot{q}_2 = -\dot{q}_2 + \lambda$$

解得

$$\lambda = 3q_1(2 + \cos q_1)^2 + \frac{\dot{q}_1^2 \sin q_1}{2 + \cos q_1}$$

代入得相应完整系统的方程为

$$\ddot{q}_1 = -3q_1(2 + \cos q_1)^2 + \frac{\dot{q}_1^2 \sin q_1}{2 + \cos q_1}$$
$$\ddot{q}_2 = -\dot{q}_2 + 3q_1(2 + \cos q_1)^2 + \frac{\dot{q}_1^2 \sin q_1}{2 + \cos q_1}$$

现将第一个方程化成斜梯度系统的方程. 令

$$a^1 = q_1$$
$$a^3 = \frac{1}{2}\left(q_1 + \frac{\dot{q}_1}{2 + \cos q_1}\right)$$

则有

$$\dot{a}^1 = (2a^3 - a^1)(2 + \cos a^1)$$
$$\dot{a}^3 = -(2a^1 - a^3)(2 + \cos a^1)$$

它可写成形式

$$\begin{pmatrix} \dot{a}^1 \\ \dot{a}^3 \end{pmatrix} = \begin{pmatrix} 0 & 2 + \cos a^1 \\ -(2 + \cos a^1) & 0 \end{pmatrix} \begin{pmatrix} \dfrac{\partial V}{\partial a^1} \\ \dfrac{\partial V}{\partial a^3} \end{pmatrix}$$

其中

$$V = (a^1)^2 + (a^3)^2 - a^1 a^3$$

它在 $a^1 = a^3 = 0$ 的邻域内正定, 又是积分, 因此, 解 $a^1 = a^3 = 0$ 是稳定的.

将上述结果代入非完整约束方程, 可研究坐标 q_2.

3.11 非 Chetaev 型非完整系统与斜梯度系统

本节研究非 Chetaev 型非完整系统的斜梯度表示, 得到这类力学系统成为斜梯度系统的条件, 并给出具体应用.

3.11.1 系统的运动微分方程

假设力学系统的位形由 n 个广义坐标 $q_s (s = 1, 2, \cdots, n)$ 来确定, 它的运动受有 g 个双面理想非 Chetaev 型非完整约束

$$f_\beta(\boldsymbol{q}, \dot{\boldsymbol{q}}) = 0 \quad (\beta = 1, 2, \cdots, g) \tag{3.11.1}$$

假设约束加在虚位移 δq_s 上的限制为

$$f_{\beta s}(\boldsymbol{q}, \dot{\boldsymbol{q}})\delta q_s = 0 \quad (s = 1, 2, \cdots, n; \beta = 1, 2, \cdots, g) \tag{3.11.2}$$

一般来说, $f_{\beta s}$ 与 $\dfrac{\partial f_\beta}{\partial \dot{q}_s}$ 没有联系. 特别地, 若

$$f_{\beta s} = \frac{\partial f_\beta}{\partial \dot{q}_s} \tag{3.11.3}$$

则非 Chetaev 型非完整约束成为 Chetaev 型非完整约束.

非 Chetaev 型非完整系统的运动微分方程有形式 [9,10]

$$\frac{\mathrm{d}}{\mathrm{d}t}\frac{\partial L}{\partial \dot{q}_s} - \frac{\partial L}{\partial q_s} = Q_s + \lambda_\beta f_{\beta s} \quad (s = 1, 2, \cdots, n; \beta = 1, 2, \cdots, g) \tag{3.11.4}$$

其中 $L = L(\boldsymbol{q}, \dot{\boldsymbol{q}})$ 为系统的 Lagrange 函数, $Q_s = Q_s(\boldsymbol{q}, \dot{\boldsymbol{q}})$ 为非势广义力, λ_β 为约束乘子. 方程 (3.11.4) 可由 d'Alembert – Lagrange 原理和虚位移方程 (3.11.2), 利用 Lagrange 乘子法来得到. 假设系统非奇异, 即设

$$\det\left(\frac{\partial^2 L}{\partial \dot{q}_s \partial \dot{q}_k}\right) \neq 0 \tag{3.11.5}$$

则在运动微分方程积分之前, 就可由方程 (3.11.1), (3.11.4) 解出 λ_β 为 $\boldsymbol{q}, \dot{\boldsymbol{q}}$ 的函数. 于是方程 (3.11.4) 可表示为

$$\frac{\mathrm{d}}{\mathrm{d}t}\frac{\partial L}{\partial \dot{q}_s} - \frac{\partial L}{\partial q_s} = Q_s + \Lambda_s \quad (s = 1, 2, \cdots, n) \tag{3.11.6}$$

其中

$$\Lambda_s = \Lambda_s(\boldsymbol{q}, \dot{\boldsymbol{q}}) = \lambda_\beta(\boldsymbol{q}, \dot{\boldsymbol{q}}) f_{\beta s} \tag{3.11.7}$$

为广义非完整约束力. 称方程 (3.11.6) 为与非完整系统 (3.11.1), (3.11.4) 相应的完整系统的方程. 如果运动初始条件满足约束方程 (3.11.1), 那么方程 (3.11.6) 的解就给出非完整系统的运动. 因此, 只需研究方程 (3.11.6). 在满足非奇异条件 (3.11.5) 下, 可由方程 (3.11.6) 解出所有广义加速度, 简记作

$$\ddot{q}_s = \alpha_s(\boldsymbol{q}, \dot{\boldsymbol{q}}) \quad (s = 1, 2, \cdots, n) \tag{3.11.8}$$

3.11.2　系统的斜梯度表示

为研究系统的斜梯度表示, 需将其化成一阶形式. 可令

$$a^s = q_s, \quad a^{n+s} = \dot{q}_s \quad (s = 1, 2, \cdots, n) \tag{3.11.9}$$

则方程 (3.11.8) 可写成一阶形式

$$\dot{a}^\mu = F_\mu(\boldsymbol{a}) \quad (\mu = 1, 2, \cdots, 2n) \tag{3.11.10}$$

其中

$$F_s = a^{n+s}, \quad F_{n+s} = \alpha_s(\boldsymbol{a}) \tag{3.11.11}$$

引进广义动量 p_s 和 Hamilton 函数 H

$$p_s = \frac{\partial L}{\partial \dot{q}_s}$$
$$H = p_s \dot{q}_s - L \tag{3.11.12}$$

则方程 (3.11.6) 可写成一阶形式

$$\dot{q}_s = \frac{\partial H}{\partial p_s}, \quad \dot{p}_s = -\frac{\partial H}{\partial q_s} + \tilde{Q}_s + \tilde{\Lambda}_s \quad (s = 1, 2, \cdots, n) \tag{3.11.13}$$

其中

$$\tilde{Q}_s(\boldsymbol{q}, \boldsymbol{p}) = Q_s(\boldsymbol{q}, \dot{\boldsymbol{q}}(\boldsymbol{q}, \boldsymbol{p})), \quad \tilde{\Lambda}_s(\boldsymbol{q}, \boldsymbol{p}) = \Lambda_s(\boldsymbol{q}, \dot{\boldsymbol{q}}(\boldsymbol{q}, \boldsymbol{p})) \tag{3.11.14}$$

进而, 方程 (3.11.13) 还可表示为

$$\dot{a}^\mu = \omega^{\mu\nu} \frac{\partial H}{\partial a^\nu} + P_\mu \quad (\mu, \nu = 1, 2, \cdots, 2n) \tag{3.11.15}$$

其中

$$a^s = q_s, \quad a^{n+s} = p_s$$
$$P_s = 0, \quad P_{n+s} = \tilde{Q}_s(\boldsymbol{a}) + \tilde{\Lambda}_s(\boldsymbol{a})$$
$$(\omega^{\mu\nu}) = \begin{pmatrix} 0_{n\times n} & 1_{n\times n} \\ -1_{n\times n} & 0_{n\times n} \end{pmatrix} \tag{3.11.16}$$

方程 (3.11.10) 或方程 (3.11.15) 仅在一定条件下才能成为斜梯度系统. 对方程 (3.11.10), 如果存在反对称矩阵 $(b_{\mu\nu}(\boldsymbol{a}))$ 和函数 $V = V(\boldsymbol{a})$ 使得

$$F_\mu = b_{\mu\nu} \frac{\partial V}{\partial a^\nu} \quad (\mu, \nu = 1, 2, \cdots, 2n) \tag{3.11.17}$$

那么它是一个斜梯度系统. 对方程 (3.11.15), 如果存在反对称矩阵 $(b_{\mu\nu}(\boldsymbol{a}))$ 和函数 $V = V(\boldsymbol{a})$ 使得

$$\omega^{\mu\nu} \frac{\partial H}{\partial a^\nu} + P_\mu = b_{\mu\nu} \frac{\partial V}{\partial a^\nu} \quad (\mu, \nu = 1, 2, \cdots, 2n) \tag{3.11.18}$$

那么它是一个斜梯度系统.

3.11.3　积分和解的稳定性

与非 Chetaev 型非完整系统相应的完整系统的方程, 在条件 (3.11.17) 或条件 (3.11.18) 下, 可化成斜梯度系统的方程

$$\dot{a}^\mu = b_{\mu\nu} \frac{\partial V}{\partial a^\nu} \quad (\mu, \nu = 1, 2, \cdots, 2n) \tag{3.11.19}$$

此时, 函数 $V = V(\boldsymbol{a})$ 是积分. 如果方程

$$b_{\mu\nu} \frac{\partial V}{\partial a^\nu} = 0 \quad (\mu, \nu = 1, 2, \cdots, 2n) \tag{3.11.20}$$

有解

$$a^\mu = a_0^\mu \quad (\mu = 1, 2, \cdots, 2n) \tag{3.11.21}$$

且 V 在解的邻域内正定, 那么解 (3.11.21) 就是稳定的. 如果 V 不能成为 Lyapunov 函数, 那么可利用 Lyapunov 一次近似理论来研究解的稳定性.

3.11.4　应用举例

例 1　非 Chetaev 型非完整系统为

$$L = \frac{1}{2}(\dot{q}_1^2 + \dot{q}_2^2) - \frac{1}{4}q_1^2 - \frac{1}{6}q_1^3$$
$$Q_1 = 0, \quad Q_2 = -\dot{q}_2 \tag{3.11.22}$$
$$f = \dot{q}_1 + \dot{q}_2 + q_2 = 0, \quad \delta q_1 - 2\delta q_2 = 0$$

试将其化成斜梯度系统, 并研究解的稳定性.

解　方程 (3.11.4) 给出

$$\ddot{q}_1 = -\frac{1}{2}q_1 - \frac{1}{2}q_1^2 + \lambda$$
$$\ddot{q}_2 = -\dot{q}_2 - 2\lambda$$

可解得

$$\lambda = -\frac{1}{2}q_1 - \frac{1}{2}q_1^2$$

于是有

$$\ddot{q}_1 = -q_1 - q_1^2$$
$$\ddot{q}_2 = -\dot{q}_2 + q_1 + q_1^2$$

第一个方程可化成斜梯度系统. 令

$$a^1 = q_1$$
$$a^3 = \dot{q}_1$$

则有

$$\dot{a}^1 = a^3$$
$$\dot{a}^3 = -a^1 - (a^1)^2$$

即

$$\begin{pmatrix} \dot{a}^1 \\ \dot{a}^3 \end{pmatrix} = \begin{pmatrix} 0 & 1 \\ -1 & 0 \end{pmatrix} \begin{pmatrix} \dfrac{\partial V}{\partial a^1} \\ \dfrac{\partial V}{\partial a^3} \end{pmatrix}$$

而

$$V = \frac{1}{2}(a^1)^2 + \frac{1}{2}(a^3)^2 + \frac{1}{3}(a^1)^3$$

它在 $a^1 = a^3 = 0$ 的邻域内正定, 又是积分, 因此, 解 $a^1 = a^3 = 0$ 是稳定的.

例 2 非 Chetaev 型非完整系统为

$$L = \frac{1}{2}(\dot{q}_1^2 + \dot{q}_2^2)$$

$$Q_1 = -\frac{1}{2}q_1(2 + \sin q_1)^2 + \frac{\dot{q}_1^2\cos q_1}{2(2 + \sin q_1)}, \quad Q_2 = -\dot{q}_2 \qquad (3.11.23)$$

$$f = \dot{q}_1 + \dot{q}_2 + q_2 = 0, \quad \delta q_1 - 2\delta q_2 = 0$$

试将其化成斜梯度系统, 并研究解的稳定性.

解 方程 (3.11.4) 给出

$$\ddot{q}_1 = -\frac{1}{2}q_1(2 + \sin q_1)^2 + \frac{\dot{q}_1^2\cos q_1}{2(2 + \sin q_1)} + \lambda$$

$$\ddot{q}_2 = -\dot{q}_2 - 2\lambda$$

解得

$$\lambda = -\frac{1}{2}q_1(2 + \sin q_1)^2 + \frac{\dot{q}_1^2\cos q_1}{2(2 + \sin q_1)}$$

代入得

$$\ddot{q}_1 = -q_1(2 + \sin q_1)^2 + \frac{\dot{q}_1^2\cos q_1}{2 + \sin q_1}$$

$$\ddot{q}_2 = -\dot{q}_2 + q_1(2 + \sin q_1)^2 - \frac{\dot{q}_1^2\cos q_1}{2 + \sin q_1}$$

第一个方程可化成斜梯度系统的方程. 令

$$a^1 = q_1$$

$$a^3 = \frac{\dot{q}_1}{2 + \sin q_1}$$

则有

$$\dot{a}^1 = a^3(2 + \sin a^1)$$

$$\dot{a}^3 = -a^1(2 + \sin a^1)$$

它可写成形式

$$\begin{pmatrix} \dot{a}^1 \\ \dot{a}^3 \end{pmatrix} = \begin{pmatrix} 0 & 2 + \sin a^1 \\ -(2 + \sin a^1) & 0 \end{pmatrix} \begin{pmatrix} \dfrac{\partial V}{\partial a^1} \\ \dfrac{\partial V}{\partial a^3} \end{pmatrix}$$

其中

$$V = \frac{1}{2}(a^1)^2 + \frac{1}{2}(a^3)^2$$

因此, 解 $a^1 = a^3 = 0$ 是稳定的.

3.12　Birkhoff 系统与斜梯度系统

本节研究 Birkhoff 系统的斜梯度表示, 得到这类力学系统成为斜梯度系统的条件, 并给出具体应用.

3.12.1　系统的运动微分方程

研究自治 Birkhoff 系统, 其运动微分方程有形式

$$\Omega_{\mu\nu}\dot{a}^{\nu} - \frac{\partial B}{\partial a^{\mu}} = 0 \quad (\mu, \nu = 1, 2, \cdots, 2n) \tag{3.12.1}$$

其中 $B = B(\boldsymbol{a})$ 为 Birkhoff 函数, 而

$$\Omega_{\mu\nu} = \frac{\partial R_{\nu}}{\partial a^{\mu}} - \frac{\partial R_{\mu}}{\partial a^{\nu}} \tag{3.12.2}$$

为 Birkhoff 张量, $R_{\mu} = R_{\mu}(\boldsymbol{a})$ 为 Birkhoff 函数组. 假设系统非奇异, 即设

$$\det(\Omega_{\mu\nu}) \neq 0 \tag{3.12.3}$$

则由方程 (3.12.1) 可求出所有 $\dot{a}^{\mu}$, 有

$$\dot{a}^{\mu} = \Omega^{\mu\nu}\frac{\partial B}{\partial a^{\nu}} \quad (\mu, \nu = 1, 2, \cdots, 2n) \tag{3.12.4}$$

其中

$$\Omega^{\mu\nu}\Omega_{\nu\rho} = \delta_{\rho}^{\mu} \tag{3.12.5}$$

一阶 Lagrange 系统的 Lagrange 函数有形式 [7]

$$L = A_{s}(t, \boldsymbol{q})\dot{q}_{s} - B(t, \boldsymbol{q}) \quad (s = 1, 2, \cdots, k) \tag{3.12.6}$$

当 A_{s} 和 B 不含时间 t, 且 $k = 2n$, 取 $a^{k} = q_{k}$, 则方程有形式

$$\left(\frac{\partial A_{\nu}}{\partial a^{\mu}} - \frac{\partial A_{\mu}}{\partial a^{\nu}}\right)\dot{a}^{\nu} - \frac{\partial B}{\partial a^{\mu}} = 0 \quad (\mu, \nu = 1, 2, \cdots, 2n) \tag{3.12.7}$$

它实际上就是 Birkhoff 方程.

3.12.2　系统的斜梯度表示

Birkhoff 方程 (3.12.1) 或 (3.12.4), 以及一阶 Lagrange 方程 (3.12.7) 都自然是斜梯度系统的方程.

3.12.3 积分和解的稳定性

方程 (3.12.1) 或 (3.12.4) 或 (3.12.7) 都可写成形式

$$\dot{a}^{\mu} = b_{\mu\nu}\frac{\partial V}{\partial a^{\nu}} \quad (\mu,\nu = 1,2,\cdots,2n) \tag{3.12.8}$$

其中 $b_{\mu\nu} = \Omega^{\mu\nu}$, $V = B$. 此时, $V = B$ 是积分. 如果

$$b_{\mu\nu}\frac{\partial V}{\partial a^{\nu}} = 0 \quad (\mu,\nu = 1,2,\cdots,2n) \tag{3.12.9}$$

有解

$$a^{\mu} = a_0^{\mu} \quad (\mu = 1,2,\cdots,2n) \tag{3.12.10}$$

而 V 在解的邻域内正定, 那么解 (3.12.10) 是稳定的. 如果 V 不能成为 Lyapunov 函数, 那么可利用 Lyapunov 一次近似理论来研究解的稳定性.

3.12.4 应用举例

例 1　二阶 Birkhoff 系统为

$$\begin{aligned} R_1 &= \frac{1}{2}(a^2+1)^2, \quad R_2 = 0 \\ B &= \frac{1}{2}[(a^1)^2 + (a^2)^2] + \frac{1}{3}[(a^1)^3 + (a^2)^3] \end{aligned} \tag{3.12.11}$$

试研究零解 $a^1 = a^2 = 0$ 的稳定性 [3].

解　这是一个斜梯度系统, B 是积分, 且在 $a^1 = a^2 = 0$ 的邻域内正定, 因此, 零解 $a^1 = a^2 = 0$ 是稳定的.

例 2　二阶 Birkhoff 系统为

$$\begin{aligned} R_1 &= \frac{1}{2}a^2, \quad R_2 = -\frac{1}{2}a^1 \\ B &= a^1 a^2 \end{aligned} \tag{3.12.12}$$

试研究系统的积分和解的稳定性.

解　这是一个斜梯度系统, B 是积分, 但还不能成为 Lyapunov 函数. 方程的特征方程为

$$\begin{vmatrix} \lambda - 1 & 0 \\ 0 & \lambda + 1 \end{vmatrix} = \lambda^2 - 1 = 0$$

它有正根, 因此, 零解 $a^1 = a^2 = 0$ 是不稳定的.

例 3　一阶 Lagrange 系统的 Lagrange 函数为

$$L = \frac{1}{2}(a^2\dot{a}^1 - a^1\dot{a}^2) - \frac{1}{2}[(a^1)^2 + (a^2)^2] - \frac{1}{3}(a^1)^3 \tag{3.12.13}$$

试研究解 $a_0^1 = -1, a_0^2 = 0$ 的稳定性.

　　解　方程 (3.12.7) 给出

$$\dot{a}^1 = a^2$$
$$\dot{a}^2 = -a^1 - (a^1)^2$$

令

$$a^1 = \xi_1 - 1$$
$$a^2 = \xi_2$$

则有

$$\dot{\xi}_1 = \xi_2$$
$$\dot{\xi}_2 = \xi_1 - \xi_1^2$$

其一次近似方程有正根, 因此, 解 $\xi_1 = \xi_2 = 0$ 是不稳定的.

　　例 4　Birkhoff 系统为

$$R_1 = a^2, \quad R_2 = 0$$
$$B = (a^1)^2 + (a^2)^2(2 + \sin a^2) \tag{3.12.14}$$

试研究零解的稳定性.

　　解　函数 B 是积分, 且在 $a^1 = a^2 = 0$ 的邻域内正定, 因此, 零解 $a^1 = a^2 = 0$ 是稳定的.

　　例 5　Birkhoff 系统为

$$R_1 = a^2, \quad R_2 = 0$$
$$B = \frac{1}{2}(a^1)^2 + \frac{1}{4}\varepsilon(a^1)^4 + \frac{1}{2}(a^2)^2 \tag{3.12.15}$$

它表示 Duffing 方程. 试研究零解的稳定性.

　　解　函数 B 是积分, 且在 $a^1 = a^2 = 0$ 的邻域内正定, 因此, 零解 $a^1 = a^2 = 0$ 是稳定的.

　　例 6　Birkhoff 系统为 [7]

$$R_1 = a^2 + a^3, \quad R_2 = 0, \quad R_3 = a^4, \quad R_4 = 0$$
$$B = \frac{1}{2}[(a^3)^2 + 2a^2a^3 - (a^4)^2] \tag{3.12.16}$$

试研究系统的积分和解的稳定性.

解 Birkhoff 方程为

$$\dot{a}^1 = a^3$$
$$\dot{a}^2 = a^4$$
$$\dot{a}^3 = -a^4$$
$$\dot{a}^4 = -a^2$$

这就是 Hojman-Urrutia 例. 这是一个斜梯度系统, B 是积分, 但还不能成为 Lyapunov 函数. 第二和第四个方程可构成斜梯度系统, 有

$$\begin{pmatrix} \dot{a}^2 \\ \dot{a}^4 \end{pmatrix} = \begin{pmatrix} 0 & 1 \\ -1 & 0 \end{pmatrix} \begin{pmatrix} \dfrac{\partial V}{\partial a^2} \\ \dfrac{\partial V}{\partial a^4} \end{pmatrix}$$

其中

$$V = \frac{1}{2}(a^2)^2 + \frac{1}{2}(a^4)^2$$

因此, 解 $a^2 = a^4 = 0$ 是稳定的.

3.13 广义 Birkhoff 系统与斜梯度系统

本节研究广义 Birkhoff 系统的斜梯度表示, 得到这类力学系统成为斜梯度系统的条件, 并给出具体应用.

3.13.1 系统的运动微分方程

定常广义 Birkhoff 系统的微分方程为式 (2.13.5), 即

$$\dot{a}^\mu = \Omega^{\mu\nu} \frac{\partial B}{\partial a^\nu} - \tilde{\Lambda}_\mu \quad (\mu, \nu = 1, 2, \cdots, 2n) \tag{3.13.1}$$

其中

$$\Omega^{\mu\nu} \Omega_{\nu\rho} = \delta_\rho^\mu$$
$$\Omega_{\mu\nu} = \frac{\partial R_\nu}{\partial a^\mu} - \frac{\partial R_\mu}{\partial a^\nu}, \quad \tilde{\Lambda}_\mu = \Omega^{\mu\nu} \Lambda_\nu \tag{3.13.2}$$

3.13.2 系统的斜梯度表示

广义 Birkhoff 系统 (3.13.1) 一般不是斜梯度系统, 仅在一定条件下才能成为斜梯度系统. 对系统 (3.13.1), 如果存在反对称矩阵 $(b_{\mu\nu}(\boldsymbol{a}))$ 和函数 $V = V(\boldsymbol{a})$ 使得

$$\Omega^{\mu\nu} \frac{\partial B}{\partial a^\nu} - \tilde{\Lambda}_\mu = b_{\mu\nu} \frac{\partial V}{\partial a^\nu} \quad (\mu, \nu = 1, 2, \cdots, 2n) \tag{3.13.3}$$

那么它是一个斜梯度系统.

3.13.3   积分和解的稳定性

广义 Birkhoff 系统化成斜梯度系统后, 便知函数 V 是积分. 如果

$$b_{\mu\nu}\frac{\partial V}{\partial a^\nu} = 0 \quad (\mu, \nu = 1, 2, \cdots, 2n) \tag{3.13.4}$$

有解

$$a^\mu = a_0^\mu \quad (\mu = 1, 2, \cdots, 2n) \tag{3.13.5}$$

且 V 在解的邻域内正定, 那么解 (3.13.5) 是稳定的. 如果 V 不能成为 Lyapunov 函数, 那么可用 Lyapunov 一次近似理论来研究解的稳定性.

3.13.4   应用举例

例 1   广义 Birkhoff 系统为

$$\begin{aligned}
&R_1 = a^2, \quad R_2 = 0 \\
&B = \frac{1}{2}(a^1)^2 + \frac{1}{4}(a^1)^4 + \frac{1}{2}(a^2)^2[1 + (a^1)^2] \\
&\Lambda_1 = a^1(a^2)^2, \quad \Lambda_2 = 0
\end{aligned} \tag{3.13.6}$$

试将其化成斜梯度系统, 并研究积分和解的稳定性.

解   方程 (3.13.1) 给出

$$\dot{a}^1 = a^2[1 + (a^1)^2]$$
$$\dot{a}^2 = -a^1[1 + (a^1)^2]$$

它可写成形式

$$\begin{pmatrix} \dot{a}^1 \\ \dot{a}^2 \end{pmatrix} = \begin{pmatrix} 0 & 1 + (a^1)^2 \\ -[1 + (a^1)^2] & 0 \end{pmatrix} \begin{pmatrix} \dfrac{\partial V}{\partial a^1} \\ \dfrac{\partial V}{\partial a^2} \end{pmatrix}$$

其中

$$V = \frac{1}{2}(a^1)^2 + \frac{1}{2}(a^2)^2$$

它是积分, 又可成为 Lyapunov 函数, 因此, 零解 $a^1 = a^2 = 0$ 是稳定的.

例 2   广义 Birkhoff 系统为

$$\begin{aligned}
&R_1 = a^2, \quad R_2 = 0 \\
&B = \frac{1}{2}(a^1)^2 - \frac{1}{3}(a^1)^3 - \frac{1}{2}(a^2)^2 \\
&\Lambda_1 = 0, \quad \Lambda_2 = a^1 a^2
\end{aligned} \tag{3.13.7}$$

试将其化成斜梯度系统, 并研究解的稳定性.

解 广义 Birkhoff 方程为

$$\dot{a}^1 = -a^2(1 + a^1)$$
$$\dot{a}^2 = a^1(1 + a^1)$$

它可写成形式

$$\begin{pmatrix} \dot{a}^1 \\ \dot{a}^2 \end{pmatrix} = \begin{pmatrix} 0 & -(1 + a^1) \\ 1 + a^1 & 0 \end{pmatrix} \begin{pmatrix} \dfrac{\partial V}{\partial a^1} \\ \dfrac{\partial V}{\partial a^2} \end{pmatrix}$$

其中矩阵是反对称的, 而函数 V 为

$$V = \frac{1}{2}(a^1)^2 + \frac{1}{2}(a^2)^2$$

它在 $a^1 = a^2 = 0$ 的邻域内正定, 又是积分, 因此, 零解 $a^1 = a^2 = 0$ 是稳定的.

例 3 广义 Birkhoff 系统为

$$R_1 = a^2, \quad R_2 = 0$$
$$B = \frac{1}{2}(a^2)^2(2 + \sin a^1) + \int a^1(2 + \sin a^1)\mathrm{d}a^1 \qquad (3.13.8)$$
$$\Lambda_1 = \frac{1}{2}(a^2)^2\cos a^1, \quad \Lambda_2 = 0$$

试将其化成斜梯度系统, 并研究解的稳定性.

解 广义 Birkhoff 方程为

$$\dot{a}^1 = a^2(2 + \sin a^1)$$
$$\dot{a}^2 = -a^1(2 + \sin a^1)$$

它可写成形式

$$\begin{pmatrix} \dot{a}^1 \\ \dot{a}^2 \end{pmatrix} = \begin{pmatrix} 0 & 2 + \sin a^1 \\ -(2 + \sin a^1) & 0 \end{pmatrix} \begin{pmatrix} \dfrac{\partial V}{\partial a^1} \\ \dfrac{\partial V}{\partial a^2} \end{pmatrix}$$

其中

$$V = \frac{1}{2}(a^1)^2 + \frac{1}{2}(a^2)^2$$

因此, 零解 $a^1 = a^2 = 0$ 是稳定的.

例 4　广义 Birkhoff 系统为

$$R_1 = a^3, \quad R_2 = a^4, \quad R_3 = R_4 = 0$$

$$B = \frac{1}{2}[(a^1)^2 + (a^2)^2 + (a^3)^2 + (a^4)^2] \tag{3.13.9}$$

$$\Lambda_1 = -a^4 + (a^4)^2, \quad \Lambda_2 = a^3 + (a^3)^2, \quad \Lambda_3 = -(a^3)^2, \quad \Lambda_4 = (a^4)^2$$

试将其化成斜梯度系统, 并研究解的稳定性.

解　广义 Birkhoff 系统的方程为

$$\dot{a}^1 = a^3 + (a^3)^2$$
$$\dot{a}^2 = a^4 - (a^4)^2$$
$$\dot{a}^3 = -a^1 - a^4 + (a^4)^2$$
$$\dot{a}^4 = -a^2 + a^3 + (a^3)^2$$

它可写成形式

$$
\begin{pmatrix} \dot{a}^1 \\ \dot{a}^2 \\ \dot{a}^3 \\ \dot{a}^4 \end{pmatrix} =
\begin{pmatrix} 0 & 0 & 1 & 0 \\ 0 & 0 & 0 & 1 \\ -1 & 0 & 0 & -1 \\ 0 & -1 & 1 & 0 \end{pmatrix}
\begin{pmatrix} \dfrac{\partial V}{\partial a^1} \\ \dfrac{\partial V}{\partial a^2} \\ \dfrac{\partial V}{\partial a^3} \\ \dfrac{\partial V}{\partial a^4} \end{pmatrix}
$$

其中

$$V = \frac{1}{2}[(a^1)^2 + (a^2)^2 + (a^3)^2 + (a^4)^2] + \frac{1}{3}(a^3)^3 - \frac{1}{3}(a^4)^3$$

它在 $a^1 = a^2 = a^3 = a^4 = 0$ 的邻域内正定, 因此, 零解 $a^1 = a^2 = a^3 = a^4 = 0$ 是稳定的.

3.14　广义 Hamilton 系统与斜梯度系统

本节研究广义 Hamilton 系统的斜梯度表示, 得到这类系统成为斜梯度系统的条件, 并给出具体应用.

3.14.1　系统的运动微分方程

广义 Hamilton 系统的微分方程有形式 [8]

$$\dot{a}^i = J_{ij} \frac{\partial H}{\partial a^j} \quad (i, j = 1, 2, \cdots, m) \tag{3.14.1}$$

其中 $J_{ij} = J_{ij}(\boldsymbol{a})$ 满足如下条件

$$
\begin{aligned}
& J_{ij} = -J_{ji} \\
& J_{i\ell}\frac{\partial J_{jk}}{\partial a^\ell} + J_{j\ell}\frac{\partial J_{ki}}{\partial a^\ell} + J_{k\ell}\frac{\partial J_{ij}}{\partial a^\ell} = 0 \quad (i, j, \ell = 1, 2, \cdots, m)
\end{aligned}
\tag{3.14.2}
$$

对方程 (3.14.1) 右端添加附加项 $\Lambda_i = \Lambda_i(\boldsymbol{a})$, 有

$$
\dot{a}^i = J_{ij}\frac{\partial H}{\partial a^j} + \Lambda_i \quad (i, j = 1, 2, \cdots, m)
\tag{3.14.3}
$$

系统 (3.14.3) 比系统 (3.14.1) 更普遍, 称其为带附加项的广义 Hamilton 系统.

3.14.2 系统的斜梯度表示

广义 Hamilton 系统 (3.14.1) 自然是一个斜梯度系统, Hamilton 函数 H 就是函数 V.

带附加项的广义 Hamilton 系统 (3.14.3) 一般不是斜梯度系统, 仅在一定条件下才能成为斜梯度系统. 对系统 (3.14.3), 如果存在反对称矩阵 $(b_{ij}(\boldsymbol{a}))$ 和函数 $V = V(\boldsymbol{a})$ 使得

$$
J_{ij}\frac{\partial H}{\partial a^j} + \Lambda_i = b_{ij}\frac{\partial V}{\partial a^j} \quad (i, j = 1, 2, \cdots, m)
\tag{3.14.4}
$$

那么它是一个斜梯度系统.

3.14.3 积分和解的稳定性

对广义 Hamilton 系统 (3.14.1), $H = H(\boldsymbol{a})$ 是积分. 如果方程

$$
J_{ij}\frac{\partial H}{\partial a^j} = 0 \quad (i, j = 1, 2, \cdots, m)
\tag{3.14.5}
$$

有解

$$
a^i = a_0^i \quad (i, j = 1, 2, \cdots, m)
\tag{3.14.6}
$$

且 H 在解的邻域内正定, 那么解 (3.14.6) 是稳定的. 如果 V 不能成为 Lyapunov 函数, 那么可利用 Lyapunov 一次近似理论来研究解的稳定性.

对系统 (3.14.3), 如果满足条件 (3.14.4), 那么 $V = V(\boldsymbol{a})$ 是积分. 如果

$$
J_{ij}\frac{\partial H}{\partial a^j} + \Lambda_i = 0 \quad (i, j = 1, 2, \cdots, m)
\tag{3.14.7}
$$

有解

$$
a^i = a_0^i \quad (i = 1, 2, \cdots, m)
\tag{3.14.8}
$$

且 V 在解的邻域内正定, 那么解 (3.14.8) 是稳定的. 如果 V 不能成为 Lyapunov 函数, 那么可利用 Lyapunov 一次近似理论来研究解的稳定性.

3.14.4　应用举例

例 1　试研究刚体定点运动 Euler 情形的斜梯度表示.

解　运动微分方程为

$$A_1\dot{\omega}_1 = (A_2 - A_3)\omega_2\omega_3$$
$$A_2\dot{\omega}_2 = (A_3 - A_1)\omega_3\omega_1 \tag{3.14.9}$$
$$A_3\dot{\omega}_3 = (A_1 - A_2)\omega_1\omega_2$$

其中 $\omega_1, \omega_2, \omega_3$ 为刚体角速度在与刚体相固联的惯性主轴上的投影,A_1, A_2, A_3 为刚体的主惯性矩. 令

$$a^1 = A_1\omega_1$$
$$a^2 = A_2\omega_2$$
$$a^3 = A_3\omega_3$$

则方程可写成形式

$$\dot{a}^1 = \frac{A_2 - A_3}{A_2 A_3}a^2 a^3$$
$$\dot{a}^2 = \frac{A_3 - A_1}{A_3 A_1}a^3 a^1$$
$$\dot{a}^3 = \frac{A_1 - A_2}{A_1 A_2}a^1 a^2$$

它有广义 Hamilton 形式

$$\dot{a}^i = J_{ij}\frac{\partial H}{\partial a^j}$$

$$(J_{ij}) = \begin{pmatrix} 0 & -a^3 & a^2 \\ a^3 & 0 & -a^1 \\ -a^2 & a^1 & 0 \end{pmatrix}$$

$$H = \frac{1}{2A_1}(a^1)^2 + \frac{1}{2A_2}(a^2)^2 + \frac{1}{2A_3}(a^3)^2$$

它是一个斜梯度系统, H 是积分, 且在 $a^1 = a^2 = a^3 = 0$ 的邻域内正定, 因此, 零解 $a^1 = a^2 = a^3 = 0$ 是稳定的.

例 2　研究三种群 Volterra 方程的斜梯度表示.

解　方程是一个广义 Hamilton 系统的方程, 有

$$H = p(\exp a^1 - a^1) + q(\exp a^2 - a^2) + s(\exp a^3 - a^3)$$

$$(J_{ij}) = \begin{pmatrix} 0 & -\gamma & \beta \\ \gamma & 0 & -\alpha \\ -\beta & \alpha & 0 \end{pmatrix} \tag{3.14.10}$$

其中, $p, q, s, \alpha, \beta, \gamma$ 为常数. 函数 H 是积分, 且在 $a^1 = a^2 = a^3 = 0$ 的邻域内正定, 因此, 零解 $a^1 = a^2 = a^3 = 0$ 是稳定的.

例 3 研究 Lorenz 方程的 Robbins 模型的积分.

解 Lorenz 方程是混沌的最早例子, 它的 Robbins 模型为

$$
\begin{aligned}
\dot{a}^1 &= -a^2 a^3 + \varepsilon(1 - a^1) \\
\dot{a}^2 &= a^3 a^1 + \varepsilon a^2 \\
\dot{a}^3 &= a^2 - \varepsilon \sigma a^3
\end{aligned}
\tag{3.14.11}
$$

当取 $\varepsilon = 0$ 时, 它是一个三维广义 Hamilton 系统, 有

$$
H = a^1 + \frac{1}{2}(a^3)^2
$$

$$
(J_{ij}) = \begin{pmatrix} 0 & 0 & -a^2 \\ 0 & 0 & a^1 \\ a^2 & -a^1 & 0 \end{pmatrix}
$$

而 H 是系统的积分.

例 4 广义 Hamilton 系统为

$$
(J_{ij}) = \begin{pmatrix} 0 & -1 & 1 \\ 1 & 0 & -1 \\ -1 & 1 & 0 \end{pmatrix}
\tag{3.14.12}
$$

$$
H = -a^1 a^2 - \frac{1}{2}(a^3)^2
$$

试研究解的稳定性.

解 这是一个斜梯度系统, H 是系统的积分, 但还不能成为 Lyapunov 函数. 方程的特征方程有形式

$$
\begin{vmatrix} \lambda - 1 & 0 & 1 \\ 0 & \lambda - 1 & -1 \\ 1 & -1 & \lambda \end{vmatrix} = (\lambda - 1)(\lambda^2 + \lambda - 2) = 0
$$

它有正根, 因此, 零解 $a^1 = a^2 = a^3 = 0$ 是不稳定的.

例 5 带附加项的广义 Hamilton 系统为

$$
\begin{aligned}
H &= -\frac{1}{2}(a^2)^2[1 + (a^2)^2] - \frac{1}{2}(a^3)^2[1 + (a^3)^2] \\
\Lambda_1 &= 0 \\
\Lambda_2 &= -a^3 - (a^3)^2 - a^1[1 + (a^2)^2] + a^3[1 + (a^1)^2] \\
\Lambda_3 &= a^2 + (a^2)^2 - a^1[1 + (a^3)^2] - a^2[1 + (a^1)^2]
\end{aligned}
\tag{3.14.13}
$$

试将其化成斜梯度系统, 并研究解的稳定性.

解 方程 (3.14.3) 给出

$$\dot{a}^1 = a^2[1 + (a^2)^2] + a^3[1 + (a^3)^2]$$
$$\dot{a}^2 = -a^1[1 + (a^2)^2] + a^3[1 + (a^1)^2]$$
$$\dot{a}^3 = -a^1[1 + (a^3)^2] - a^2[1 + (a^1)^2]$$

它可写成形式

$$\begin{pmatrix} \dot{a}^1 \\ \dot{a}^2 \\ \dot{a}^3 \end{pmatrix} = \begin{pmatrix} 0 & 1 + (a^2)^2 & 1 + (a^3)^2 \\ -[1 + (a^2)^2] & 0 & 1 + (a^1)^2 \\ -[1 + (a^3)^2] & -[1 + (a^1)^2] & 0 \end{pmatrix} \begin{pmatrix} \dfrac{\partial V}{\partial a^1} \\ \dfrac{\partial V}{\partial a^2} \\ \dfrac{\partial V}{\partial a^3} \end{pmatrix}$$

其中

$$V = \frac{1}{2}[(a^1)^2 + (a^2)^2 + (a^3)^2]$$

它是积分, 且在 $a^1 = a^2 = a^3 = 0$ 的邻域内正定, 因此, 零解 $a^1 = a^2 = a^3 = 0$ 是稳定的.

例 6 带附加项的广义 Hamilton 系统为

$$H = \frac{1}{2}[(a^1)^2 + (a^2)^2 + (a^3)^2]$$
$$(J_{ij}) = \begin{pmatrix} 0 & -1 & 1 \\ 1 & 0 & 1 \\ -1 & -1 & 0 \end{pmatrix} \tag{3.14.14}$$
$$\Lambda_1 = 2a^2 - 2a^3, \quad \Lambda_2 = -2a^3 + (a^1)^2, \quad \Lambda_3 = 2a^2 - (a^1)^2$$

试将其化成斜梯度系统, 并研究解的稳定性.

解 方程 (3.14.3) 给出

$$\dot{a}^1 = -a^2 + a^3 + 2a^2 - 2a^3$$
$$\dot{a}^2 = a^1 + a^3 - 2a^3 + (a^1)^2$$
$$\dot{a}^3 = -a^1 - a^2 + 2a^2 - (a^1)^2$$

即

$$\dot{a}^1 = a^2 - a^3$$
$$\dot{a}^2 = a^1 - a^3 + (a^1)^2$$
$$\dot{a}^3 = -a^1 + a^2 - (a^1)^2$$

它可写成形式

$$\begin{pmatrix} \dot{a}^1 \\ \dot{a}^2 \\ \dot{a}^3 \end{pmatrix} = \begin{pmatrix} 0 & -1 & 1 \\ 1 & 0 & 1 \\ -1 & -1 & 0 \end{pmatrix} \begin{pmatrix} \dfrac{\partial V}{\partial a^1} \\ \dfrac{\partial V}{\partial a^2} \\ \dfrac{\partial V}{\partial a^3} \end{pmatrix}$$

其中

$$V = \frac{1}{2}[(a^1)^2 - (a^2)^2 - (a^3)^2] + \frac{1}{3}(a^1)^3$$

它是系统的积分, 但还不能成为 Lyapunov 函数. 方程的一次近似方程有形式

$$\dot{a}^1 = a^2 - a^3$$

$$\dot{a}^2 = a^1 - a^3$$

$$\dot{a}^3 = -a^1 + a^2$$

其特征方程为

$$\begin{vmatrix} \lambda & -1 & 1 \\ -1 & \lambda & 1 \\ 1 & -1 & \lambda \end{vmatrix} = \lambda(\lambda^2 - 1) = 0$$

它有正实根, 因此, 零解 $a^1 = a^2 = a^3 = 0$ 是不稳定的.

　　本章研究了各类约束力学系统的斜梯度表示, 得到各类约束力学系统成为斜梯度系统的条件, 并给出一些具体应用. 定常 Lagrange 系统, 定常 Hamilton 系统, 自治 Birkhoff 系统, 广义 Hamilton 系统都自然地成为斜梯度系统. 对其他力学系统, 仅在一定条件下才能成为斜梯度系统, 特别是广义坐标下一般完整系统和带附加项的 Hamilton 系统等较难实现斜梯度化. 约束力学系统化成斜梯度系统后, 便可利用斜梯度系统的性质来研究力学系统的积分和解的稳定性. 因为函数 V 是积分, 如果 V 为 Lyapunov 函数, 那么解是稳定的; 如果 V 不能成为 Lyapunov 函数, 那么可用 Lyapunov 一次近似理论来研究解的稳定性. 因此, 约束力学系统的斜梯度化为研究力学系统的积分和解的稳定性提供了一条有效途径. 斜梯度系统不能研究系统解的渐近稳定性. 有关渐近稳定性研究见第 2 章和后续章节.

习　题

3-1　已知 $V = (a^1)^2 + (a^2)^2 - a^1 a^2$, 方程为

$$\begin{pmatrix} \dot{a}^1 \\ \dot{a}^2 \end{pmatrix} = \begin{pmatrix} 0 & -1 \\ 1 & 0 \end{pmatrix} \begin{pmatrix} \dfrac{\partial V}{\partial a^1} \\ \dfrac{\partial V}{\partial a^2} \end{pmatrix}$$

试找到相应的 Lagrange 函数和 Hamilton 函数.

3-2　已知

$$L = \frac{1}{2}\dot{q}^2 - \frac{3}{2}q^2$$

试将其化成斜梯度系统, 并研究解的稳定性.

3-3　已知

$$H = \frac{1}{2}p^2 + \frac{3}{2}q^2$$

试将其化成斜梯度系统, 并研究解的稳定性.

3-4　试证: 一般完整系统

$$L = \frac{1}{2}\dot{q}^2 - \frac{3}{2}q^2$$

$$Q = -\dot{q}$$

不能化成矩阵为常数矩阵的斜梯度系统.

3-5　二阶系统 Birkhoff 函数组为 $R_1 = a^2, R_2 = 0$, 给出下列 Birkhoff 函数

1)　$B = \frac{1}{2}(a^1)^2 + \frac{1}{2}(a^2)^2$

2)　$B = (a^1)^2 + (a^2)^2 - a^1a^2 + \frac{1}{3}(a^1)^3$

3)　$B = \frac{1}{2}(a^1)^2 + \frac{1}{2}(a^2)^2 - a^1a^2$

4)　$B = a^1a^2$

试问哪个系统的零解是稳定的, 哪个是不稳定的?

参 考 文 献

[1]　McLachlan RI, Quispel GRW, Robidoux N. Geometric integration using discrete gradients. Phil Trans R Soc Lond A, 1999, 357: 1021–1045

[2]　梅凤翔. 分析力学. 北京: 北京理工大学出版社, 2013

[3]　梅凤翔. 关于斜梯度系统——分析力学札记之二十三. 力学与实践, 2013, 35(5): 79–81

[4]　高为炳. 运动稳定性基础. 北京: 高等教育出版社, 1987

[5]　王树禾. 微分方程模型与混沌. 合肥: 中国科学技术大学出版社, 1999

[6]　梅凤翔. 约束力学系统的对称性与守恒量. 北京: 北京理工大学出版社, 2004

[7]　Santilli RM. Foundations of Theoretical Mechanics II. NewYork: Springer-Verlag, 1983

[8]　李继彬, 赵晓华, 刘正荣. 广义哈密顿系统理论及应用. 北京: 科学出版社, 1994

[9]　Новосёлов ВС. Уравнения движения нелинейных неголономных систем со связями не относящимися к типу НГ Четаева. Уч Зап ЛГУ мат Наук, 1960, 35(280): 53–67

[10]　梅凤翔. 非完整动力学研究. 北京: 北京工业学院出版社, 1987

第4章 约束力学系统与具有对称负定矩阵的梯度系统

本章将各类约束力学系统在一定条件下化成具有对称负定矩阵的梯度系统, 并给出具体应用.

4.1 具有对称负定矩阵的梯度系统

本节讨论具有对称负定矩阵的梯度系统的微分方程、性质, 以及应用.

4.1.1 微分方程

系统的微分方程有形式 [1]

$$\dot{x}_i = s_{ij}\frac{\partial V}{\partial x_j} \quad (i, j = 1, 2, \cdots, m) \tag{4.1.1}$$

其中 $(s_{ij}(\boldsymbol{X}))$ 为对称负定矩阵, 而 $V = V(\boldsymbol{X})$.

4.1.2 性质

按方程 (4.1.1) 求 $\dot{V}$, 得

$$\dot{V} = \frac{\partial V}{\partial x_i}s_{ij}\frac{\partial V}{\partial x_j} < 0 \tag{4.1.2}$$

4.1.3 积分和解的稳定性

假设系统有积分

$$I(\boldsymbol{X}) = \text{const.} \tag{4.1.3}$$

则有

$$\frac{\partial I}{\partial x_i}s_{ij}\frac{\partial V}{\partial x_j} = 0 \quad (i, j = 1, 2, \cdots, m) \tag{4.1.4}$$

假设方程

$$s_{ij}\frac{\partial V}{\partial x_j} = 0 \tag{4.1.5}$$

有解

$$x_i = x_{i0} \quad (i = 1, 2, \cdots, m) \tag{4.1.6}$$

且 V 在解的邻域内正定, 注意到式 (4.1.2), 则由 Lyapunov 定理知, 解 (4.1.6) 是渐近稳定的.

4.1.4　简单应用

例 1　梯度系统为

$$(s_{ij}) = \begin{pmatrix} -1 & 1 \\ 1 & -2 \end{pmatrix}, \quad V = \frac{1}{2}x_1^2 + \frac{1}{2}x_2^2 \tag{4.1.7}$$

试研究解的稳定性.

解　微分方程为

$$\dot{x}_1 = -x_1 + x_2$$
$$\dot{x}_2 = x_1 - 2x_2$$

按方程求 $\dot{V}$, 得

$$\dot{V} = -x_1^2 - 2x_2^2 + 2x_1x_2$$

它在 $x_1 = x_2 = 0$ 邻域内是负定的, 因此, 零解 $x_1 = x_2 = 0$ 是渐近稳定的.

例 2　梯度系统为

$$(s_{ij}) = \begin{pmatrix} -1 & 1 \\ 1 & -2(1+x_1^2) \end{pmatrix}, \quad V = \frac{1}{2}x_1^2 + \frac{1}{2}x_2^2 \tag{4.1.8}$$

试研究解的稳定性.

解　矩阵 (s_{ij}) 是对称负定的, V 是正定的, 因此, 解 $x_1 = x_2 = 0$ 是渐近稳定的.

4.2　Lagrange 系统与具有对称负定矩阵的梯度系统

本节研究 Lagrange 系统的具有对称负定矩阵的梯度表示, 包括系统的运动微分方程、系统的梯度表示、解及其稳定性, 以及具体应用.

4.2.1　系统的运动微分方程

对定常 Lagrange 系统, 其运动微分方程有形式

$$\frac{\mathrm{d}}{\mathrm{d}t}\frac{\partial L}{\partial \dot{q}_s} - \frac{\partial L}{\partial q_s} = 0 \quad (s = 1, 2, \cdots, n) \tag{4.2.1}$$

其中 $q_s(s = 1, 2, \cdots, n)$ 为广义坐标, $L = L(\boldsymbol{q}, \dot{\boldsymbol{q}})$ 为系统的 Lagrange 函数. 假设系统非奇异, 即设

$$\det\left(\frac{\partial^2 L}{\partial \dot{q}_s \partial \dot{q}_k}\right) \neq 0 \tag{4.2.2}$$

则由方程 (4.2.1) 可解出所有广义加速度作为 $\boldsymbol{q}, \dot{\boldsymbol{q}}$ 的函数, 记作

$$\ddot{q}_s = \alpha_s(\boldsymbol{q}, \dot{\boldsymbol{q}}) \quad (s = 1, 2, \cdots, n) \tag{4.2.3}$$

为将方程 (4.2.1) 或 (4.2.3) 化成梯度系统的方程 (4.1.1), 需将其表示为一阶形式. 可令

$$a^s = q_s, \quad a^{n+s} = \dot{q}_s \quad (s = 1, 2, \cdots, n) \tag{4.2.4}$$

则方程 (4.2.1) 可写成形式

$$\dot{a}^\mu = F_\mu(\boldsymbol{a}) \quad (\mu = 1, 2, \cdots, 2n) \tag{4.2.5}$$

其中

$$F_s = a^{n+s}, \quad F_{n+s} = \alpha_s(\boldsymbol{a}) \quad (s = 1, 2, \cdots, n) \tag{4.2.6}$$

若引进广义动量 p_s 和 Hamilton 函数 H

$$\begin{aligned} p_s &= \frac{\partial L}{\partial \dot{q}_s} \\ H &= p_s \dot{q}_s - L \end{aligned} \tag{4.2.7}$$

则方程 (4.2.1) 可写成正则形式

$$\dot{q}_s = \frac{\partial H}{\partial p_s}, \quad \dot{p}_s = -\frac{\partial H}{\partial q_s} \quad (s = 1, 2, \cdots, n) \tag{4.2.8}$$

它还可表示为更便于讨论的形式

$$\dot{a}^\mu = \omega^{\mu\nu} \frac{\partial H}{\partial a^\nu} \quad (\mu, \nu = 1, 2, \cdots, 2n) \tag{4.2.9}$$

其中

$$\begin{aligned} a^s &= q_s, \quad a^{n+s} = p_s \\ (\omega^{\mu\nu}) &= \begin{pmatrix} 0_{n\times n} & 1_{n\times n} \\ -1_{n\times n} & 0_{n\times n} \end{pmatrix} \end{aligned} \tag{4.2.10}$$

4.2.2 系统的梯度表示

方程 (4.2.5) 或方程 (4.2.9), 一般不是梯度系统的方程 (4.1.1), 仅在一定条件下 Lagrange 系统才能成为梯度系统 (4.1.1).

对方程 (4.2.5), 如果存在对称负定矩阵 $(s_{\mu\nu}(\boldsymbol{a}))$ 和函数 $V = V(\boldsymbol{a})$ 使得

$$F_\mu = s_{\mu\nu} \frac{\partial V}{\partial a^\nu} \quad (\mu, \nu = 1, 2, \cdots, 2n) \tag{4.2.11}$$

那么它是一个梯度系统 (4.1.1). 对方程 (4.2.9), 如果存在对称负定矩阵 $(s_{\mu\nu}(\boldsymbol{a}))$ 和函数 $V = V(\boldsymbol{a})$ 使得

$$\omega^{\mu\nu} \frac{\partial H}{\partial a^\nu} = s_{\mu\nu} \frac{\partial V}{\partial a^\nu} \quad (\mu, \nu = 1, 2, \cdots, 2n) \tag{4.2.12}$$

那么它是一个梯度系统 (4.1.1).

4.2.3　解及其稳定性

Lagrange 系统在条件 (4.2.11) 或 (4.2.12) 下可化成梯度系统 (4.1.1), 即

$$\dot{a}^{\mu} = s_{\mu\nu}\frac{\partial V}{\partial a^{\nu}} \quad (\mu,\nu = 1,2,\cdots,2n) \tag{4.2.13}$$

假设

$$s_{\mu\nu}\frac{\partial V}{\partial a^{\nu}} = 0 \quad (\mu,\nu = 1,2,\cdots,2n) \tag{4.2.14}$$

有解

$$a^{\mu} = a_0^{\mu} \quad (\mu = 1,2,\cdots,2n) \tag{4.2.15}$$

且 V 在解的邻域内正定, 则解 (4.2.15) 是渐近稳定的.

4.2.4　应用举例

例　对 Lagrange 系统

$$L = \frac{1}{2}\dot{q}^2 + \frac{1}{2}Aq^2$$

其中 A 为常数, 试找到线性变换

$$a^1 = Dq + E\dot{q}$$
$$a^2 = Fq + G\dot{q}$$

其中 D,E,F,G 为常数, 且 $\Delta = DG - EF \neq 0$, 使得方程可表示为

$$\begin{pmatrix} \dot{a}^1 \\ \dot{a}_2 \end{pmatrix} = \begin{pmatrix} -1 & 1 \\ 1 & -2 \end{pmatrix} \begin{pmatrix} \dfrac{\partial V}{\partial a^1} \\ \dfrac{\partial V}{\partial a^2} \end{pmatrix}$$

解　微分方程为

$$\ddot{q} = Aq$$

由 a^1, a^2 解出 $q, \dot{q}$, 有

$$q = \frac{1}{\Delta}(Ga^1 - Ea^2), \quad \dot{q} = \frac{1}{\Delta}(Da^2 - Fa^1)$$

将 a^1, a^2 对 t 求导数, 代入 $q, \dot{q}$, 并注意到 $\ddot{q} = Aq$, 得

$$\dot{a}^1 = \frac{a^1}{\Delta}(-DF + GEA) + \frac{a^2}{\Delta}(D^2 - E^2 A)$$
$$\dot{a}^2 = \frac{a^1}{\Delta}(-F^2 + G^2 A) + \frac{a^2}{\Delta}(FD - GEA)$$

欲使

$$\dot{a}^1 = -\frac{\partial V}{\partial a^1} + \frac{\partial V}{\partial a^2}$$

$$\dot{a}^2 = \frac{\partial V}{\partial a^1} - 2\frac{\partial V}{\partial a^2}$$

则有

$$-\frac{\partial V}{\partial a^2} = \dot{a}^1 + \dot{a}^2$$

$$= \frac{a^1}{\Delta}(-DF + EGA - F^2 + G^2 A) + \frac{a^2}{\Delta}(D^2 - E^2 A + FD - GEA)$$

$$-\frac{\partial V}{\partial a^1} = 2\dot{a}^1 + \dot{a}^2$$

$$= \frac{a^1}{\Delta}(-2DF + 2EGA - F^2 + G^2 A) + \frac{a^2}{\Delta}(2D^2 - 2E^2 A + FD - GEA)$$

于是有

$$\frac{1}{\Delta}(-DF + EGA - F^2 + G^2 A) = \frac{1}{\Delta}(2D^2 - 2E^2 A + FD - GEA)$$

即

$$[(G+E)^2 + E^2]A = (F - D)^2 + D^2$$

这就是所需条件. 对给定的 A, 只要 D, E, F, G 满足上式就可化成梯度系统 (4.1.1).
例如, 当 $A = 1$ 时, 可取 $E = F = 0, D = 1, G = \pm\sqrt{2}$, 此时有

$$a^1 = q$$

$$a^2 = \sqrt{2}\dot{q}$$

于是有

$$\dot{a}^1 = \frac{a^2}{\sqrt{2}}$$

$$\dot{a}^2 = \sqrt{2}a^1$$

它可写成形式

$$\begin{pmatrix} \dot{a}^1 \\ \dot{a}_2 \end{pmatrix} = \begin{pmatrix} -1 & 1 \\ 1 & -2 \end{pmatrix} \begin{pmatrix} \dfrac{\partial V}{\partial a^1} \\ \dfrac{\partial V}{\partial a^2} \end{pmatrix}$$

其中

$$V = -\frac{1}{2\sqrt{2}}[2(a^1)^2 + (a^2)^2 + 4a^1 a^2]$$

它还不能成为 Lyapunov 函数.

4.3　Hamilton 系统与具有对称负定矩阵的梯度系统

本节研究 Hamilton 系统的具有对称负定矩阵的梯度表示, 包括系统的运动微分方程、系统的梯度表示、解及其稳定性, 以及具体应用.

4.3.1　系统的运动微分方程

定常 Hamilton 系统的微分方程有形式

$$\dot{q}_s = \frac{\partial H}{\partial p_s}, \quad \dot{p}_s = -\frac{\partial H}{\partial q_s} \quad (s = 1, 2, \cdots, n) \tag{4.3.1}$$

其中 $H = H(\boldsymbol{q}, \boldsymbol{p})$. 方程 (4.3.1) 还可写成形式

$$\dot{a}^\mu = \omega^{\mu\nu} \frac{\partial H}{\partial a^\nu} \quad (\mu, \nu = 1, 2, \cdots, 2n) \tag{4.3.2}$$

其中

$$a^s = q_s, \quad a^{n+s} = p_s$$
$$(\omega^{\mu\nu}) = \begin{pmatrix} 0_{n\times n} & 1_{n\times n} \\ -1_{n\times n} & 0_{n\times n} \end{pmatrix} \tag{4.3.3}$$

4.3.2　系统的梯度表示

系统 (4.3.3) 一般不是梯度系统 (4.1.1). 如果存在对称负定矩阵 $(s_{\mu\nu}(\boldsymbol{a}))$ 和函数 $V = V(\boldsymbol{a})$ 使得

$$\omega^{\mu\nu} \frac{\partial H}{\partial a^\nu} = s_{\mu\nu} \frac{\partial V}{\partial a^\nu} \quad (\mu, \nu = 1, 2, \cdots, 2n) \tag{4.3.4}$$

那么它可成为梯度系统 (4.1.1).

容易看出, 条件 (4.3.4) 很难实现.

4.3.3　解及其稳定性

Hamilton 系统在满足条件 (4.3.4) 下可化成梯度系统 (4.1.1), 有

$$\dot{a}^\mu = s_{\mu\nu} \frac{\partial V}{\partial a^\nu} \quad (\mu, \nu = 1, 2, \cdots, 2n) \tag{4.3.5}$$

如果方程

$$s_{\mu\nu} \frac{\partial V}{\partial a^\nu} = 0 \quad (\mu, \nu = 1, 2, \cdots, 2n) \tag{4.3.6}$$

有解

$$a^\mu = a_0^\mu \quad (\mu, \nu = 1, 2, \cdots, 2n) \tag{4.3.7}$$

且 V 在解的邻域内正定, 那么解 (4.3.7) 是渐近稳定的.

4.3.4　应用举例

例　Hamilton 函数为

$$H = \frac{1}{2}p^2 - \frac{1}{2}q^2 \tag{4.3.8}$$

试将其化成梯度系统 (4.1.1).

解　微分方程为

$$\dot{q} = p$$
$$\dot{p} = q$$

令

$$a^1 = q$$
$$a^2 = \sqrt{2}p$$

则有

$$\dot{a}^1 = \frac{1}{\sqrt{2}}a^2$$
$$\dot{a}^2 = \sqrt{2}a^1$$

它可写成形式

$$\begin{pmatrix} \dot{a}^1 \\ \dot{a}_2 \end{pmatrix} = \begin{pmatrix} -1 & 0 \\ 0 & -2 \end{pmatrix} \begin{pmatrix} \dfrac{\partial V}{\partial a^1} \\ \dfrac{\partial V}{\partial a^2} \end{pmatrix}$$

其中

$$V = -\frac{1}{\sqrt{2}}a^1 a^2$$

这样, 系统就化成了具有对称负定矩阵的梯度系统了, 但函数 V 还不能成为 Lyapunov 函数. 为研究解的稳定性可利用 Lyapunov 一次近似理论. 由于特征方程有正实根, 可知解 $a^1 = a^2 = 0$ 是不稳定的.

4.4　广义坐标下一般完整系统与具有对称负定矩阵的梯度系统

本节研究广义坐标下一般完整系统的具有对称负定矩阵的梯度表示, 包括系统的运动微分方程、系统的梯度表示、解及其稳定性, 以及具体应用.

4.4.1　系统的运动微分方程

定常完整力学系统的微分方程为

$$\frac{\mathrm{d}}{\mathrm{d}t}\frac{\partial L}{\partial \dot{q}_s} - \frac{\partial L}{\partial q_s} = Q_s \quad (s = 1, 2, \cdots, n) \tag{4.4.1}$$

其中 $L = L(\boldsymbol{q}, \dot{\boldsymbol{q}}), Q_s = Q_s(\boldsymbol{q}, \dot{\boldsymbol{q}})$. 设系统非奇异, 即设

$$\det\left(\frac{\partial^2 L}{\partial \dot{q}_s \partial \dot{q}_k}\right) \neq 0 \tag{4.4.2}$$

则由方程 (4.4.1) 可解出所有广义加速度, 简记作

$$\ddot{q}_s = \alpha_s(\boldsymbol{q}, \dot{\boldsymbol{q}}) \quad (s = 1, 2, \cdots, n) \tag{4.4.3}$$

4.4.2　系统的梯度表示

为将方程 (4.4.1) 或 (4.4.3) 化成梯度系统的方程 (4.1.1), 需将其表示为一阶形式. 有多种方法可实现一阶化. 例如, 可取

$$a^s = q_s, \quad a^{n+s} = \dot{q}_s \tag{4.4.4}$$

则方程 (4.4.3) 可写成形式

$$\dot{a}^\mu = F_\mu(\boldsymbol{a}) \quad (\mu = 1, 2, \cdots, 2n) \tag{4.4.5}$$

其中

$$F_s = a^{n+s}, \quad F_{n+s} = \alpha_s(\boldsymbol{a}) \tag{4.4.6}$$

引进广义动量 p_s 和 Hamilton 函数 H

$$\begin{aligned}
p_s &= \frac{\partial L}{\partial \dot{q}_s} \\
H &= p_s \dot{q}_s - L
\end{aligned} \tag{4.4.7}$$

则方程 (4.4.1) 可用正则变量表示为

$$\dot{q}_s = \frac{\partial H}{\partial p_s}, \quad \dot{p}_s = -\frac{\partial H}{\partial q_s} + \tilde{Q}_s \quad (s = 1, 2, \cdots, n) \tag{4.4.8}$$

其中

$$\tilde{Q}_s(\boldsymbol{q}, \boldsymbol{p}) = Q_s(\boldsymbol{q}, \dot{\boldsymbol{q}}(\boldsymbol{q}, \boldsymbol{p})) \tag{4.4.9}$$

还可表示为

$$\dot{a}^\mu = \omega^{\mu\nu} \frac{\partial H}{\partial a^\nu} + \Lambda_\mu \quad (\mu, \nu = 1, 2, \cdots, 2n) \tag{4.4.10}$$

其中

$$\begin{aligned}
a^s &= q_s, \quad a^{n+s} = p_s \\
(\omega^{\mu\nu}) &= \begin{pmatrix} 0_{n\times n} & 1_{n\times n} \\ -1_{n\times n} & 0_{n\times n} \end{pmatrix} \\
\Lambda_s &= 0, \quad \Lambda_{n+s} = \tilde{Q}_s(\boldsymbol{a})
\end{aligned} \tag{4.4.11}$$

系统 (4.4.5) 或系统 (4.4.10), 仅在一定条件下才能成为梯度系统 (4.1.1). 对系统 (4.4.5), 如果存在对称负定矩阵 $(s_{\mu\nu}(\boldsymbol{a}))$ 和函数 $V = V(\boldsymbol{a})$ 使得

$$F_\mu = s_{\mu\nu}\frac{\partial V}{\partial a^\nu} \quad (\mu,\nu = 1,2,\cdots,2n) \tag{4.4.12}$$

那么它是一个梯度系统 (4.1.1). 对系统 (4.4.10), 如果存在对称负定矩阵 $(s_{\mu\nu}(\boldsymbol{a}))$ 和函数 $V = V(\boldsymbol{a})$ 使得

$$\omega^{\mu\nu}\frac{\partial H}{\partial a^\nu} + \Lambda_\mu = s_{\mu\nu}\frac{\partial V}{\partial a^\nu} \quad (\mu,\nu = 1,2,\cdots,2n) \tag{4.4.13}$$

那么它是一个梯度系统 (4.1.1).

值得注意的是, 如果条件 (4.4.12) 或 (4.4.13) 不满足, 还不能断定它不是梯度系统 (4.1.1), 因为这与方程的一阶形式选取相关.

4.4.3 解及其稳定性

一般完整系统在满足条件 (4.4.12) 或 (4.4.13) 后可化成梯度系统

$$\dot{a}^\mu = s_{\mu\nu}\frac{\partial V}{\partial a^\nu} \quad (\mu,\nu = 1,2,\cdots,2n) \tag{4.4.14}$$

如果方程

$$s_{\mu\nu}\frac{\partial V}{\partial a^\nu} = 0 \quad (\mu,\nu = 1,2,\cdots,2n) \tag{4.4.15}$$

有解

$$a^\mu = a_0^\mu \quad (\mu = 1,2,\cdots,2n) \tag{4.4.16}$$

且 V 在解的邻域内正定, 那么解 (4.4.16) 是渐近稳定的.

4.4.4 应用举例

例 1   单自由非线性系统为

$$\begin{aligned} L &= \frac{1}{2}\dot{q}^2 - \frac{1}{2}q^2 - \frac{1}{3}q^3 \\ Q &= -3\dot{q} - 4q\dot{q} \end{aligned} \tag{4.4.17}$$

试将其化成梯度系统 (4.1.1), 并研究零解的稳定性.

解   微分方程为

$$\ddot{q} = -q - q^2 - 3\dot{q} - 4q\dot{q}$$

若令

$$\begin{aligned} a^1 &= q \\ a^2 &= \dot{q} \end{aligned}$$

则不能成为梯度系统 (4.1.1). 再令

$$a^1 = -\dot{q} + q + q^2$$
$$a^2 = q$$

则方程可写成形式

$$\dot{a}^1 = -a^1 + a^2 + (a^2)^2$$
$$\dot{a}^2 = a^1 - 2a^2 - 2(a^2)^2$$

取函数 V 为

$$V = \frac{1}{2}(a^1)^2 + \frac{1}{2}(a^2)^2 + \frac{1}{3}(a^2)^3$$

矩阵 $(s_{\mu\nu})$ 为

$$(s_{\mu\nu}) = \begin{pmatrix} -1 & 1 \\ 1 & -2 \end{pmatrix}$$

则它可成为梯度系统 (4.1.1). 利用梯度系统 (4.1.1) 的性质, 可知解 $a^1 = a^2 = 0$ 是渐近稳定的. 实际上, 按方程求 $\dot{V}$, 得

$$\dot{V} = -(a^1)^2 - 2(a^2)^2 + 2a^1a^2 + 2a^1(a^2)^2 - 4(a^2)^3 - 2(a^2)^4$$

它在 $a^1 = a^2 = 0$ 的邻域内是负定的.

例 2　单自由度线性系统为

$$L = \frac{1}{2}\dot{q}^2 - \frac{1}{2}q^2$$
$$Q = -3\dot{q} \tag{4.4.18}$$

试将其化成梯度系统 (4.1.1), 并研究解的稳定性.

解　微分方程为

$$\ddot{q} = -q - 3\dot{q}$$

令

$$a^1 = q$$
$$a^2 = q + \dot{q}$$

则有

$$\dot{a}^1 = a^2 - a^1$$
$$\dot{a}^2 = a^1 - 2a^2$$

取

$$V = \frac{1}{2}(a^1)^2 + \frac{1}{2}(a^2)^2, \quad (s_{\mu\nu}) = \begin{pmatrix} -1 & 1 \\ 1 & -2 \end{pmatrix}$$

则它可化成梯度系统 (4.1.1), 并知零解 $a^1 = a^2 = 0$ 是渐近稳定的.

同时, 系统又是一个通常梯度系统, 其势函数为

$$V = \frac{1}{2}(a^1)^2 + (a^2)^2 - a^1 a^2$$

它在 $a^1 = a^2 = 0$ 的邻域内正定, 而

$$\dot{V} = -2(a^1)^2 - 5(a^2)^2 + 6a^1 a^2$$

它在 $a^1 = a^2 = 0$ 的邻域内是负定的, 因此, 零解 $a^1 = a^2 = 0$ 是渐近稳定的.

例 3 单自由度系统为

$$L = \frac{1}{2}\dot{q}^2 + \frac{1}{2}(\mu^2 - 2)q^2$$
$$Q = -3\dot{q} \tag{4.4.19}$$

其中 μ 为参数. 试将其化成梯度系统 (4.1.1), 并研究解的稳定性.

解 微分方程为

$$\ddot{q} = (\mu^2 - 2)q - 3\dot{q}$$

令

$$\mu a^1 = \dot{q} + 2q$$
$$a^2 = q$$

则有

$$\dot{a}^1 = -a^1 + \mu a^2$$
$$\dot{a}^2 = \mu a^1 - 2a^2$$

它可写成形式

$$\begin{pmatrix} \dot{a}^1 \\ \dot{a}^2 \end{pmatrix} = \begin{pmatrix} -1 & \mu \\ \mu & -2 \end{pmatrix} \begin{pmatrix} \dfrac{\partial V}{\partial a^1} \\ \dfrac{\partial V}{\partial a^2} \end{pmatrix}$$

而 V 为

$$V = \frac{1}{2}(a^1)^2 + \frac{1}{2}(a^2)^2$$

它在 $a^1 = a^2 = 0$ 的邻域内正定. 按方程求 $\dot{V}$, 得

$$\dot{V} = -(a^1)^2 + 2\mu a^1 a^2 - 2(a^2)^2$$

它在 $\mu^2 < 2$ 时为负定, 故零解 $a^1 = a^2 = 0$ 是渐近稳定的. 当 $\mu^2 > 2$ 时, 特征方程有正根, 解 $a^1 = a^2 = 0$ 是不稳定的.

例 4　试证: 对系统

$$L = \frac{1}{2}A\dot{q}^2 + \frac{1}{2}Bq^2$$
$$Q = C\dot{q}$$

(4.4.20)

其中 A, B, C 为常数, 总能找到线性变换

$$a^1 = Dq + E\dot{q}$$
$$a^2 = Fq + G\dot{q}$$

其中 D, E, F, G 为常数, 使得

$$\begin{pmatrix} \dot{a}^1 \\ \dot{a}^2 \end{pmatrix} = \begin{pmatrix} -1 & 1 \\ 1 & -2 \end{pmatrix} \begin{pmatrix} \dfrac{\partial V}{\partial a^1} \\ \dfrac{\partial V}{\partial a^2} \end{pmatrix}$$

证明　由变换反解出 $q, \dot{q}$, 有

$$q = \frac{1}{\Delta}(Ga^1 - Ea^2), \quad \dot{q} = \frac{1}{\Delta}(Da^2 - Fa^1)$$

代入 $\dot{a}^1, \dot{a}^2$, 并利用方程消去 $\ddot{q}$, 得

$$\dot{a}^1 = \frac{a^1}{A\Delta}[-ADF + E(BG - CF)] + \frac{a^2}{A\Delta}[D^2A + E(CD - EB)]$$
$$\dot{a}^2 = \frac{a^1}{A\Delta}[-F^2A + G(BG - CF)] + \frac{a^2}{A\Delta}[FDA + G(CD - EB)]$$

欲使

$$\dot{a}^1 = -\frac{\partial V}{\partial a^1} + \frac{\partial V}{\partial a^2}$$
$$\dot{a}^2 = \frac{\partial V}{\partial a^1} - 2\frac{\partial V}{\partial a^2}$$

则有

$$-\frac{\partial V}{\partial a^2} = \frac{a^1}{A\Delta}[-AF(D+F) + (G+E)(BG - CF)]$$
$$+ \frac{a^2}{A\Delta}[DA(F+D) + (G+E)(CD - EB)]$$
$$-\frac{\partial V}{\partial a^1} = \frac{a^1}{A\Delta}[-AF(2D+F) + (G+2E)(BG - CF)]$$
$$+ \frac{a^2}{A\Delta}[DA(F+2D) + (2E+G)(CD - EB)]$$

于是有

$$-AF(D+F) + (G+E)(BG - CF) = DA(F+2D) + (2E+G)(DC - EB)$$

这就是 A, B, C, D, E, F, G 应满足的条件.

例如, 取 $A = 1, B = -1, C = -3$, 则 D, E, F, G 应满足条件

$$-F(D + F) + (G + E)(-G + 3F) = D(F + 2D) + (G + 2E)(-3D + E)$$

再取 $D = 1, E = 0, F = G = 1$, 则上式满足. 这就是例 2 的情形.

又如, 取 $A = 1, B = -1, C = 0$, 则 D, E, F, G 应满足条件

$$-F(D + F) + (G + E)(-G) = D(F + 2D) + (G + 2E)E$$

或

$$D^2 + F^2 + (D + F)^2 + (G + E)^2 + E^2 = 0$$

它只有零解. 因此, 对系统

$$L = \frac{1}{2}\dot{q}^2 - \frac{1}{2}q^2$$
$$Q = 0$$

找不到相应的变换.

例 5 Lagrange 函数和广义力分别为

$$L = \frac{1}{2}\dot{q}^2 - 6\int q(2 + \sin q)^2 \mathrm{d}q$$
$$Q = -6\dot{q}(2 + \sin q) + \frac{\dot{q}^2\cos q}{2 + \sin q} \tag{4.4.21}$$

试将其化成梯度系统 (4.1.1).

解 微分方程为

$$\ddot{q} = -6q(2 + \sin q)^2 - 6\dot{q}(2 + \sin q) + \frac{\dot{q}^2\cos q}{2 + \sin q}$$

令

$$a^1 = q$$
$$a^2 = 2q + \frac{\dot{q}}{2 + \sin q}$$

则有

$$\dot{a}^1 = -(2a^1 - a^2)(2 + \sin a^1)$$
$$\dot{a}^2 = -(2a^2 - a^1)(2 + \sin a^1)$$

它可写成如下形式

$$\begin{pmatrix} \dot{a}^1 \\ \dot{a}^2 \end{pmatrix} = \begin{pmatrix} -(2 + \sin a^1) & 0 \\ 0 & -(2 + \sin a^1) \end{pmatrix} \begin{pmatrix} \dfrac{\partial V}{\partial a^1} \\ \dfrac{\partial V}{\partial a^2} \end{pmatrix}$$

其中矩阵为对称负定的, 而函数 V 为

$$V = (a^1)^2 + (a^2)^2 - a^1 a^2$$

它在 $a^1 = a^2 = 0$ 的邻域内是正定的, 因此, 零解 $a^1 = a^2 = 0$ 是渐近稳定的.

4.5　带附加项的 Hamilton 系统与具有对称负定矩阵的梯度系统

本节研究带附加项的 Hamilton 系统的具有对称负定矩阵的梯度表示, 包括系统的运动微分方程、系统的梯度表示、解及其稳定性, 以及具体应用.

4.5.1　系统的运动微分方程

研究带附加项的定常 Hamilton 系统, 其微分方程为

$$\dot{q}_s = \frac{\partial H}{\partial p_s}, \quad \dot{p}_s = -\frac{\partial H}{\partial q_s} + Q_s \quad (s = 1, 2, \cdots, n) \tag{4.5.1}$$

其中 $H = H(\boldsymbol{q}, \boldsymbol{p})$ 为 Hamilton 函数, $Q_s = Q_s(\boldsymbol{q}, \boldsymbol{p})$ 为附加项, 即非势广义力. 方程 (4.5.1) 还可写成形式

$$\dot{a}^\mu = \omega^{\mu\nu} \frac{\partial H}{\partial a^\nu} + \Lambda_\mu \quad (\mu, \nu = 1, 2, \cdots, 2n) \tag{4.5.2}$$

其中

$$a^s = q_s, \quad a^{n+s} = p_s$$
$$(\omega^{\mu\nu}) = \begin{pmatrix} 0_{n \times n} & 1_{n \times n} \\ -1_{n \times n} & 0_{n \times n} \end{pmatrix} \tag{4.5.3}$$
$$\Lambda_s = 0, \quad \Lambda_{n+s} = Q_s(\boldsymbol{a})$$

4.5.2　系统的梯度表示

系统 (4.5.2) 一般不是梯度系统 (4.1.1). 对方程 (4.5.2), 如果存在对称负定矩阵 $(s_{\mu\nu}(\boldsymbol{a}))$ 和函数 $V = V(\boldsymbol{a})$ 使得

$$\omega^{\mu\nu} \frac{\partial H}{\partial a^\nu} + \Lambda_\mu = s_{\mu\nu} \frac{\partial V}{\partial a^\nu} \quad (\mu, \nu = 1, 2, \cdots, 2n) \tag{4.5.4}$$

那么它是一个梯度系统 (4.1.1).

4.5.3 解及其稳定性

带附加项的 Hamilton 系统在满足条件 (4.5.4) 下可化成梯度系统

$$\dot{a}^{\mu} = s_{\mu\nu}\frac{\partial V}{\partial a^{\nu}} \quad (\mu, \nu = 1, 2, \cdots, 2n) \tag{4.5.5}$$

如果方程

$$s_{\mu\nu}\frac{\partial V}{\partial a^{\nu}} = 0 \quad (\mu, \nu = 1, 2, \cdots, 2n) \tag{4.5.6}$$

有解

$$a^{\mu} = a_0^{\mu} \quad (\mu = 1, 2, \cdots, 2n) \tag{4.5.7}$$

且 V 在解的邻域内正定, 那么解 (4.5.7) 是渐近稳定的.

4.5.4 应用举例

例 1 带附加项的 Hamilton 系统为

$$H = \frac{1}{2}(p^2 + q^2)$$
$$Q = -3p \tag{4.5.8}$$

试将其表示为形式

$$\begin{pmatrix} \dot{a}^1 \\ \dot{a}^2 \end{pmatrix} = \begin{pmatrix} -1 & 1 \\ 1 & -2 \end{pmatrix} \begin{pmatrix} \dfrac{\partial V}{\partial a^1} \\ \dfrac{\partial V}{\partial a^2} \end{pmatrix}$$

并研究解的稳定性.

解 微分方程为

$$\dot{q} = p$$
$$\dot{p} = -q - 3p$$

首先, 令

$$a^1 = q$$
$$a^2 = p$$

则有

$$\dot{a}^1 = a^2$$
$$\dot{a}^2 = -a^1 - 3a^2$$

它可写成形式

$$\begin{pmatrix} \dot{a}^1 \\ \dot{a}^2 \end{pmatrix} = \begin{pmatrix} -1 & 1 \\ 1 & -2 \end{pmatrix} \begin{pmatrix} a^1 + a^2 \\ a^1 + 2a^2 \end{pmatrix}$$

而函数 V 为

$$V = \frac{1}{2}(a^1)^2 + (a^2)^2 + a^1 a^2$$

它在 $a^1 = a^2 = 0$ 的邻域内正定, 因此, 解 $a^1 = a^2 = 0$ 是渐近稳定的.

其次, 令

$$a^1 = q$$
$$a^2 = 2p$$

则有

$$\dot{a}^1 = \frac{1}{2}a^2$$
$$\dot{a}^2 = -2a^1 - 3a^2$$

它可写成形式

$$\begin{pmatrix} \dot{a}^1 \\ \dot{a}^2 \end{pmatrix} = \begin{pmatrix} -1 & 1 \\ 1 & -2 \end{pmatrix} \begin{pmatrix} 2a^1 + 2a^2 \\ 2a^1 + \dfrac{5}{2}a^2 \end{pmatrix}$$

而函数 V 为

$$V = (a^1)^2 + \frac{5}{4}(a^2)^2 + 2a^1 a^2$$

最后, 令

$$a^1 = q$$
$$a^2 = q + p$$

则有

$$\dot{a}^1 = a^2 - a^1$$
$$\dot{a}^2 = a^1 - 2a^2$$

它可写成形式

$$\begin{pmatrix} \dot{a}^1 \\ \dot{a}^2 \end{pmatrix} = \begin{pmatrix} -1 & 1 \\ 1 & -2 \end{pmatrix} \begin{pmatrix} a^1 \\ a^2 \end{pmatrix}$$

而函数 V 为

$$V = \frac{1}{2}(a^1)^2 + \frac{1}{2}(a^2)^2$$

例 2　带附加项的 Hamilton 系统为

$$H = \frac{1}{2}p^2 + 3q^2$$
$$Q = -6p \tag{4.5.9}$$

试将其化成梯度系统 (4.1.1).

解　微分方程为

$$\dot{q} = p$$
$$\dot{p} = -6q - 6p$$

令

$$a^1 = q$$
$$a^2 = 2q + p$$

则有

$$\dot{a}^1 = -2a^1 + a^2$$
$$\dot{a}^2 = 2a^1 - 4a^2$$

它可写成形式

$$\begin{pmatrix} \dot{a}^1 \\ \dot{a}^2 \end{pmatrix} = \begin{pmatrix} -1 & 0 \\ 0 & -2 \end{pmatrix} \begin{pmatrix} \dfrac{\partial V}{\partial a^1} \\ \dfrac{\partial V}{\partial a^2} \end{pmatrix}$$

其中矩阵是对称负定的, 而函数 V 为

$$V = (a^1)^2 + (a^2)^2 - a^1 a^2$$

它在 $a^1 = a^2 = 0$ 的邻域内正定, 因此, 解 $a^1 = a^2 = 0$ 是渐近稳定的.

例 3 带附加项的 Hamilton 系统为

$$H = -pq(1 + q^2)$$
$$Q = -2p(1 + 2q^2)$$

(4.5.10)

试将其化成梯度系统 (4.1.1), 并研究解的稳定性.

解 微分方程为

$$\dot{q} = -q(1 + q^2)$$
$$\dot{p} = -p(1 + q^2)$$

令

$$a^1 = q$$
$$a^2 = p$$

则有

$$\dot{a}^1 = -a^1 [1 + (a^1)^2]$$
$$\dot{a}^2 = -a^2 [1 + (a^1)^2]$$

它可写成形式

$$\begin{pmatrix} \dot{a}^1 \\ \dot{a}^2 \end{pmatrix} = \begin{pmatrix} -[1 + (a^1)^2] & 0 \\ 0 & -[1 + (a^1)^2] \end{pmatrix} \begin{pmatrix} \dfrac{\partial V}{\partial a^1} \\ \dfrac{\partial V}{\partial a^2} \end{pmatrix}$$

其中矩阵为对称负定的, 而函数 V 为

$$V = \frac{1}{2}(a^1)^2 + \frac{1}{2}(a^2)^2$$

因此, 零解 $a^1 = a^2 = 0$ 是渐近稳定的.

例 4　带附加项的 Hamilton 系统为

$$H = -2pq$$

$$Q = -2p - 2\frac{2p(2 + \sin p) - p^2\cos p}{(2 + \sin p)^2}$$

(4.5.11)

试将其化成梯度系统 (4.1.1), 并研究解的稳定性.

解　微分方程为

$$\dot{q} = -2q$$

$$\dot{p} = -2\frac{2p(2 + \sin p) - p^2\cos p}{(2 + \sin p)^2}$$

令

$$a^1 = q$$

$$a^2 = p$$

则有

$$\dot{a}^1 = -2a^1$$

$$\dot{a}^2 = -2\frac{2a^2(2 + \sin a^2) - (a^2)^2\cos a^2}{(2 + \sin a^2)^2}$$

它可写成形式

$$\begin{pmatrix} \dot{a}^1 \\ \dot{a}^2 \end{pmatrix} = \begin{pmatrix} -1 & 0 \\ 0 & -2 \end{pmatrix} \begin{pmatrix} \dfrac{\partial V}{\partial a^1} \\ \dfrac{\partial V}{\partial a^2} \end{pmatrix}$$

其中矩阵是对称负定的, 而函数 V 为

$$V = (a^1)^2 + \frac{(a^2)^2}{2 + \sin a^2}$$

它在 $a^1 = a^2 = 0$ 的邻域内是正定的, 因此, 解 $a^1 = a^2 = 0$ 是渐近稳定的.

4.6　准坐标下完整系统与具有对称负定矩阵的梯度系统

本节研究准坐标下完整系统的具有对称负定矩阵的梯度表示, 包括系统的运动微分方程、系统的梯度表示、解及其稳定性, 以及具体应用.

4.6.1　系统的运动微分方程

设力学系统的位形由 n 个广义坐标 $q_s\ (s = 1, 2, \cdots, n)$ 来确定. 引进 n 个彼此独立且相容的准速度 ω_s

$$\omega_s = a_{sk}(\boldsymbol{q})\dot{q}_k \quad (s, k = 1, 2, \cdots, n)$$

(4.6.1)

设由式 (4.6.1) 可解出所有广义速度 $\dot{q}_s$

$$\dot{q}_s = b_{sk}(\boldsymbol{q})\omega_k \quad (s, k = 1, 2, \cdots, n) \tag{4.6.2}$$

其中

$$a_{sk}b_{kr} = \delta_{sr} \quad (s, k, r = 1, 2, \cdots, n) \tag{4.6.3}$$

系统的运动微分方程有形式

$$\frac{\mathrm{d}}{\mathrm{d}t}\frac{\partial L^*}{\partial \omega_s} + \frac{\partial L^*}{\partial \omega_k}\gamma_{rs}^k\omega_r - \frac{\partial L^*}{\partial \pi_s} = P_s^* \quad (s, k, r = 1, 2, \cdots, n) \tag{4.6.4}$$

这里

$$\gamma_{rs}^k = \left(\frac{\partial a_{km}}{\partial q_l} - \frac{\partial a_{kl}}{\partial q_m}\right)b_{lr}b_{ms} \quad (s, k, r, l, m = 1, 2, \cdots, n) \tag{4.6.5}$$

称为 Boltzmann 三标记号, 有

$$\gamma_{rs}^k = -\gamma_{sr}^k \tag{4.6.6}$$

而 L^* 为用准速度表示的 Lagrange 函数, 有

$$L^*(t, q_s, \omega_s) = L(t, q_s, b_{sk}\omega_k) \tag{4.6.7}$$

对准坐标 π_s 的偏导数定义为

$$\frac{\partial}{\partial \pi_s} = b_{ks}\frac{\partial}{\partial q_k} \tag{4.6.8}$$

且 P_s^* 为用准速度表示的广义力, 它与广义力 Q_s 有如下关系

$$P_s^* = Q_k b_{ks} \tag{4.6.9}$$

设系统非奇异, 即设

$$\det\left(\frac{\partial^2 L^*}{\partial \omega_s \partial \omega_k}\right) \neq 0 \tag{4.6.10}$$

则由方程 (4.6.4) 可解出所有 $\dot{\omega}_s$, 记作

$$\dot{\omega}_s = \alpha_s(t, \boldsymbol{q}, \boldsymbol{\omega}) \quad (s = 1, 2, \cdots, n) \tag{4.6.11}$$

这样, 系统的运动就由方程 (4.6.2) 和方程 (4.6.11) 来确定.

4.6.2 系统的梯度表示

假设方程中不含时间 t. 令

$$a^s = q_s, \quad a^{n+s} = \omega_s \quad (s = 1, 2, \cdots, n) \tag{4.6.12}$$

则方程 (4.6.2), (4.6.11) 可统一表示为

$$\dot{a}^{\mu} = F_{\mu}(\boldsymbol{a}) \quad (\mu = 1, 2, \cdots, 2n) \tag{4.6.13}$$

其中

$$F_s = b_{sk}a^{n+k}, \quad F_{n+s} = \alpha_s(\boldsymbol{a}) \tag{4.6.14}$$

一般说, 系统 (4.6.13) 不是梯度系统 (4.1.1). 对系统 (4.3.13), 如果存在对称负定矩阵 $(s_{\mu\nu}(\boldsymbol{a}))$ 和函数 $V = V(\boldsymbol{a})$ 使得

$$F_{\mu} = s_{\mu\nu}\frac{\partial V}{\partial a^{\nu}} \quad (\mu, \nu = 1, 2, \cdots, 2n) \tag{4.6.15}$$

那么它是一个梯度系统 (4.1.1). 容易看出, 条件 (4.6.15) 不容易满足.

4.6.3　解及其稳定性

在满足条件 (4.6.15) 下, 准坐标下完整力学系统可化成梯度系统 (4.1.1), 即有

$$\dot{a}^{\mu} = s_{\mu\nu}\frac{\partial V}{\partial a^{\nu}} \quad (\mu, \nu = 1, 2, \cdots, 2n) \tag{4.6.16}$$

此时, 如果方程

$$s_{\mu\nu}\frac{\partial V}{\partial a^{\nu}} = 0 \quad (\mu, \nu = 1, 2, \cdots, 2n) \tag{4.6.17}$$

有解

$$a^{\mu} = a_0^{\mu} \quad (\mu = 1, 2, \cdots, 2n) \tag{4.6.18}$$

且 V 在解的邻域内正定, 那么解 (4.6.18) 是渐近稳定的.

4.6.4　应用举例

例　二自由度系统为

$$\begin{aligned}
&L^* = \frac{1}{2}(\omega_1^2 + \omega_2^2) - 3q_2^2 \\
&\dot{q}_1 = q_1\omega_1, \quad \dot{q}_2 = \omega_2 \\
&P_1^* = -\omega_1, \quad P_2^* = -6\omega_2
\end{aligned} \tag{4.6.19}$$

试将其化成梯度系统 (4.1.1).

解　微分方程为

$$\begin{aligned}
\dot{\omega}_1 &= -\omega_1 \\
\dot{\omega}_2 &= -6q_2 - 6\omega_2
\end{aligned}$$

以及

$$\begin{aligned}
\dot{q}_1 &= q_1\omega_1 \\
\dot{q}_2 &= \omega_2
\end{aligned}$$

研究关于 q_2, ω_2 的方程. 令

$$a^1 = q_2$$
$$a^2 = 2q_2 + \omega_2$$

则有

$$\dot{a}^1 = a^2 - 2a^1$$
$$\dot{a}^2 = 2a^1 - 4a^2$$

它可写成如下形式

$$\begin{pmatrix} \dot{a}^1 \\ \dot{a}^2 \end{pmatrix} = \begin{pmatrix} -1 & 0 \\ 0 & -2 \end{pmatrix} \begin{pmatrix} \dfrac{\partial V}{\partial a^1} \\ \dfrac{\partial V}{\partial a^2} \end{pmatrix}$$

其中矩阵为对称负定的, 而函数 V 为

$$V = (a^1)^2 + (a^2)^2 - a^1 a^2$$

它在 $a^1 = a^2 = 0$ 的邻域内正定, 因此, 解 $a^1 = a^2 = 0$ 是渐近稳定的.

4.7 相对运动动力学系统与具有对称负定矩阵的梯度系统

本节研究相对运动动力学系统的具有对称负定矩阵的梯度表示, 包括系统的运动微分方程、系统的梯度表示、解及其稳定性, 以及具体应用.

4.7.1 系统的运动微分方程

设载体极点 O 的速度 $\boldsymbol{v}_0$ 以及载体的角速度 $\boldsymbol{\omega}$ 为时间的已知函数. 被载体由 N 个质点组成, 质点系的位置由 n 个广义坐标 q_s $(s = 1, 2, \cdots, n)$ 来确定. 系统的运动微分方程有形式

$$\frac{\mathrm{d}}{\mathrm{d}t} \frac{\partial T_r}{\partial \dot{q}_s} - \frac{\partial T_r}{\partial q_s} = Q_s - \frac{\partial}{\partial q_s}(V^0 + V^\omega) + Q_s^{\dot{\omega}} + \Gamma_s \quad (s = 1, 2, \cdots, n) \qquad (4.7.1)$$

或表示为

$$\frac{\mathrm{d}}{\mathrm{d}t} \frac{\partial L_r}{\partial \dot{q}_s} - \frac{\partial L_r}{\partial q_s} = Q_s'' + Q_s^{\dot{\omega}} + \Gamma_s \quad (s = 1, 2, \cdots, n) \qquad (4.7.2)$$

其中

$$L_r = T_r - V - V^0 - V^\omega \qquad (4.7.3)$$

设系统非奇异, 则由方程 (4.7.2) 可解出所有广义加速度, 记作

$$\ddot{q}_s = \alpha_s(t, \boldsymbol{q}, \dot{\boldsymbol{q}}) \quad (s = 1, 2, \cdots, n) \qquad (4.7.4)$$

4.7.2　系统的梯度表示

设系统不含时间 t, 即

$$\ddot{q}_s = \alpha_s(\boldsymbol{q}, \dot{\boldsymbol{q}}) \quad (s = 1, 2, \cdots, n) \tag{4.7.5}$$

令

$$a^s = q_s, \quad a^{n+s} = \dot{q}_s \quad (s = 1, 2, \cdots, n) \tag{4.7.6}$$

则方程 (4.7.5) 可写成一阶形式

$$\dot{a}^\mu = F_\mu(\boldsymbol{a}) \quad (\mu = 1, 2, \cdots, 2n) \tag{4.7.7}$$

其中

$$F_s = a^{n+s}, \quad F_{n+s} = \alpha_s(\boldsymbol{a}) \tag{4.7.8}$$

引进广义动量 p_s 和 Hamilton 函数 H

$$\begin{aligned} p_s &= \frac{\partial L_r}{\partial \dot{q}_s} \\ H &= p_s \dot{q}_s - L_r \end{aligned} \tag{4.7.9}$$

则方程 (4.7.2) 可表示为正则形式

$$\dot{q}_s = \frac{\partial H}{\partial p_s}, \quad \dot{p}_s = -\frac{\partial H}{\partial q_s} + \tilde{Q}_s^{''} + \tilde{Q}_s^{\dot{\omega}} + \tilde{\varGamma}_s \quad (s = 1, 2, \cdots, n) \tag{4.7.10}$$

其中 $\tilde{Q}_s^{''}, \tilde{Q}_s^{\dot{\omega}}, \tilde{\varGamma}_s$ 为用正则变量表示的 $Q_s^{''}, Q_s^{\dot{\omega}}, \varGamma_s$. 进而, 方程 (4.7.10) 还可写成形式

$$\dot{a}^\mu = \omega^{\mu\nu} \frac{\partial H}{\partial a^\nu} + \varLambda_\mu \quad (\mu, \nu = 1, 2, \cdots, 2n) \tag{4.7.11}$$

其中

$$\begin{aligned} a^s &= q_s, \quad a^{n+s} = p_s \\ \varLambda_s &= 0, \quad \varLambda_{n+s} = \tilde{Q}_s^{''} + \tilde{Q}_s^{\dot{\omega}} + \tilde{\varGamma}_s \\ (\omega^{\mu\nu}) &= \begin{pmatrix} 0_{n\times n} & 1_{n\times n} \\ -1_{n\times n} & 0_{n\times n} \end{pmatrix} \end{aligned} \tag{4.7.12}$$

现设方程 (4.7.11) 不含时间 t. 一般说, 方程 (4.7.7) 或方程 (4.7.11) 都不能成为梯度系统 (4.1.1), 仅在一定条件下才能成为梯度系统 (4.1.1).

对方程 (4.7.7), 如果存在对称负定矩阵 $(s_{\mu\nu}(\boldsymbol{a}))$ 和函数 $V = V(\boldsymbol{a})$ 使得

$$F_\mu = s_{\mu\nu} \frac{\partial V}{\partial a^\nu} \quad (\mu, \nu = 1, 2, \cdots, 2n) \tag{4.7.13}$$

那么它可成为梯度系统 (4.1.1). 对方程 (4.7.11), 如果存在对称负定矩阵 $(s_{\mu\nu}(\boldsymbol{a}))$ 和函数 $V = V(\boldsymbol{a})$ 使得

$$\omega^{\mu\nu}\frac{\partial H}{\partial a^\nu} + \varLambda_\mu = s_{\mu\nu}\frac{\partial V}{\partial a^\nu} \quad (\mu, \nu = 1, 2, \cdots, 2n) \tag{4.7.14}$$

那么它可成为梯度系统 (4.1.1).

值得注意的是, 如果式 (4.7.13) 或式 (4.7.14) 不满足, 还不能断定它不是梯度系统 (4.1.1), 因为这与方程的一阶形式相关.

4.7.3 解及其稳定性

相对运动动力学系统化成梯度系统 (4.1.1) 后, 便可利用系统 (4.1.1) 的性质来研究这类力学系统的解及其稳定性. 如果方程

$$s_{\mu\nu}\frac{\partial V}{\partial a^\nu} = 0 \quad (\mu, \nu = 1, 2, \cdots, 2n) \tag{4.7.15}$$

有解

$$a^\mu = a_0^\mu \quad (\mu = 1, 2, \cdots, 2n) \tag{4.7.16}$$

且函数 V 在解的邻域内正定, 那么解 (4.7.16) 是渐近稳定的.

4.7.4 应用举例

例 1 二自由度相对运动动力学系统为

$$\begin{aligned}
&L_r = \frac{1}{2}(\dot{q}_1^2 + \dot{q}_2^2) - \frac{1}{2}q_1^2 - \frac{1}{3}q_1^3 - \frac{1}{2}q_2^2 \\
&Q'' = -3\dot{q}_1 - 4q_1\dot{q}_1 + \dot{q}_2, \quad Q_2'' = -3\dot{q}_2 - \dot{q}_1 \\
&\varGamma_1 = -\dot{q}_2, \quad \varGamma_2 = \dot{q}_1, \quad Q_1^{\dot{\omega}} = Q_2^{\dot{\omega}} = 0
\end{aligned} \tag{4.7.17}$$

试将其化成梯度系统, 并研究解的稳定性.

解 微分方程为

$$\begin{aligned}
&\ddot{q}_1 = -q_1 - q_1^2 - 3\dot{q}_1 - 4q_1\dot{q}_1 \\
&\ddot{q}_2 = -q_2 - 3\dot{q}_2
\end{aligned}$$

令

$$\begin{aligned}
&a^1 = -\dot{q}_1 + q_1 + q_1^2 \\
&a^2 = q_1 \\
&a^3 = q_2 \\
&a^4 = q_2 + \dot{q}_2
\end{aligned}$$

则方程化为一阶形式

$$\dot{a}^1 = -a^1 + a^2 + (a^2)^2$$
$$\dot{a}^2 = a^1 - 2a^2 - 2(a^2)^2$$
$$\dot{a}^3 = a^4 - a^3$$
$$\dot{a}^4 = a^3 - 2a^4$$

它可写成形式

$$
\begin{pmatrix} \dot{a}^1 \\ \dot{a}^2 \\ \dot{a}^3 \\ \dot{a}^4 \end{pmatrix}
=
\begin{pmatrix} -1 & 1 & 0 & 0 \\ 1 & -2 & 0 & 0 \\ 0 & 0 & -1 & 1 \\ 0 & 0 & 1 & -2 \end{pmatrix}
\begin{pmatrix} \dfrac{\partial V}{\partial a^1} \\ \dfrac{\partial V}{\partial a^2} \\ \dfrac{\partial V}{\partial a^3} \\ \dfrac{\partial V}{\partial a^4} \end{pmatrix}
$$

其中矩阵为对称负定的, 而函数 V 为

$$V = \frac{1}{2}[(a^1)^2 + (a^2)^2 + (a^3)^2 + (a^4)^2] + \frac{1}{3}(a^2)^3$$

它在 $a^1 = a^2 = a^3 = a^4 = 0$ 的邻域内正定, 因此, 解 $a^1 = a^2 = a^3 = a^4 = 0$ 是渐近稳定的.

例 2　相对运动动力学系统为

$$
\begin{aligned}
& T_r = \frac{1}{2}\dot{q}^2, \quad V^\omega = -\frac{1}{2}q^2, \quad V = \frac{7}{2}q^2 \\
& Q'' = -6\dot{q}, \quad \Gamma = Q^{\dot{\omega}} = V^0 = 0
\end{aligned}
\tag{4.7.18}
$$

试将其化成梯度系统 (4.1.1), 并研究解的稳定性.

解　微分方程为

$$\ddot{q} = -6q - 6\dot{q}$$

令

$$a^1 = q$$
$$a^2 = -2q - \dot{q}$$

则有

$$\dot{a}^1 = -2a^1 - a^2$$
$$\dot{a}^2 = -2a^1 - 4a^2$$

它可写成形式

$$
\begin{pmatrix} \dot{a}^1 \\ \dot{a}^2 \end{pmatrix}
=
\begin{pmatrix} -1 & 0 \\ 0 & -2 \end{pmatrix}
\begin{pmatrix} \dfrac{\partial V}{\partial a^1} \\ \dfrac{\partial V}{\partial a^2} \end{pmatrix}
$$

其中矩阵是对称负定的, 而函数 V 为

$$V = (a^1)^2 + (a^2)^2 + a^1 a^2$$

它在 $a^1 = a^2 = 0$ 的邻域内正定, 因此, 解 $a^1 = a^2 = 0$ 是渐近稳定的.

例 3　相对运动动力学系统为

$$L_r = \frac{1}{2}\dot{q}^2 - 3\int q(2 + \cos q)^2 \mathrm{d}q$$

$$Q'' = -4\dot{q}(2 + \cos q) - \frac{\dot{q}^2 \sin q}{2 + \cos q}, \quad Q^{\dot{\omega}} = \varGamma = 0$$

$$(4.7.19)$$

试将其化成梯度系统 (4.1.1), 并研究解的稳定性.

解　微分方程为

$$\ddot{q} = -3q(2 + \cos q)^2 - 4\dot{q}(2 + \cos q) - \frac{\dot{q}^2 \sin q}{2 + \cos q}$$

令

$$a^1 = q$$
$$a^2 = \frac{\dot{q}}{2 + \cos q} + 2q$$

则有

$$\dot{a}^1 = -(2a^1 - a^2)(2 + \cos a^1)$$
$$\dot{a}^2 = -(2a^2 - a^1)(2 + \cos a^1)$$

它可写成形式

$$\begin{pmatrix} \dot{a}^1 \\ \dot{a}^2 \end{pmatrix} = \begin{pmatrix} -(2 + \cos a^1) & 0 \\ 0 & -(2 + \cos a^1) \end{pmatrix} \begin{pmatrix} \dfrac{\partial V}{\partial a^1} \\ \dfrac{\partial V}{\partial a^2} \end{pmatrix}$$

其中矩阵是对称负定的, 而函数 V 为

$$V = (a^1)^2 + (a^2)^2 - a^1 a^2$$

它在 $a^1 = a^2 = 0$ 的邻域内正定, 因此, 解 $a^1 = a^2 = 0$ 是渐近稳定的.

4.8　变质量力学系统与具有对称负定矩阵的梯度系统

本节研究变质量力学系统的具有对称负定矩阵的梯度表示, 包括系统的运动微分方程、系统的梯度表示、解及其稳定性、应用举例等.

4.8.1　系统的运动微分方程

假设系统由 N 个质点组成. 在瞬时 t, 第 i 个质点的质量为 m_i $(i = 1, 2, \cdots, N)$; 在瞬时 $t + \mathrm{d}t$, 由质点分离 (或併入) 的微粒的质量为 $\mathrm{d}m_i$. 假设系统的位形由 n 个广义坐标 q_s $(s = 1, 2, \cdots, n)$ 来确定, 并设质点的质量依赖于时间和广义坐标, 有

$$m_i = m_i(t, \boldsymbol{q}) \quad (i = 1, 2, \cdots, N) \tag{4.8.1}$$

系统的运动微分方程有形式

$$\frac{\mathrm{d}}{\mathrm{d}t} \frac{\partial L}{\partial \dot{q}_s} - \frac{\partial L}{\partial q_s} = Q_s + P_s \quad (s = 1, 2, \cdots, n) \tag{4.8.2}$$

其中 $L = L(t, \boldsymbol{q}, \dot{\boldsymbol{q}})$ 为系统的 Lagrange 函数, $Q_s = Q_s(t, \boldsymbol{q}, \dot{\boldsymbol{q}})$ 为非势广义力, P_s 为广义反推力

$$P_s = \dot{m}_i(\boldsymbol{u}_i + \dot{\boldsymbol{r}}_i) \cdot \frac{\partial \boldsymbol{r}_i}{\partial q_s} - \frac{1}{2} \dot{\boldsymbol{r}}_i \cdot \dot{\boldsymbol{r}}_i \frac{\partial m_i}{\partial q_s} \tag{4.8.3}$$

这里 $\boldsymbol{r}_i$ 和 $\dot{\boldsymbol{r}}_i$ 分别为第 i 个质点的矢径和速度, $\boldsymbol{u}_i$ 为微粒相对第 i 个质点的相对速度. 设系统 (4.8.2) 非奇异, 即设

$$\det\left(\frac{\partial^2 L}{\partial \dot{q}_s \partial \dot{q}_k}\right) \neq 0 \tag{4.8.4}$$

则可由方程 (4.8.2) 解出所有广义加速度, 记作

$$\ddot{q}_s = \alpha_s(t, \boldsymbol{q}, \dot{\boldsymbol{q}}) \quad (s = 1, 2, \cdots, n) \tag{4.8.5}$$

令

$$a^s = q_s, \quad a^{n+s} = \dot{q}_s \quad (s = 1, 2, \cdots, n) \tag{4.8.6}$$

则方程可写成一阶形式

$$\dot{a}^\mu = F_\mu(t, \boldsymbol{a}) \quad (\mu = 1, 2, \cdots, 2n) \tag{4.8.7}$$

其中

$$F_s = a^{n+s}, \quad F_{n+s} = \alpha_s \tag{4.8.8}$$

引进广义动量 p_s 和 Hamilton 函数 H

$$\begin{aligned} p_s &= \frac{\partial L}{\partial \dot{q}_s} \\ H &= p_s \dot{q}_s - L \end{aligned} \tag{4.8.9}$$

则方程 (4.8.2) 可写成形式

$$\dot{q}_s = \frac{\partial H}{\partial p_s}, \quad \dot{p}_s = -\frac{\partial H}{\partial q_s} + \tilde{Q}_s + \tilde{P}_s \quad (s = 1, 2, \cdots, n) \tag{4.8.10}$$

其中

$$\tilde{Q}_s(t, \boldsymbol{q}, \boldsymbol{p}) = Q_s(t, \boldsymbol{q}, \dot{\boldsymbol{q}}(t, \boldsymbol{q}, \boldsymbol{p}))$$
$$\tilde{P}_s(t, , \boldsymbol{q}, \boldsymbol{p}) = P_s(t, \boldsymbol{q}, \dot{\boldsymbol{q}}(t, \boldsymbol{q}, \boldsymbol{p}))$$

(4.8.11)

方程 (4.8.10) 还可表示为如下形式

$$\dot{a}^\mu = \omega^{\mu\nu} \frac{\partial H}{\partial a^\nu} + \Lambda_\mu \quad (\mu, \nu = 1, 2, \cdots, 2n)$$

(4.8.12)

其中

$$a^s = q_s, \quad a^{n+s} = p_s$$
$$(\omega^{\mu\nu}) = \begin{pmatrix} 0_{n \times n} & 1_{n \times n} \\ -1_{n \times n} & 0_{n \times n} \end{pmatrix}$$
$$\Lambda_s = 0, \quad \Lambda_{n+s} = \tilde{Q}_s + \tilde{P}_s$$

(4.8.13)

4.8.2 系统的梯度表示

假设方程 (4.8.7), (4.8.12) 不含时间 t, 这在一些限制下是可能的. 一般说, 系统 (4.8.7) 或 (4.8.12) 都不是梯度系统 (4.1.1). 对系统 (4.8.7), 如果存在对称负定矩阵 $(s_{\mu\nu}(\boldsymbol{a}))$ 和函数 $V = V(\boldsymbol{a})$ 使得

$$F_\mu = s_{\mu\nu} \frac{\partial V}{\partial a^\nu} \quad (\mu, \nu = 1, 2, \cdots, 2n)$$

(4.8.14)

那么它是一个梯度系统 (4.1.1). 对系统 (4.8.12), 如果存在对称负定矩阵 $(s_{\mu\nu}(\boldsymbol{a}))$ 和函数 $V = V(\boldsymbol{a})$ 使得

$$\omega^{\mu\nu} \frac{\partial H}{\partial a^\nu} + \Lambda_\mu = s_{\mu\nu} \frac{\partial V}{\partial a_\nu} \quad (\mu, \nu = 1, 2, \cdots, 2n)$$

(4.8.15)

那么它是一个梯度系统 (4.1.1). 注意到, 如果条件 (4.8.14) 或条件 (4.8.15) 不满足, 还不能断定它不是梯度系统 (4.1.1), 因为这与方程的一阶形式选取相关.

4.8.3 解及其稳定性

系统 (4.8.7) 在满足条件 (4.8.14), 或系统 (4.8.12) 在满足条件 (4.8.15) 下, 可化成梯度系统 (4.1.1), 即有

$$\dot{a}^\mu = s_{\mu\nu} \frac{\partial V}{\partial a^\nu} \quad (\mu, \nu = 1, 2, \cdots, 2n)$$

(4.8.16)

此时, 如果方程

$$s_{\mu\nu} \frac{\partial V}{\partial a^\nu} = 0 \quad (\mu, \nu = 1, 2, \cdots, 2n)$$

(4.8.17)

有解

$$a^\mu = a_0^\mu \quad (\mu = 1, 2, \cdots, 2n)$$

(4.8.18)

且函数 V 在解的邻域内正定, 那么解 (4.8.18) 是渐近稳定的.

4.8.4　应用举例

例　一变质量质点以与水平成角 β 的初速度 v_0 射出后, 在重力场中运动, 其质量变化规律为 $m = m_0\exp(-\gamma t)$, 其中 m_0, γ 为正的常数. 假设微粒分离的相对速度 v_r 的大小为常量, 方向永远与 v_0 相反. 试将其运动微分方程化成梯度系统的方程 (4.1.1).

解　系统的 Lagrange 函数和反推力分别为

$$L = \frac{1}{2}m(\dot{q}_1^2 + \dot{q}_2^2) - mgq_2$$
$$P_1 = \dot{m}(\dot{q}_1 - v_r\cos\beta), \quad P_2 = \dot{m}(\dot{q}_2 - v_r\sin\beta)$$

其中 $q_1 = x, q_2 = y$ 分别为水平坐标和铅垂坐标. 现对此问题施加广义力

$$Q_1 = m(-q_1 - 5\dot{q}_1)$$
$$Q_2 = m(-q_2 - 4\dot{q}_2)$$

方程 (4.8.2) 给出

$$\frac{\mathrm{d}}{\mathrm{d}t}(m\dot{q}_1) = \dot{m}(\dot{q}_1 - v_r\cos\beta) + m(-q_1 - 5\dot{q}_1)$$
$$\frac{\mathrm{d}}{\mathrm{d}t}(m\dot{q}_2) = \dot{m}(\dot{q}_2 - v_r\sin\beta) + m(-q_2 - 4\dot{q}_2) - mg$$

消去 m, 得到

$$\ddot{q}_1 = \gamma v_r\cos\beta - q_1 - 5\dot{q}_1$$
$$\ddot{q}_2 = \gamma v_r\sin\beta - q_2 - 4\dot{q}_2 - g$$

它有解

$$q_{10} = \gamma v_r\cos\beta, \quad q_{20} = \gamma v_r\sin\beta - g$$

令

$$q_1 = q_{10} + \xi_1$$
$$q_2 = q_{20} + \xi_2$$

则有

$$\ddot{\xi}_1 = -\xi_1 - 5\dot{\xi}_1$$
$$\ddot{\xi}_2 = -\xi_2 - 4\dot{\xi}_2$$

令

$$a^1 = \xi_1$$
$$a^3 = 3\dot{\xi}_1$$
$$a^2 = \xi_2$$
$$a^4 = \dot{\xi}_2$$

则有

$$\dot{a}_1 = \frac{1}{3}a^3$$
$$\dot{a}^3 = -3a^1 - 5a^3$$
$$\dot{a}^2 = a^4$$
$$\dot{a}^4 = -a^2 - 4a^4$$

它可写成形式

$$
\begin{pmatrix} \dot{a}^1 \\ \dot{a}^3 \\ \dot{a}^2 \\ \dot{a}^4 \end{pmatrix} = \begin{pmatrix} -1 & 1 & 0 & 0 \\ 1 & -6 & 0 & 0 \\ 0 & 0 & -1 & 1 \\ 0 & 0 & 1 & -3 \end{pmatrix} \begin{pmatrix} \dfrac{\partial V}{\partial a^1} \\ \dfrac{\partial V}{\partial a^3} \\ \dfrac{\partial V}{\partial a^2} \\ \dfrac{\partial V}{\partial a^4} \end{pmatrix}
$$

其中矩阵是对称负定的, 而函数 V 为

$$V = \frac{3}{10}(a^1)^2 + \frac{3}{5}a^1 a^3 + \frac{7}{15}(a^3)^2 + \frac{1}{4}(a^2)^2 + \frac{1}{2}a^2 a^4 + \frac{3}{4}(a^4)^2$$

它在 $a^1 = a^2 = a^3 = a^4 = 0$ 的邻域内正定, 因此, 解 $a^1 = a^2 = a^3 = a^4 = 0$ 是渐近稳定的.

4.9 事件空间中动力学系统与具有对称负定矩阵的梯度系统

本节研究事件空间中动力学系统的具有对称负定矩阵的梯度表示, 包括系统的运动微分方程、系统的梯度表示、解及其稳定性, 以及具体应用.

4.9.1 系统的运动微分方程

研究受有双面理想完整约束的力学系统, 其位形由 n 个广义坐标 q_s ($s = 1, 2, \cdots, n$) 来确定. 构造事件空间, 其中点的坐标为 q_s ($s = 1, 2, \cdots, n$) 和 t. 引入记号

$$x_s = q_s \quad (s = 1, 2, \cdots, n), \quad x_{n+1} = t \tag{4.9.1}$$

那么所有变量 x_α ($\alpha = 1, 2, \cdots, n+1$) 可作为某参数 τ 的已知函数. 令 $x_\alpha = x_\alpha(\tau)$ 是 C^2 类曲线, 使得

$$\frac{\mathrm{d}x_\alpha}{\mathrm{d}\tau} = x'_\alpha \tag{4.9.2}$$

不同时为零, 有

$$\dot{x}_\alpha = \frac{\mathrm{d}x_\alpha}{\mathrm{d}t} = \frac{x'_\alpha}{x'_{n+1}} \tag{4.9.3}$$

对给定的 Lagrange 函数 $L = L(q_s, t, \dot{q}_s)$, 事件空间中参数形式的 Lagrange 函数 $\varLambda$ 由下式确定

$$\varLambda(x_\alpha, x'_\alpha) = x'_{n+1} L(x_1, x_2, \cdots, x_{n+1}, \frac{x'_1}{x'_{n+1}}, \frac{x'_2}{x'_{n+1}}, \cdots, \frac{x'_n}{x'_{n+1}}) \tag{4.9.4}$$

对给定的广义力 $Q_s = Q_s(q_k, t, \dot{q}_k)$, 事件空间中的广义力 P_α 由下式确定

$$P_s(x_\alpha, x'_\alpha) = x'_{n+1} Q_s \left(x_1, x_2, \cdots, x_{n+1}, \frac{x'_1}{x'_{n+1}}, \frac{x'_2}{x'_{n+1}}, \cdots, \frac{x'_n}{x'_{n+1}} \right)$$
$$P_{n+1} \stackrel{\text{def}}{=} -Q_s x'_s \tag{4.9.5}$$

事件空间中完整系统的运动微分方程有形式

$$\frac{\mathrm{d}}{\mathrm{d}\tau} \frac{\partial \varLambda}{\partial x'_\alpha} - \frac{\partial \varLambda}{\partial x_\alpha} = P_\alpha \quad (\alpha = 1, 2, \cdots, n+1) \tag{4.9.6}$$

注意到 (4.9.6) 中 $n+1$ 个方程不是彼此独立的, 因为有

$$x'_\alpha \left(\frac{\mathrm{d}}{\mathrm{d}\tau} \frac{\partial \varLambda}{\partial x'_\alpha} - \frac{\partial \varLambda}{\partial x_\alpha} - P_\alpha \right) = 0 \tag{4.9.7}$$

因为参数 τ 可任意选取, 当方程中不出现 x_{n+1} 时, 取 $x_{n+1} = \tau$ 会带来方便. 此时有

$$\frac{x'_s}{x'_{n+1}} = \frac{\mathrm{d}x_s}{\mathrm{d}x_{n+1}}, \quad \frac{\mathrm{d}}{\mathrm{d}\tau} \left(\frac{x'_s}{x'_{n+1}} \right) = \frac{\mathrm{d}^2 x_s}{\mathrm{d}x_{n+1}^2} \tag{4.9.8}$$

设由方程 (4.9.6) 的前 n 个方程可解出 $\dfrac{\mathrm{d}^2 x_s}{\mathrm{d}x_{n+1}^2}$, 记作

$$\frac{\mathrm{d}^2 x_s}{\mathrm{d}x_{n+1}^2} = G_s \left(x_k, \frac{\mathrm{d}x_k}{\mathrm{d}x_{n+1}} \right) \quad (s, k = 1, 2, \cdots, n) \tag{4.9.9}$$

取记号

$$a^{\mu *} = \frac{\mathrm{d}a^\mu}{\mathrm{d}x_{n+1}} \tag{4.9.10}$$

则方程 (4.9.9) 可写成一阶形式

$$a^{\mu *} = H_\mu(\boldsymbol{a}) \quad (\mu = 1, 2, \cdots, 2n) \tag{4.9.11}$$

其中

$$\begin{aligned} a^s &= x_s, \quad a^{n+s} = a^{s*} \\ H_s &= a^{n+s}, \quad H_{n+s} = G_s \end{aligned} \quad (s = 1, 2, \cdots, n) \tag{4.9.12}$$

4.9.2 系统的梯度表示

系统 (4.9.11) 一般不能成为梯度系统 (4.1.1). 如果存在对称负定矩阵 $(s_{\mu\nu}(\boldsymbol{a}))$ 和函数 $V = V(\boldsymbol{a})$ 使得

$$H_\mu = s_{\mu\nu} \frac{\partial V}{\partial a^\nu} \quad (\mu, \nu = 1, 2, \cdots, 2n) \tag{4.9.13}$$

那么它可成为梯度系统 (4.1.1). 注意到, 如果条件 (4.9.13) 不满足, 还不能断定它不是梯度系统 (4.1.1), 因为这与方程的一阶形式相关.

4.9.3 解及其稳定性

事件空间中动力学系统在一定条件下可化成梯度系统 (4.1.1), 即有

$$a^{\mu*} = s_{\mu\nu} \frac{\partial V}{\partial a^\nu} \quad (\mu, \nu = 1, 2, \cdots, 2n) \tag{4.9.14}$$

如果方程

$$s_{\mu\nu} \frac{\partial V}{\partial a^\nu} = 0 \quad (\mu, \nu = 1, 2, \cdots, 2n) \tag{4.9.15}$$

有解

$$a^\mu = a_0^\mu \quad (\mu = 1, 2, \cdots, 2n) \tag{4.9.16}$$

且函数 V 在解的邻域内正定, 那么解 (4.9.16) 是渐近稳定的.

4.9.4 应用举例

例 二自由度系统在位形空间中的 Lagrange 函数和广义力分别为

$$\begin{aligned} L &= \frac{1}{2}(\dot{q}_1^2 + \dot{q}_2^2) - \frac{1}{2}(q_1^2 + q_2^2) \\ Q_1 &= -5\dot{q}_1, \quad Q_2 = -4\dot{q}_2 \end{aligned} \tag{4.9.17}$$

试研究事件空间中系统的梯度表示.

解 令

$$x_1 = q_1$$
$$x_2 = q_2$$
$$x_3 = t$$

则事件空间中的 Lagrange 函数和广义力分别为

$$\begin{aligned} \Lambda_1 &= \frac{1}{2}\left[\frac{1}{x_3'}((x_1')^2 + (x_2')^2)\right] - \frac{1}{2}x_3'(x_1^2 + x_2^2) \\ P_1 &= -5x_1', \quad P_2 = -4x_2' \end{aligned}$$

方程 (4.9.6) 的前两个方程为

$$\left(\frac{x_1'}{x_3'}\right)' = -x_3'x_1 - 5x_1', \quad \left(\frac{x_2'}{x_3'}\right)' = -x_3'x_2 - 4x_2'$$

取 $x_3 = \tau$, 则 $x_3' = 1$, 有

$$x_1'' = -x_1 - 5x_1'$$
$$x_2'' = -x_2 - 4x_2'$$

分别研究以上两个方程. 对第一个方程, 令

$$a^1 = x_1$$
$$a^3 = 3x_1'$$

则有

$$(a^1)' = \frac{1}{3}a^3$$
$$(a^3)' = -3a^1 - 5a^3$$

它可写成形式

$$\left(\begin{array}{c} (a^1)' \\ (a^3)' \end{array}\right) = \left(\begin{array}{cc} -1 & 1 \\ 1 & -2 \end{array}\right) \left(\begin{array}{c} \dfrac{\partial V}{\partial a^1} \\ \dfrac{\partial V}{\partial a^3} \end{array}\right)$$

其中函数 V 为

$$V = \frac{3}{10}(a^1)^2 + \frac{3}{5}a^1a^3 + \frac{7}{15}(a^3)^2$$

它在 $a^1 = a^3 = 0$ 的邻域内是正定的, 因此, 解 $a^1 = a^3 = 0$ 是渐近稳定的.

对第二个方程, 令

$$a^2 = x_2$$
$$a^4 = x_2'$$

则有

$$(a^2)' = a^4$$
$$(a^4)' = -a^2 - 4a^4$$

它可写成形式

$$\left(\begin{array}{c} (a^1)' \\ (a^2)' \end{array}\right) = \left(\begin{array}{cc} -1 & 1 \\ 1 & -3 \end{array}\right) \left(\begin{array}{c} \dfrac{\partial V}{\partial a^2} \\ \dfrac{\partial V}{\partial a^4} \end{array}\right)$$

其中

$$V = \frac{1}{4}(a^2)^2 + \frac{1}{2}a^2a^4 + \frac{3}{4}(a^4)^2$$

它在 $a^2 = a^4 = 0$ 的邻域内正定, 因此, 解 $a^2 = a^4 = 0$ 是渐近稳定的.

两个方程还可表示为如下形式

$$
\begin{pmatrix} (a^1)' \\ (a^3)' \\ (a^2)' \\ (a^4)' \end{pmatrix} = \begin{pmatrix} -1 & 1 & 0 & 0 \\ 1 & -6 & 0 & 0 \\ 0 & 0 & -1 & 1 \\ 0 & 0 & 1 & -3 \end{pmatrix} \begin{pmatrix} \dfrac{\partial V}{\partial a^1} \\[2mm] \dfrac{\partial V}{\partial a^3} \\[2mm] \dfrac{\partial V}{\partial a^2} \\[2mm] \dfrac{\partial V}{\partial a^4} \end{pmatrix}
$$

而函数 V 为

$$
V = \frac{3}{10}(a^1)^2 + \frac{3}{5}a^1 a^3 + \frac{7}{15}(a^3)^2 + \frac{1}{4}(a^2)^2 + \frac{1}{2}a^2 a^4 + \frac{3}{4}(a^4)^2
$$

4.10　Chetaev 型非完整系统与具有对称负定矩阵的梯度系统

本节研究 Chetaev 型非完整力学系统的具有对称负定矩阵的梯度表示, 包括系统的运动微分方程、系统的梯度表示、解及其稳定性, 以及具体应用.

4.10.1　系统的运动微分方程

设力学系统的位形有 n 个广义坐标 q_s $(s = 1, 2, \cdots, n)$ 来确定, 系统的运动受有 g 个双面理想定常 Chetaev 型非完整约束

$$
f_\beta(\boldsymbol{q}, \dot{\boldsymbol{q}}) = 0 \quad (\beta = 1, 2, \cdots, g) \tag{4.10.1}
$$

系统的运动微分方程有形式

$$
\frac{\mathrm{d}}{\mathrm{d}t} \frac{\partial L}{\partial \dot{q}_s} - \frac{\partial L}{\partial q_s} = Q_s + \lambda_\beta \frac{\partial f_\beta}{\partial \dot{q}_s} \quad (s = 1, 2, \cdots, n; \beta = 1, 2, \cdots, g) \tag{4.10.2}
$$

其中 $L = L(\boldsymbol{q}, \dot{\boldsymbol{q}})$ 为系统的 Lagrange 函数, $Q_s = Q_s(\boldsymbol{q}, \dot{\boldsymbol{q}})$ 为非势广义力, λ_β 为约束乘子. 假设系统非奇异, 即设

$$
\det\left(\frac{\partial^2 L}{\partial \dot{q}_s \partial \dot{q}_k}\right) \neq 0 \tag{4.10.3}
$$

则在运动微分方程积分之前可求出 λ_β 为 $\boldsymbol{q}, \dot{\boldsymbol{q}}$ 的函数, 于是方程 (4.10.2) 可写成形式

$$
\frac{\mathrm{d}}{\mathrm{d}t} \frac{\partial L}{\partial \dot{q}_s} - \frac{\partial L}{\partial q_s} = Q_s + \Lambda_s \quad (s = 1, 2, \cdots, n) \tag{4.10.4}
$$

其中广义非完整约束力 Λ_s 已表示为 $\boldsymbol{q}, \dot{\boldsymbol{q}}$ 的函数, 即有

$$\Lambda_s = \Lambda_s(\boldsymbol{q}, \dot{\boldsymbol{q}}) = \lambda_\beta(\boldsymbol{q}, \dot{\boldsymbol{q}})\frac{\partial f_\beta}{\partial \dot{q}_s} \tag{4.10.5}$$

称方程 (4.10.4) 为与非完整系统 (4.10.1), (4.10.2) 相应的完整系统的方程. 如果运动初始条件满足约束方程 (4.10.1), 那么相应完整系统的解就给出非完整系统的运动. 这就是所谓非完整力学问题归结为有条件的完整力学问题 [2,3]. 因此, 只需研究完整系统 (4.10.4).

为将方程 (4.10.4) 表示为梯度系统 (4.1.1), 需将其化成一阶形式. 在条件 (4.10.3) 下, 可由方程 (4.10.4) 解出所有广义加速度, 简记作

$$\ddot{q}_s = G_s(\boldsymbol{q}, \dot{\boldsymbol{q}}) \quad (s = 1, 2, \cdots, n) \tag{4.10.6}$$

令

$$a^s = q_s, \quad a^{n+s} = \dot{q}_s \quad (s = 1, 2, \cdots, n) \tag{4.10.7}$$

则方程 (4.10.6) 可表示为一阶形式

$$\dot{a}^\mu = F_\mu(\boldsymbol{a}) \quad (\mu = 1, 2, \cdots, 2n) \tag{4.10.8}$$

其中

$$F_s = a^{n+s}, \quad F_{n+s} = G_s(\boldsymbol{a}) \tag{4.10.9}$$

若引进广义动量 p_s 和 Hamilton 函数 H

$$\begin{aligned} p_s &= \frac{\partial L}{\partial \dot{q}_s} \\ H(\boldsymbol{q}, \boldsymbol{p}) &= p_s\dot{q}_s - L \end{aligned} \tag{4.10.10}$$

则方程 (4.10.4) 可写成正则形式

$$\dot{q}_s = \frac{\partial H}{\partial p_s}, \quad \dot{p}_s = -\frac{\partial H}{\partial q_s} + \tilde{Q}_s + \tilde{\Lambda}_s \quad (s = 1, 2, \cdots, n) \tag{4.10.11}$$

其中

$$\begin{aligned} \tilde{Q}_s(\boldsymbol{q}, \boldsymbol{p}) &= Q_s(\boldsymbol{q}, \dot{\boldsymbol{q}}(\boldsymbol{q}, \boldsymbol{p})) \\ \tilde{\Lambda}_s(\boldsymbol{q}, \boldsymbol{p}) &= \Lambda_s(\boldsymbol{q}, \dot{\boldsymbol{q}}(\boldsymbol{q}, \boldsymbol{p})) \end{aligned} \tag{4.10.12}$$

进而, 方程 (4.10.11) 还可写成更便于讨论的形式

$$\dot{a}^\mu = \omega^{\mu\nu}\frac{\partial H}{\partial a^\nu} + P_\mu \quad (\mu, \nu = 1, 2, \cdots, 2n) \tag{4.10.13}$$

其中

$$\begin{aligned} a^s &= q_s, \quad a^{n+s} = p_s \\ P_s &= 0, \quad P_{n+s} = \tilde{Q}_s(\boldsymbol{a}) + \tilde{\Lambda}_s(\boldsymbol{a}) \\ (\omega^{\mu\nu}) &= \begin{pmatrix} 0_{n\times n} & 1_{n\times n} \\ -1_{n\times n} & 0_{n\times n} \end{pmatrix} \end{aligned} \tag{4.10.14}$$

4.10.2 系统的梯度表示

系统 (4.10.8) 或系统 (4.10.13), 仅在一定条件下才能成为梯度系统 (4.1.1).

对系统 (4.10.8), 如果存在对称负定矩阵 $(s_{\mu\nu}(\boldsymbol{a}))$ 和函数 $V = V(\boldsymbol{a})$ 使得

$$F_\mu = s_{\mu\nu} \frac{\partial V}{\partial a^\nu} \quad (\mu, \nu = 1, 2, \cdots, 2n) \tag{4.10.15}$$

那么它成为梯度系统 (4.1.1). 对系统 (4.10.13), 如果存在对称负定矩阵 $(s_{\mu\nu}(\boldsymbol{a}))$ 和函数 $V = V(\boldsymbol{a})$ 使得

$$\omega^{\mu\nu} \frac{\partial H}{\partial a^\nu} + P_\mu = s_{\mu\nu} \frac{\partial V}{\partial a^\nu} \quad (\mu, \nu = 1, 2, \cdots, 2n) \tag{4.10.16}$$

那么它可成为梯度系统 (4.1.1).

条件 (4.10.15) 或条件 (4.10.16) 都是不容易满足的条件. 但是, 如果它们不满足, 还不能断定系统不能成为梯度系统 (4.1.1), 因为这与方程的一阶形式选取相关.

4.10.3 解及其稳定性

相应完整系统化成梯度系统 (4.1.1) 之后, 可表示为

$$\dot{a}^\mu = s_{\mu\nu} \frac{\partial V}{\partial a^\nu} \quad (\mu, \nu = 1, 2, \cdots, 2n) \tag{4.10.17}$$

如果方程

$$s_{\mu\nu} \frac{\partial V}{\partial a^\nu} = 0 \quad (\mu, \nu = 1, 2, \cdots, 2n) \tag{4.10.18}$$

有解

$$a^\mu = a_0^\mu \quad (\mu = 1, 2, \cdots, 2n) \tag{4.10.19}$$

且函数 V 在解的邻域内正定, 那么解 (4.10.19) 是渐近稳定的.

4.10.4 应用举例

例 1 非完整系统为

$$\begin{aligned}
&L = \frac{1}{2}(\dot{q}_1^2 + \dot{q}_2^2) \\
&Q_1 = -8\dot{q}_1 - 4(2q_1 + \dot{q}_1)\exp q_1 - 2(2q_1^2 + 4q_1\dot{q}_1 + \dot{q}_1 q_1^2)\exp q_1 \\
&Q_2 = -\dot{q}_2 \\
&f = \dot{q}_1 + \dot{q}_2 + q_2 = 0
\end{aligned} \tag{4.10.20}$$

试将其化成梯度系统 (4.1.1), 并研究解的稳定性.

解 方程 (4.10.2) 给出

$$\begin{aligned}
&\ddot{q}_1 = -8\dot{q}_1 - 4(2q_1 + \dot{q}_1)\exp q_1 - 2(2q_1^2 + 4q_1\dot{q}_1 + \dot{q}_1 q_1^2)\exp q_1 + \lambda \\
&\ddot{q}_2 = -\dot{q}_2 + \lambda
\end{aligned}$$

可解得

$$\lambda = 4\dot{q}_1 + 2(2q_1 + \dot{q}_1)\mathrm{exp}q_1 + (2q_1^2 + 4q_1\dot{q}_1 + \dot{q}_1 q_1^2)\mathrm{exp}q_1$$

代入得相应完整系统的方程

$$\ddot{q}_1 = -4\dot{q}_1 - 2(2q_1 + \dot{q}_1)\mathrm{exp}q_1 - (2q_1^2 + 4q_1\dot{q}_1 + \dot{q}_1 q_1^2)\mathrm{exp}q_1$$
$$\ddot{q}_2 = -\dot{q}_2 + 4\dot{q}_1 + 2(2q_1 + \dot{q}_1)\mathrm{exp}q_1 + (2q_1^2 + 4q_1\dot{q}_1 + \dot{q}_1 q_1^2)\mathrm{exp}q_1$$

现将第一个方程化成梯度系统 (4.1.1). 令

$$a^1 = q_1$$
$$a^3 = \frac{1}{2}(\dot{q}_1 + 2q_1\mathrm{exp}q_1 + q_1^2\mathrm{exp}q_1)$$

则有

$$\dot{a}^1 = -2a^1\mathrm{exp}a^1 - (a^1)^2\mathrm{exp}a^1 + 2a^3$$
$$\dot{a}^3 = 2a^1\mathrm{exp}a^1 + (a^1)^2\mathrm{exp}a^1 - 4a^3$$

它可写成形式

$$\begin{pmatrix} \dot{a}^1 \\ \dot{a}^3 \end{pmatrix} = \begin{pmatrix} -1 & 1 \\ 1 & -2 \end{pmatrix} \begin{pmatrix} \dfrac{\partial V}{\partial a^1} \\ \dfrac{\partial V}{\partial a^3} \end{pmatrix}$$

其中

$$V = (a^1)^2\mathrm{exp}a^1 + (a^3)^2$$

它在 $a^1 = a^3 = 0$ 的邻域内正定, 因此, 解 $a^1 = a^3 = 0$ 是渐近稳定的.

例 2　非完整系统为

$$L = \frac{1}{2}(\dot{q}_1^2 + \dot{q}_2^2)$$
$$Q_1 = -6q_1(2 + \sin q_1)^2 - 8\dot{q}_1(2 + \sin q_1) + \frac{2\dot{q}_1^2\cos q_1}{2 + \sin q_1} \qquad (4.10.21)$$
$$Q_2 = -\dot{q}_2$$
$$f = \dot{q}_1 + \dot{q}_2 + q_2 = 0$$

试将其化成梯度系统 (4.1.1).

解　微分方程为

$$\ddot{q}_1 = -6q_1(2 + \sin q_1)^2 - 8\dot{q}_1(2 + \sin q_1) + \frac{2\dot{q}_1^2\cos q_1}{2 + \sin q_1} + \lambda$$
$$\ddot{q}_2 = -\dot{q}_2 + \lambda$$

解得

$$\lambda = 3q_1(2 + \sin q_1)^2 + 4\dot{q}_1(2 + \sin q_1) - \frac{\dot{q}_1^2 \cos q_1}{2 + \sin q_1}$$

代入得

$$\ddot{q}_1 = -3q_1(2 + \sin q_1)^2 - 4\dot{q}_1(2 + \sin q_1) + \frac{\dot{q}_1^2 \cos q_1}{2 + \sin q_1}$$

$$\ddot{q}_2 = -\dot{q}_2 + 3q_1(2 + \sin q_1)^2 + 4\dot{q}_1(2 + \sin q_1) - \frac{\dot{q}_1^2 \cos q_1}{2 + \sin q_1}$$

现将第一个方程化成梯度系统 (4.1.1). 令

$$a^1 = q_1$$
$$a^3 = \frac{\dot{q}_1}{2 + \sin q_1} + 2q_1$$

则有

$$\dot{a}^1 = -(2a^1 - a^3)(2 + \sin a^1)$$
$$\dot{a}^3 = -(2a^3 - a^1)(2 + \sin a^1)$$

它可写成形式

$$\begin{pmatrix} \dot{a}^1 \\ \dot{a}^3 \end{pmatrix} = \begin{pmatrix} -(2 + \sin a^1) & 0 \\ 0 & -(2 + \sin a^1) \end{pmatrix} \begin{pmatrix} \dfrac{\partial V}{\partial a^1} \\ \dfrac{\partial V}{\partial a^3} \end{pmatrix}$$

其中

$$V = (a^1)^2 + (a^3)^2 - a^1 a^3$$

它在 $a^1 = a^3 = 0$ 的邻域内正定, 因此, 解 $a^1 = a^3 = 0$ 渐近稳定.

4.11　非 Chetaev 型非完整系统与具有对称负定矩阵的梯度系统

本节研究非 Chetaev 型非完整系统的具有对称负定矩阵的梯度表示, 包括系统的运动微分方程、系统的梯度表示、解及其稳定性, 以及具体应用.

4.11.1　系统的运动微分方程

研究具有双面理想定常非 Chetaev 型非完整系统, 其运动受有非 Chetaev 型非完整约束

$$f_\beta(\boldsymbol{q}, \dot{\boldsymbol{q}}) = 0 \quad (\beta = 1, 2, \cdots, g) \tag{4.11.1}$$

而虚位移方程为

$$f_{\beta s}(\boldsymbol{q}, \dot{\boldsymbol{q}})\delta q_s = 0 \quad (s = 1, 2, \cdots, n; \beta = 1, 2, \cdots, g) \tag{4.11.2}$$

一般说, $f_{\beta s}$ 与 $\dfrac{\partial f_\beta}{\partial \dot{q}_s}$ 没有联系. 系统的运动微分方程有形式 [4,5]

$$\frac{\mathrm{d}}{\mathrm{d}t}\frac{\partial L}{\partial \dot{q}_s} - \frac{\partial L}{\partial q_s} = Q_s + \lambda_\beta f_{\beta s} \quad (s = 1, 2, \cdots, n) \tag{4.11.3}$$

其中 $L = L(\boldsymbol{q}, \dot{\boldsymbol{q}})$ 为系统的 Lagrange 函数, $Q_s = Q_s(\boldsymbol{q}, \dot{\boldsymbol{q}})$ 为非势广义力, λ_β 为约束乘子. 设系统非奇异, 即设

$$\det\left(\frac{\partial^2 L}{\partial \dot{q}_s \partial \dot{q}_k}\right) \neq 0 \tag{4.11.4}$$

则由方程 (4.11.1) 和方程 (4.11.3) 可解出约束乘子 λ_β 为 $\boldsymbol{q}, \dot{\boldsymbol{q}}$ 的函数. 这样, 方程 (4.11.3) 可写成形式

$$\frac{\mathrm{d}}{\mathrm{d}t}\frac{\partial L}{\partial \dot{q}_s} - \frac{\partial L}{\partial q_s} = Q_s + \Lambda_s \quad (s = 1, 2, \cdots, n) \tag{4.11.5}$$

其中

$$\Lambda_s = \Lambda_s(\boldsymbol{q}, \dot{\boldsymbol{q}}) = \lambda_\beta(\boldsymbol{q}, \dot{\boldsymbol{q}})f_{\beta s} \tag{4.11.6}$$

为广义非完整约束力. 称方程 (4.11.5) 为与非完整系统 (4.11.1), (4.11.3) 相应的完整系统的方程. 如果运动的初始条件满足约束方程 (4.11.1), 那么相应完整系统的解就给出非完整系统的运动. 于是, 非 Chetaev 型非完整系统动力学问题就归结为研究相应完整系统的运动.

4.11.2 系统的梯度表示

在非奇异假设下, 由方程 (4.11.5) 可求出所有广义加速度, 记作

$$\ddot{q}_s = \alpha_s(\boldsymbol{q}, \dot{\boldsymbol{q}}) \quad (s = 1, 2, \cdots, n) \tag{4.11.7}$$

令

$$a^s = q_s, \quad a^{n+s} = \dot{q}_s \tag{4.11.8}$$

则方程 (4.11.7) 可写成一阶形式

$$\dot{a}^\mu = F_\mu(\boldsymbol{a}) \quad (\mu = 1, 2, \cdots, 2n) \tag{4.11.9}$$

其中

$$F_s = a^{n+s}, \quad F_{n+s} = \alpha_s(\boldsymbol{a}) \tag{4.11.10}$$

引进广义动量 p_s 和 Hamilton 函数 H

$$p_s = \frac{\partial L}{\partial \dot{q}_s}$$
$$H = p_s \dot{q}_s - L \tag{4.11.11}$$

则方程 (4.11.5) 可写成正则形式

$$\dot{q}_s = \frac{\partial H}{\partial p_s}, \quad \dot{p}_s = -\frac{\partial H}{\partial q_s} + \tilde{Q}_s + \tilde{\Lambda}_s \quad (s = 1, 2, \cdots, n) \tag{4.11.12}$$

其中 $\tilde{Q}_s, \tilde{\Lambda}_s$ 为用正则变量表示的 Q_s, Λ_s. 进而, 方程 (4.11.12) 还可写成如下形式

$$\dot{a}^{\mu} = \omega^{\mu\nu} \frac{\partial H}{\partial a^{\nu}} + P_{\mu} \quad (\mu, \nu = 1, 2, \cdots, n) \tag{4.11.13}$$

其中

$$a^s = q_s, \quad a^{n+s} = p_s$$
$$(\omega^{\mu\nu}) = \begin{pmatrix} 0_{n \times n} & 1_{n \times n} \\ -1_{n \times n} & 0_{n \times n} \end{pmatrix} \tag{4.11.14}$$
$$P_s = 0, \quad P_{n+s} = \tilde{Q}_s + \tilde{\Lambda}_s$$

方程 (4.11.9) 或方程 (4.11.13), 仅在一定条件下才能成为梯度系统的方程 (4.1.1). 对方程 (4.11.9), 如果存在对称负定矩阵 $(s_{\mu\nu}(\boldsymbol{a}))$ 和函数 $V = V(\boldsymbol{a})$ 使得

$$F_{\mu} = s_{\mu\nu} \frac{\partial V}{\partial a^{\nu}} \quad (\mu, \nu = 1, 2, \cdots, 2n) \tag{4.11.15}$$

那么它是一个梯度系统 (4.1.1). 对方程 (4.11.13), 如果存在对称负定矩阵 $(s_{\mu\nu}(\boldsymbol{a}))$ 和函数 $V = V(\boldsymbol{a})$ 使得

$$\omega^{\mu\nu} \frac{\partial H}{\partial a^{\nu}} + P_{\mu} = s_{\mu\nu} \frac{\partial V}{\partial a^{\nu}} \quad (\mu, \nu = 1, 2, \cdots, 2n) \tag{4.11.16}$$

那么它可成为梯度系统 (4.1.1). 注意到, 条件 (4.11.15) 和 (4.11.16) 都是不容易实现的.

4.11.3　解及其稳定性

非 Chetaev 型非完整系统化成梯度系统 (4.1.1) 后, 便可利用梯度系统 (4.1.1) 的性质来研究该类力学系统的解及其稳定性. 如果

$$s_{\mu\nu} \frac{\partial V}{\partial a^{\nu}} = 0 \quad (\mu, \nu = 1, 2, \cdots, n) \tag{4.11.17}$$

有解

$$a^{\mu} = a_0^{\mu} \quad (\mu = 1, 2, \cdots, 2n) \tag{4.11.18}$$

且函数 V 在解的邻域内正定, 那么解 (4.11.18) 是渐近稳定的.

4.11.4　应用举例

例 1　非 Chetaev 型非完整系统的 Lagrange 函数、广义力、约束方程和虚位移方程分别为

$$L = \frac{1}{2}(\dot{q}_1^2 + \dot{q}_2^2) + \frac{1}{2}q_1^2$$
$$Q_1 = 5\dot{q}_1, \quad Q_2 = -\dot{q}_2 \tag{4.11.19}$$
$$f = 2\dot{q}_1 + \dot{q}_2 + q_2 = 0, \quad \delta q_1 - \delta q_2 = 0$$

试将其化成梯度系统 (4.1.1).

解　方程 (4.11.3) 给出

$$\ddot{q}_1 = q_1 + 5\dot{q}_1 + \lambda$$
$$\ddot{q}_2 = -\dot{q}_2 - \lambda$$

解得

$$\lambda = -2q_1 - 10\dot{q}_1$$

代入得相应完整系统的方程

$$\ddot{q}_1 = -q_1 - 5\dot{q}_1$$
$$\ddot{q}_2 = -\dot{q}_2 + 2q_1 + 10\dot{q}_1$$

第一个方程可化成梯度系统 (4.1.1). 实际上, 令

$$a^1 = q_1$$
$$a^3 = 3\dot{q}_1$$

则有

$$\dot{a}^1 = \frac{1}{3}a^3$$
$$\dot{a}^3 = -3a^1 - 5a^3$$

它可写成如下形式

$$\begin{pmatrix} \dot{a}^1 \\ \dot{a}^3 \end{pmatrix} = \begin{pmatrix} -1 & 1 \\ 1 & -6 \end{pmatrix} \begin{pmatrix} \dfrac{\partial V}{\partial a^1} \\ \dfrac{\partial V}{\partial a^3} \end{pmatrix}$$

其中

$$V = \frac{3}{10}(a^1)^2 + \frac{3}{5}a^1 a^3 + \frac{7}{15}(a^3)^2$$

因此, 解 $a^1 = a^3 = 0$ 是渐近稳定的.

例 2　非 Chetaev 型非完整系统为

$$L = \frac{1}{2}(\dot{q}_1^2 + \dot{q}_2^2)$$
$$Q_1 = -\frac{3}{2}q_1(2 + \cos q_1)^2 - 2\dot{q}_1(2 + \cos q_1) - \frac{\dot{q}_1^2 \sin q_1}{2 + \cos q_1}, \quad Q_2 = -\dot{q}_2 \tag{4.11.20}$$
$$f = \dot{q}_1 + \dot{q}_2 + q_2 = 0, \quad \delta q_1 - 2\delta q_2 = 0$$

试将其化成梯度系统 (4.1.1).

解　方程 (4.11.3) 给出

$$\ddot{q}_1 = -\frac{3}{2}q_1(2+\cos q_1)^2 - 2\dot{q}_1(2+\cos q_1) - \frac{\dot{q}_1^2 \sin q_1}{2(2+\cos q_1)} + \lambda$$

$$\ddot{q}_2 = -\dot{q}_2 - 2\lambda$$

解得

$$\lambda = -\frac{3}{2}q_1(2+\cos q_1)^2 - 2\dot{q}_1(2+\cos q_1) - \frac{\dot{q}_1^2 \sin q_1}{2(2+\cos q_1)}$$

代入得

$$\ddot{q}_1 = -3q_1(2+\cos q_1)^2 - 4\dot{q}_1(2+\cos q_1) - \frac{\dot{q}_1^2 \sin q_1}{2+\cos q_1}$$

$$\ddot{q}_2 = -\dot{q}_2 + 3q_1(2+\cos q_1)^2 + 4\dot{q}_1(2+\cos q_1) + \frac{\dot{q}_1^2 \sin q_1}{2+\cos q_1}$$

现将第一个方程化成梯度系统 (4.1.1). 令

$$a^1 = q_1$$

$$a^3 = \frac{\dot{q}_1}{2+\cos q_1} + 2q_1$$

则有

$$\dot{a}^1 = -(2a^1 - a^3)(2+\cos a^1)$$

$$\dot{a}^3 = -(2a^3 - a^1)(2+\cos a^1)$$

它可写成如下形式

$$\begin{pmatrix} \dot{a}^1 \\ \dot{a}^3 \end{pmatrix} = \begin{pmatrix} -(2+\cos a^1) & 0 \\ 0 & -(2+\cos a^1) \end{pmatrix} \begin{pmatrix} \dfrac{\partial V}{\partial a^1} \\ \dfrac{\partial V}{\partial a^3} \end{pmatrix}$$

其中矩阵是对称负定的, 而函数 V 为

$$V = (a^1)^2 + (a^3)^2 - a^1 a^3$$

因此, 解 $a^1 = a^3 = 0$ 是渐近稳定的.

4.12　Birkhoff 系统与具有对称负定矩阵的梯度系统

本节研究 Birkhoff 系统的具有对称负定矩阵的梯度表示, 包括系统的运动微分方程、系统的梯度表示、解及其稳定性、应用举例等.

4.12.1　系统的运动微分方程

研究自治 Birkhoff 系统, 其运动微分方程有形式

$$\Omega_{\mu\nu}\dot{a}^{\nu} = \frac{\partial B}{\partial a^{\mu}} \quad (\mu, \nu = 1, 2, \cdots, 2n) \tag{4.12.1}$$

其中

$$\Omega_{\mu\nu} = \frac{\partial R_{\nu}}{\partial a^{\mu}} - \frac{\partial R_{\mu}}{\partial a^{\nu}} \tag{4.12.2}$$

令

$$\det(\Omega_{\mu\nu}) \neq 0 \tag{4.12.3}$$

则由方程 (4.12.1) 可解出所有 $\dot{a}^{\mu}$, 有

$$\dot{a}^{\mu} = \Omega^{\mu\nu}\frac{\partial B}{\partial a^{\nu}} \quad (\mu, \nu = 1, 2, \cdots, 2n) \tag{4.12.4}$$

其中

$$\Omega_{\mu\nu}\Omega^{\nu\rho} = \delta_{\mu}^{\rho} \tag{4.12.5}$$

4.12.2　系统的梯度表示

方程 (4.12.4) 一般不能成为梯度系统 (4.1.1). 如果存在对称负定矩阵 $(s_{\mu\nu}(\boldsymbol{a}))$ 和函数 $V = V(\boldsymbol{a})$ 使得

$$\Omega^{\mu\nu}\frac{\partial B}{\partial a^{\nu}} = s_{\mu\nu}\frac{\partial V}{\partial a^{\nu}} \quad (\mu, \nu = 1, 2, \cdots, 2n) \tag{4.12.6}$$

那么它是一个梯度系统 (4.1.1). 注意到, 条件 (4.12.6) 不容易满足.

4.12.3　解及其稳定性

方程 (4.12.4) 化成梯度系统 (4.1.1) 之后, 便可利用梯度系统 (4.1.1) 的性质来研究方程 (4.12.4) 的解及其稳定性. 如果方程

$$s_{\mu\nu}\frac{\partial V}{\partial a^{\nu}} = 0 \quad (\mu, \nu = 1, 2, \cdots, 2n) \tag{4.12.7}$$

有解

$$a^{\mu} = a_0^{\mu} \quad (\mu = 1, 2, \cdots, 2n) \tag{4.12.8}$$

且函数 V 在解的邻域内正定, 那么解 (4.12.8) 是渐近稳定的.

4.12.4 应用举例

例 试对 Birkhoff 系统

$$R_1 = a^2, \quad R_2 = 0$$
$$B = B(a^1, a^2)$$

$$(4.12.9)$$

找到函数 V 使得方程表示为

$$\begin{pmatrix} \dot{a}^1 \\ \dot{a}^2 \end{pmatrix} = \begin{pmatrix} -1 & 1 \\ 1 & -2 \end{pmatrix} \begin{pmatrix} \dfrac{\partial V}{\partial a^1} \\ \dfrac{\partial V}{\partial a^2} \end{pmatrix}$$

$$(4.12.10)$$

解 Birkhoff 方程 (4.12.4) 给出

$$\dot{a}^1 = \frac{\partial B}{\partial a^2}$$
$$\dot{a}^2 = -\frac{\partial B}{\partial a^1}$$

需要找到 V 使得

$$\dot{a}^1 = -\frac{\partial V}{\partial a^1} + \frac{\partial V}{\partial a^2}$$
$$\dot{a}^2 = \frac{\partial V}{\partial a^1} - 2\frac{\partial V}{\partial a^2}$$

由以上两组方程可求得

$$-\frac{\partial V}{\partial a^2} = \frac{\partial B}{\partial a^2} - \frac{\partial B}{\partial a^1}$$
$$-\frac{\partial V}{\partial a^1} = 2\frac{\partial B}{\partial a^2} - \frac{\partial B}{\partial a^1}$$

由此有

$$\frac{\partial}{\partial a^1}\left(\frac{\partial B}{\partial a^2} - \frac{\partial B}{\partial a^1}\right) = \frac{\partial}{\partial a^2}\left(2\frac{\partial B}{\partial a^2} - \frac{\partial B}{\partial a^1}\right)$$

即

$$\frac{\partial^2 B}{\partial (a^1)^2} + 2\frac{\partial^2 B}{\partial (a^2)^2} - 2\frac{\partial^2 B}{\partial a^1 \partial a^2} = 0$$

这就是 Birkhoff 函数 B 应满足的方程. 由这个方程找到 B 之后, 便可求得函数 V. 例如, 取

$$B = \frac{1}{2}(a^1)^2 - \frac{1}{2}(a^2)^2$$

则有

$$\dot{a}^1 = -\frac{1}{2}a^2$$
$$\dot{a}^2 = -a^1$$

而 V 为

$$V = \frac{1}{2}(a^1)^2 + \frac{1}{4}(a^2)^2 + a^1 a^2$$

可惜的是, V 不是正定的.

4.13　广义 Birkhoff 系统与具有对称负定矩阵的梯度系统

本节研究广义 Birkhoff 系统的具有对称负定矩阵的梯度表示, 包括系统的运动微分方程、系统的梯度表示、解及其稳定性, 以及具体应用.

4.13.1　系统的运动微分方程

广义 Birkhoff 系统的运动微分方程为 [6]

$$\Omega_{\mu\nu}\dot{a}^\nu - \frac{\partial B}{\partial a^\mu} - \frac{\partial R_\mu}{\partial t} = -\Lambda_\mu \quad (\mu, \nu = 1, 2, \cdots, 2n) \tag{4.13.1}$$

假设系统是自治的, 即设

$$R_\mu = R_\mu(\boldsymbol{a}), \quad B = B(\boldsymbol{a}), \quad \Lambda_\mu = \Lambda_\mu(\boldsymbol{a}) \tag{4.13.2}$$

则方程可写成形式

$$\Omega_{\mu\nu}\dot{a}^\nu = \frac{\partial B}{\partial a^\mu} - \Lambda_\mu \quad (\mu, \nu = 1, 2, \cdots, 2n) \tag{4.13.3}$$

设系统非奇异, 即设

$$\det(\Omega_{\mu\nu}) \neq 0 \tag{4.13.4}$$

则可由方程 (4.13.3) 求出所有 $\dot{a}^\mu$, 有

$$\dot{a}^\mu = \Omega^{\mu\nu}\frac{\partial B}{\partial a^\nu} - \tilde{\Lambda}_\mu \quad (\mu, \nu = 1, 2, \cdots, 2n) \tag{4.13.5}$$

其中

$$\begin{aligned} \Omega^{\mu\nu}\Omega_{\nu\rho} &= \delta^\mu_\rho \\ \tilde{\Lambda}_\mu &= \Omega^{\mu\nu}\Lambda_\nu \end{aligned} \tag{4.13.6}$$

4.13.2　系统的梯度表示

广义 Birkhoff 系统 (4.13.5) 仅在一定条件下才能成为梯度系统 (4.1.1). 对系统 (4.13.5), 如果存在对称负定矩阵 $(s_{\mu\nu}(\boldsymbol{a}))$ 和函数 $V = V(\boldsymbol{a})$ 使得

$$\Omega^{\mu\nu}\frac{\partial B}{\partial a^\nu} - \tilde{\Lambda}_\mu = s_{\mu\nu}\frac{\partial V}{\partial a^\nu} \quad (\mu, \nu = 1, 2, \cdots, 2n) \tag{4.13.7}$$

那么它可成为梯度系统 (4.1.1).

4.13.3　解及其稳定性

广义 Birkhoff 系统 (4.13.5) 化成梯度系统 (4.1.1) 后, 有

$$\dot{a}^{\mu} = s_{\mu\nu}\frac{\partial V}{\partial a^{\nu}} \quad (\mu, \nu = 1, 2, \cdots, 2n) \tag{4.13.8}$$

假设方程

$$s_{\mu\nu}\frac{\partial V}{\partial a^{\nu}} = 0 \quad (\mu, \nu = 1, 2, \cdots, 2n) \tag{4.13.9}$$

有解

$$a^{\mu} = a_0^{\mu} \quad (\mu = 1, 2, \cdots, 2n) \tag{4.13.10}$$

且 V 在解的邻域内正定, 则解 (4.13.10) 是渐近稳定的.

4.13.4　应用举例

例 1　广义 Birkhoff 系统为

$$\begin{aligned}
&R_1 = a^2, \quad R_2 = 0 \\
&B = a^1 a^2 \\
&\Lambda_1 = 4a^1 - 4a^2 + (a^1)^2, \quad \Lambda_2 = 4a^1 - 3a^2 + (a^1)^2
\end{aligned} \tag{4.13.11}$$

试将其化成梯度系统 (4.1.1), 并研究解的稳定性.

解　方程 (4.13.5) 给出

$$\begin{aligned}
\dot{a}^1 &= 3a^2 - 3a^1 - (a^1)^2 \\
\dot{a}^2 &= 4a^1 - 5a^2 + (a^1)^2
\end{aligned}$$

它可写成形式

$$\begin{pmatrix} \dot{a}^1 \\ \dot{a}^2 \end{pmatrix} = \begin{pmatrix} -1 & 1 \\ 1 & -2 \end{pmatrix} \begin{pmatrix} \dfrac{\partial V}{\partial a^1} \\ \dfrac{\partial V}{\partial a^2} \end{pmatrix}$$

其中

$$V = (a^1)^2 + (a^2)^2 - a^1 a^2 + \frac{1}{3}(a^1)^3$$

因此, 零解 $a^1 = a^2 = 0$ 是渐近稳定的.

例 2　广义 Birkhoff 系统为

$$\begin{aligned}
&R_1 = a^2, \quad R_2 = 0 \\
&B = -a^1 a^2[1 + (a^1)^2] \\
&\Lambda_1 = -2(a^1)^2 a^2 - 2a^2[1 + (a^1)^2], \quad \Lambda_2 = 0
\end{aligned} \tag{4.13.12}$$

试将其化成梯度系统 (4.1.1).

解　广义 Birkhoff 方程为

$$\dot{a}^1 = -a^1[1 + (a^1)^2]$$
$$\dot{a}^2 = -a^2[1 + (a^1)^2]$$

它可写成形式

$$\begin{pmatrix} \dot{a}^1 \\ \dot{a}^2 \end{pmatrix} = \begin{pmatrix} -[1 + (a^1)^2] & 0 \\ 0 & -[1 + (a^1)^2] \end{pmatrix} \begin{pmatrix} \dfrac{\partial V}{\partial a^1} \\ \dfrac{\partial V}{\partial a^2} \end{pmatrix}$$

其中矩阵是对称负定的, 而函数 V 为

$$V = \frac{1}{2}(a^1)^2 + \frac{1}{2}(a^2)^2$$

因此, 零解 $a^1 = a^2 = 0$ 是渐近稳定的.

例 3　广义 Birkhoff 系统为

$$\begin{aligned}
& R_1 = a^2, \quad R_2 = 0 \\
& B = -a^1 a^2(2 + \sin a^1) \\
& \Lambda_1 = -3a^2(2 + \sin a^1) - a^1 a^2 \cos a^1, \quad \Lambda_2 = 0
\end{aligned} \tag{4.13.13}$$

试将其化成梯度系统 (4.1.1).

解　广义 Birkhoff 方程为

$$\dot{a}^1 = -a^1(2 + \sin a^1)$$
$$\dot{a}^2 = -2a^2(2 + \sin a^1)$$

它可写成如下形式

$$\begin{pmatrix} \dot{a}^1 \\ \dot{a}^2 \end{pmatrix} = \begin{pmatrix} -(2 + \sin a^1) & 0 \\ 0 & -(2 + \sin a^1) \end{pmatrix} \begin{pmatrix} \dfrac{\partial V}{\partial a^1} \\ \dfrac{\partial V}{\partial a^2} \end{pmatrix}$$

其中矩阵是对称负定的, 而函数 V 为

$$V = \frac{1}{2}(a^1)^2 + \frac{1}{2}(a^2)^2$$

因此, 零解 $a^1 = a^2 = 0$ 是渐近稳定的.

例 4　广义 Birkhoff 系统为

$$\begin{aligned}
& R_1 = a^2, \quad R_2 = 0 \\
& B = -2a^1 a^2 \\
& \Lambda_1 = -2a^2\left[1 + \frac{2}{2 + \sin a^2} - \frac{a^2 \cos a^2}{(2 + \sin a^2)^2}\right], \quad \Lambda_2 = 0
\end{aligned} \tag{4.13.14}$$

试将其化成梯度系统 (4.1.1).

解　广义 Birkhoff 方程为

$$\dot{a}^1 = -2a^1$$
$$\dot{a}^2 = -2\frac{2a^2(2+\sin a^2) - (a^2)^2\cos a^2}{(2+\sin a^2)^2}$$

它可写成形式

$$\begin{pmatrix} \dot{a}^1 \\ \dot{a}^2 \end{pmatrix} = \begin{pmatrix} -1 & 0 \\ 0 & -2 \end{pmatrix} \begin{pmatrix} \dfrac{\partial V}{\partial a^1} \\ \dfrac{\partial V}{\partial a^2} \end{pmatrix}$$

其中

$$V = (a^1)^2 + \frac{(a^2)^2}{2+\sin a^2}$$

因此, 零解 $a^1 = a^2 = 0$ 是渐近稳定的.

4.14　广义 Hamilton 系统与具有对称负定矩阵的梯度系统

本节研究广义 Hamilton 系统的具有对称负定矩阵的梯度表示, 包括系统的运动微分方程、系统的梯度表示、解及其稳定性, 以及具体应用.

4.14.1　系统的运动微分方程

广义 Hamilton 系统的微分方程有形式[7]

$$\dot{a}^i = J_{ij}\frac{\partial H}{\partial a^j} \quad (i,j=1,2,\cdots,m) \tag{4.14.1}$$

其中 $J_{ij} = J_{ij}(\boldsymbol{a})$ 满足

$$J_{ij} = -J_{ji}$$
$$J_{il}\frac{\partial J_{jk}}{\partial a^l} + J_{jl}\frac{\partial J_{ki}}{\partial a^l} + J_{kl}\frac{\partial J_{ij}}{\partial a^l} = 0 \quad (i,j,k,l=1,2,\cdots,m) \tag{4.14.2}$$

对方程 (4.14.1) 添加附加项 $\Lambda_i = \Lambda_i(\boldsymbol{a})$, 有

$$\dot{a}^i = J_{ij}\frac{\partial H}{\partial a^j} + \Lambda_i \quad (i,j=1,2,\cdots,m) \tag{4.14.3}$$

4.14.2　系统的梯度表示

方程 (4.14.1) 和方程 (4.14.3), 一般都不能成为梯度系统 (4.1.1). 对方程 (4.14.1),
如果存在对称负定矩阵 $(s_{\mu\nu}(\boldsymbol{a}))$ 和函数 $V = V(\boldsymbol{a})$ 使得

$$J_{ij}\frac{\partial H}{\partial a^j} = s_{ij}\frac{\partial V}{\partial a^j} \quad (i, j = 1, 2, \cdots, m) \tag{4.14.4}$$

那么它是一个梯度系统 (4.1.1). 对方程 (4.14.3), 如果存在对称负定矩阵 $(s_{\mu\nu}(\boldsymbol{a}))$
和函数 $V = V(\boldsymbol{a})$ 使得

$$J_{ij}\frac{\partial H}{\partial a^j} + \Lambda_i = s_{ij}\frac{\partial V}{\partial a^j} \quad (i, j = 1, 2, \cdots, m) \tag{4.14.5}$$

那么它是一个梯度系统 (4.1.1). 注意到, 条件 (4.14.5) 比条件 (4.14.4) 容易实现.

4.14.3　解及其稳定性

系统 (4.14.1) 在条件 (4.14.4) 下, 或系统 (4.14.3) 在条件 (4.14.5) 下, 可化成梯
度系统 (4.1.1), 有

$$\dot{a}^i = s_{ij}\frac{\partial V}{\partial a^j} \quad (i, j = 1, 2, \cdots, m) \tag{4.14.6}$$

如果方程

$$s_{ij}\frac{\partial V}{\partial a^j} = 0 \quad (i, j = 1, 2, \cdots, m) \tag{4.14.7}$$

有解

$$a^i = a_0^i \quad (i = 1, 2, \cdots, m) \tag{4.14.8}$$

且函数 V 在解的邻域内正定, 那么解 (4.14.8) 是渐近稳定的.

4.14.4　应用举例

例　广义 Hamilton 系统为

$$(J_{ij}) = \begin{pmatrix} 0 & 1 & -1 \\ -1 & 0 & 1 \\ 1 & -1 & 0 \end{pmatrix}$$

$$H = \frac{1}{8}(a^2)^2 + \frac{1}{8}(a^3)^2$$

$$\Lambda_1 = -a^1, \quad \Lambda_2 = \frac{1}{4}a^1 - a^2, \quad \Lambda_3 = \frac{1}{4}a^1 + \frac{1}{2}a^2 - a^3 \tag{4.14.9}$$

试将其化成梯度系统 (4.1.1).

解　方程 (4.14.3) 给出

$$\dot{a}^1 = \frac{1}{4}a^2 - \frac{1}{4}a^3 - a^1$$

$$\dot{a}^2 = \frac{1}{4}a^3 + \frac{1}{4}a^1 - a^2$$

$$\dot{a}^3 = -\frac{1}{4}a^2 + \frac{1}{4}a^1 + \frac{1}{2}a^2 - a^3$$

它可写成形式

$$\begin{pmatrix} \dot{a}^1 \\ \dot{a}^2 \\ \dot{a}^3 \end{pmatrix} = \begin{pmatrix} -1 & \frac{1}{4} & \frac{1}{4} \\ \frac{1}{4} & -1 & \frac{1}{4} \\ \frac{1}{4} & \frac{1}{4} & -1 \end{pmatrix} \begin{pmatrix} \dfrac{\partial V}{\partial a^1} \\ \dfrac{\partial V}{\partial a^2} \\ \dfrac{\partial V}{\partial a^3} \end{pmatrix}$$

其中矩阵是对称负定的, 而函数 V 为

$$V = \frac{1}{2}(a^1)^2 + \frac{1}{2}(a^2)^2 + \frac{1}{2}(a^3)^2$$

因此, 零解 $a^1 = a^2 = a^3 = 0$ 是渐近稳定的.

本章研究了各类约束力学系统可以成为具有对称负定矩阵的梯度系统的条件. 这些条件中包括待求对称负定矩阵 $(s_{\mu\nu}(\boldsymbol{a}))$ 和函数 $V = V(\boldsymbol{a})$. 如果函数 V 在解的邻域内正定, 那么解就是渐近稳定的. 对于自然具有反对称性质的定常 Lagrange 系统, 定常 Hamilton 系统, 自治 Birkhoff 系统, 以及广义 Hamilton 系统, 很难找到矩阵 $(s_{\mu\nu}(\boldsymbol{a}))$ 和函数 $V = V(\boldsymbol{a})$, 即使能找到 $(s_{\mu\nu}(\boldsymbol{a}))$, 函数 $V(\boldsymbol{a})$ 也很难成为 Lyapunov 函数. 对其他力学系统, 反而容易做到. 本章结果为研究约束力学系统的稳定性提供了一条有效途径, 特别适合研究系统解的渐近稳定性.

习　　题

4-1　试证: 对 Hamilton 系统

$$H = \frac{1}{2}p^2 + \frac{1}{2}q^2$$

通过变换

$$a^1 = Dq + Ep$$
$$a^2 = Fq + Gp$$
$$(DG - FE \neq 0)$$

也不能化成如下形式

$$\begin{pmatrix} \dot{a}^1 \\ \dot{a}^2 \end{pmatrix} = \begin{pmatrix} -1 & 0 \\ 0 & -2 \end{pmatrix} \begin{pmatrix} \dfrac{\partial V}{\partial a^1} \\ \dfrac{\partial V}{\partial a^2} \end{pmatrix}$$

4-2　单自由度系统为

$$L = \frac{1}{2}\dot{q}^2 - 3q^2$$
$$Q = -6\dot{q}$$

试将其化成梯度系统 (4.1.1), 并研究零解的稳定性.

4-3　Birkhoff 系统为

$$R_1 = a^2, \quad R_2 = 0$$
$$B = -4a^1 a^2$$

试将其化成梯度系统 (4.1.1), 并研究零解的稳定性.

4-4　广义 Birkhoff 系统为

$$R_1 = a^2, \quad R_2 = 0$$
$$B = -2a^1 a^2$$
$$\Lambda_1 = -2a^2 - 4a^2[1 + \exp a^2] - 2(a^2)^2 \exp a^2, \quad \Lambda_2 = 0$$

试将其化成梯度系统 (4.1.1).

4-5　广义 Birkhoff 系统为

$$R_1 = a^2, \quad R_2 = 0$$
$$B = -2a^1 a^2 (2 + \cos a^1)$$
$$\Lambda_1 = -3a^2(2 + \cos a^1) + 2a^1 a^2 \sin a^1, \quad \Lambda_2 = 0$$

试将其化成梯度系统 (4.1.1).

4-6　试证: 对单自由度系统

$$L = \frac{1}{2}\dot{q}^2 - q^2$$
$$Q = -2\dot{q}$$

若令

$$a^1 = q$$
$$a^2 = q + \dot{q}$$

则它可化成如下梯度系统

$$\begin{pmatrix} \dot{a}^1 \\ \dot{a}^2 \end{pmatrix} = \begin{pmatrix} -1 & 1 \\ -1 & -1 \end{pmatrix} \begin{pmatrix} \dfrac{\partial V}{\partial a^1} \\ \dfrac{\partial V}{\partial a^2} \end{pmatrix}, \quad V = \frac{1}{2}(a^1)^2 + \frac{1}{2}(a^2)^2$$

但它不是梯度系统 (4.1.1).

参 考 文 献

[1]　McLachlan RI, Quispel GRW, Robidoux N. Geometric integration using discrete gradients. Phil Trans R Soc Lond A, 1999, 357: 1021–1045

[2]　Новосёлов ВС. Вариационные Методыв Механике.Ленинград: ЛГУ, 1966

[3] 梅凤翔. 非完整系统力学基础. 北京: 北京工业学院出版社, 1985

[4] Новосёлов ВС. Уравнени я движени я нелинейных нелолономных систем со связями не относя шимис я к типу НГ Четаева. Уч Зап ЛГУ мат Наук, 1960, 35(280): 53–67

[5] 梅凤翔. 非完整动力学研究. 北京: 北京工业学院出版社, 1987

[6] 梅凤翔. 广义 Birkhoff 系统动力学. 北京: 科学出版社, 2013

[7] 李继彬, 赵晓华, 刘正荣. 广义哈密顿系统理论及应用. 北京: 科学出版社, 1994

第 5 章　约束力学系统与具有半负定矩阵的梯度系统

本章研究各类约束力学系统与具有半负定矩阵的梯度系统, 给出力学系统成为这类梯度系统的条件, 并利用梯度系统的性质来研究力学系统的解及其稳定性.

5.1　具有半负定矩阵的梯度系统

本节讨论具有半负定矩阵的梯度系统, 包括系统的微分方程、性质, 以及简单应用.

5.1.1　微分方程

具有半负定矩阵的梯度系统的微分方程为 [1]

$$\dot{x}_i = a_{ij}(\boldsymbol{X}) \frac{\partial V(\boldsymbol{X})}{\partial x_j} \quad (i, j = 1, 2, \cdots, m) \tag{5.1.1}$$

其中 $(a_{ij}(\boldsymbol{X}))$ 为半负定矩阵.

5.1.2　性质

按方程 (5.1.1) 求 $\dot{V}$, 考虑到矩阵 $(a_{ij}(\boldsymbol{X}))$ 的半负定性质, 得

$$\dot{V} = \frac{\partial V}{\partial x_i} a_{ij} \frac{\partial V}{\partial x_j} \leqslant 0 \tag{5.1.2}$$

这样, 如果函数 V 在解的邻域内正定, 那么由 Lyapunov 定理知, 解是稳定的.

5.1.3　简单应用

例 1　梯度系统为

$$(a_{ij}) = \begin{pmatrix} -1 & 1 \\ 1 & -1 \end{pmatrix}, \quad V = \frac{1}{2} x_1^2 + \frac{1}{2} x_2^2 \tag{5.1.3}$$

试研究零解的稳定性.

解　微分方程为

$$\dot{x}_1 = -x_1 + x_2$$
$$\dot{x}_2 = x_1 - x_2$$

按方程求 $\dot{V}$, 得

$$\dot{V} = -(x_1 - x_2)^2 \leqslant 0$$

因此, 解 $x_1 = x_2 = 0$ 是稳定的.

例 2 梯度系统为

$$(a_{ij}) = \begin{pmatrix} 0 & 1 \\ -1 & -1 \end{pmatrix}, \quad V = x_1^2 + x_2^2 - x_1 x_2 \tag{5.1.4}$$

试研究零解的稳定性.

解 微分方程为

$$\dot{x}_1 = 2x_2 - x_1$$
$$\dot{x}_2 = -x_1 - x_2$$

按方程求 $\dot{V}$, 得

$$\dot{V} = -(x_1 - 2x_2)^2 \leqslant 0$$

因此, 零解 $x_1 = x_2 = 0$ 是稳定的.

5.2 Lagrange 系统与具有半负定矩阵的梯度系统

本节研究 Lagrange 系统的具有半负定矩阵的梯度表示, 包括系统的运动微分方程、系统的梯度表示、解及其稳定性, 以及具体应用.

5.2.1 系统的运动微分方程

研究定常 Lagrange 系统, 其运动微分方程有形式

$$\frac{\mathrm{d}}{\mathrm{d}t}\frac{\partial L}{\partial \dot{q}_s} - \frac{\partial L}{\partial q_s} = 0 \quad (s = 1, 2, \cdots, n) \tag{5.2.1}$$

其中 $L = L(\boldsymbol{q}, \dot{\boldsymbol{q}})$. 设系统非奇异, 即设

$$\det\left(\frac{\partial^2 L}{\partial \dot{q}_s \partial \dot{q}_k}\right) \neq 0 \tag{5.2.2}$$

则由方程 (5.2.1) 可解出所有广义加速度, 记作

$$\ddot{q}_s = \alpha_s(\boldsymbol{q}, \dot{\boldsymbol{q}}) \quad (s = 1, 2, \cdots, n) \tag{5.2.3}$$

为将方程 (5.2.1) 或 (5.2.3) 化成梯度系统的方程 (5.1.1), 需将其表示为一阶形式. 可取

$$a^s = q_s, \quad a^{n+s} = \dot{q}_s \quad (s = 1, 2, \cdots, n) \tag{5.2.4}$$

则方程 (5.2.3) 可写成形式

$$\dot{a}^\mu = F_\mu(\boldsymbol{a}) \quad (\mu = 1, 2, \cdots, 2n) \tag{5.2.5}$$

其中

$$F_s = a^{n+s}, \quad F_{n+s} = \alpha_s(\boldsymbol{a}) \tag{5.2.6}$$

若引进广义动量 p_s 和 Hamilton 函数 H

$$p_s = \frac{\partial L}{\partial \dot{q}_s}$$
$$H = p_s \dot{q}_s - L \tag{5.2.7}$$

则方程 (5.2.1) 可表示为正则形式

$$\dot{q}_s = \frac{\partial H}{\partial p_s}, \quad \dot{p}_s = -\frac{\partial H}{\partial q_s} \quad (s = 1, 2, \cdots, n) \tag{5.2.8}$$

它还可写成形式

$$\dot{a}^\mu = \omega^{\mu\nu} \frac{\partial H}{\partial a^\nu} \quad (\mu, \nu = 1, 2, \cdots, 2n) \tag{5.2.9}$$

其中

$$a^s = q_s, \quad a^{n+s} = p_s$$
$$(\omega^{\mu\nu}) = \begin{pmatrix} 0_{n\times n} & 1_{n\times n} \\ -1_{n\times n} & 0_{n\times n} \end{pmatrix} \tag{5.2.10}$$

5.2.2　系统的梯度表示

系统 (5.2.5) 或系统 (5.2.9), 一般都不是梯度系统 (5.1.1), 仅在一定条件下才能成为梯度系统 (5.1.1).

对系统 (5.2.5), 如果存在半负定矩阵 $(a_{\mu\nu}(\boldsymbol{a}))$ 和函数 $V = V(\boldsymbol{a})$ 使得

$$F_\mu = a_{\mu\nu} \frac{\partial V}{\partial a^\nu} \quad (\mu, \nu = 1, 2, \cdots, 2n) \tag{5.2.11}$$

那么它是一个梯度系统 (5.1.1). 对系统 (5.2.9), 如果存在半负定矩阵 $(a_{\mu\nu}(\boldsymbol{a}))$ 和函数 $V = V(\boldsymbol{a})$ 使得

$$\omega^{\mu\nu} \frac{\partial H}{\partial a^\nu} = a_{\mu\nu} \frac{\partial V}{\partial a^\nu} \quad (\mu, \nu = 1, 2, \cdots, 2n) \tag{5.2.12}$$

那么它是一个梯度系统 (5.1.1). 在条件 (5.2.12) 中左端矩阵是反对称的, 而右端矩阵是半负定的, 因此很难得以满足.

值得注意的是, 如果条件 (5.2.11) 或条件 (5.2.12) 不满足, 还不能断定它不是梯度系统 (5.1.1), 因为这与方程的一阶形式选取相关.

5.2.3 解及其稳定性

定常 Lagrange 系统在满足条件 (5.2.11) 或条件 (5.2.12) 下可化成具有半负定矩阵的梯度系统

$$\dot{a}^{\mu} = a_{\mu\nu}\frac{\partial V}{\partial a^{\nu}} \quad (\mu, \nu = 1, 2, \cdots, 2n) \tag{5.2.13}$$

如果方程

$$a_{\mu\nu}\frac{\partial V}{\partial a^{\nu}} = 0 \quad (\mu, \nu = 1, 2, \cdots, 2n) \tag{5.2.14}$$

有解

$$a_{\mu} = a_0^{\mu} \quad (\mu = 1, 2, \cdots, 2n) \tag{5.2.15}$$

且函数 V 在解的邻域内正定, 那么解 (5.2.15) 是稳定的.

5.2.4 应用举例

例 对 Lagrange 系统

$$L = \frac{1}{2}A\dot{q}^2 + \frac{1}{2}Bq^2$$

其中 A, B 为常数, 能否通过线性变换

$$a^1 = Dq + E\dot{q}$$
$$a^2 = Fq + G\dot{q}$$
$$(\Delta = DG - EF \neq 0)$$

将微分方程表示为如下形式

$$\begin{pmatrix} \dot{a}^1 \\ \dot{a}^2 \end{pmatrix} = \begin{pmatrix} 0 & 1 \\ -1 & -1 \end{pmatrix} \begin{pmatrix} \dfrac{\partial V}{\partial a^1} \\ \dfrac{\partial V}{\partial a^2} \end{pmatrix}$$

并求出函数 V.

解 由变换解出 $q, \dot{q}$, 有

$$q = \frac{1}{\Delta}(Ga^1 - Ea^2), \quad \dot{q} = \frac{1}{\Delta}(Da^2 - Fa^1) \tag{a}$$

由此得到

$$G\dot{a}^1 - E\dot{a}^2 = -Fa^1 + Da^2 \tag{b}$$

运动微分方程有形式

$$A\ddot{q} = Bq$$

代入式 (a), 得

$$A(-F\dot{a}^1 + D\dot{a}^2) = B(Ga^1 - Ea^2) \tag{c}$$

由式 (b), (c) 解出 $\dot{a}^1, \dot{a}^2$, 有

$$
\begin{aligned}
A\Delta\dot{a}^1 &= a^1(-ADF + BEG) + a^2(AD^2 - BE^2) \\
A\Delta\dot{a}^2 &= a^1(-AF^2 + BG^2) + a^2(ADF - BEG)
\end{aligned}
\tag{d}
$$

欲使

$$
\dot{a}^1 = \frac{\partial V}{\partial a^2}
$$

$$
\dot{a}^2 = -\frac{\partial V}{\partial a^1} - \frac{\partial V}{\partial a^2}
$$

则要求

$$
\frac{\partial(\dot{a}^1)}{\partial a^1} = -\frac{\partial(\dot{a}^1 + \dot{a}^2)}{\partial a^2} \tag{e}
$$

将式 (d) 代入式 (e), 则有

$$-ADF + BEG = -(AD^2 - BE^2 + ADF - BEG)$$

即

$$AD^2 = BE^2 \tag{f}$$

以及

$$\Delta = DG - EF \neq 0 \tag{g}$$

这样, 给定 A, B, 便可由式 (f), (g) 来选取系数 D, E, F, G. 例如, 取 $A = 1$, $B = -1$, 此时式 (f) 不满足. 再取 $A = B = 1, D = E = 1, G = 2, F = 1$, 此时式 (f), (g) 满足. 这样, 就有

$$
\begin{aligned}
a^1 &= q + \dot{q} \\
a^2 &= q + 2\dot{q}
\end{aligned}
$$

而

$$
\begin{aligned}
\dot{a}^1 &= a^1 \\
\dot{a}^2 &= 3a^1 - a^2
\end{aligned}
$$

可求得函数 V 为

$$V = a^1 a^2 - 2(a^1)^2$$

可惜的是, 它还不能成为 Lyapunov 函数.

　　这个例子表明, 将定常 Lagrange 系统化成具有半负定矩阵的梯度系统有较大困难. 即使能找到矩阵 $(a_{\mu\nu}(\boldsymbol{a}))$ 和函数 $V(\boldsymbol{a})$, 也不能保证 V 成为 Lyapunov 函数.

5.3 Hamilton 系统与具有半负定矩阵的梯度系统

本节研究 Hamilton 系统的具有半负定矩阵的梯度表示, 包括系统的运动微分方程、系统的梯度表示、解及其稳定性, 以及具体应用.

5.3.1 系统的运动微分方程

定常 Hamilton 系统的微分方程为

$$\dot{q}_s = \frac{\partial H}{\partial p_s}, \quad \dot{p}_s = -\frac{\partial H}{\partial q_s} \quad (s = 1, 2, \cdots, n) \tag{5.3.1}$$

其中 q_s, p_s 为正则变量, $H = H(\boldsymbol{q}, \boldsymbol{p})$ 为 Hamilton 函数. 方程 (5.3.1) 还可写成形式

$$\dot{a}^\mu = \omega^{\mu\nu} \frac{\partial H}{\partial a^\nu} \quad (\mu, \nu = 1, 2, \cdots, 2n) \tag{5.3.2}$$

其中

$$\begin{aligned} a^s = q_s, \quad a^{n+s} = p_s \\ (\omega^{\mu\nu}) = \begin{pmatrix} 0_{n \times n} & 1_{n \times n} \\ -1_{n \times n} & 0_{n \times n} \end{pmatrix} \end{aligned} \tag{5.3.3}$$

5.3.2 系统的梯度表示

Hamilton 系统 (5.3.2) 一般不是梯度系统 (5.1.1), 仅在一定条件下才能成为梯度系统 (5.1.1). 对系统 (5.3.2), 如果存在半负定矩阵 $(a_{\mu\nu}(\boldsymbol{a}))$ 和函数 $V = V(\boldsymbol{a})$ 使得

$$\omega^{\mu\nu} \frac{\partial H}{\partial a^\nu} = a_{\mu\nu} \frac{\partial V}{\partial a^\nu} \quad (\mu, \nu = 1, 2, \cdots, 2n) \tag{5.3.4}$$

那么它是一个梯度系统 (5.1.1). 容易看出, 条件 (5.3.4) 很难得以满足.

5.3.3 解及其稳定性

Hamilton 系统在满足条件 (5.3.4) 下可化成梯度系统 (5.1.1), 即

$$\dot{a}^\mu = a_{\mu\nu} \frac{\partial V}{\partial a^\nu} \quad (\mu, \nu = 1, 2, \cdots, 2n) \tag{5.3.5}$$

如果方程

$$a_{\mu\nu} \frac{\partial V}{\partial a^\nu} = 0 \quad (\mu, \nu = 1, 2, \cdots, 2n) \tag{5.3.6}$$

有解

$$a^\mu = a_0^\mu \quad (\mu = 1, 2, \cdots, 2n) \tag{5.3.7}$$

且函数 V 在解的邻域内正定, 那么解 (5.3.7) 是稳定的.

5.3.4　应用举例

例　试将 Hamilton 函数为

$$H = pq$$

的系统表示为

$$\begin{pmatrix} \dot{a}^1 \\ \dot{a}^2 \end{pmatrix} = \begin{pmatrix} 0 & 1 \\ -1 & -1 \end{pmatrix} \begin{pmatrix} \dfrac{\partial V}{\partial a^1} \\ \dfrac{\partial V}{\partial a^2} \end{pmatrix}$$

并求出函数 V.

解　令

$$a^1 = q$$
$$a^2 = p$$

则方程为

$$\dot{a}^1 = a^1$$
$$\dot{a}^2 = -a^2$$

于是有

$$\frac{\partial V}{\partial a^2} = a^1, \quad -\frac{\partial V}{\partial a^1} - \frac{\partial V}{\partial a^2} = -a^2$$

由此解得

$$V = a^1 a^2 - \frac{1}{2}(a^1)^2$$

可惜的是, 它还不能成为 Lyapunov 函数.

这个例子表明, 对定常 Hamilton 系统化成具有半负定矩阵的梯度系统, 有较大困难.

5.4　广义坐标下一般完整系统与具有半负定矩阵的梯度系统

本节研究广义坐标下一般完整系统的具有半负定矩阵的梯度表示, 包括系统的运动微分方程、系统的梯度表示、解及其稳定性, 以及具体应用.

5.4.1　系统的运动微分方程

研究定常一般完整系统, 其微分方程为

$$\frac{\mathrm{d}}{\mathrm{d}t}\frac{\partial L}{\partial \dot{q}_s} - \frac{\partial L}{\partial q_s} = Q_s \quad (s = 1, 2, \cdots, n) \tag{5.4.1}$$

其中 $L = L(\boldsymbol{q}, \dot{\boldsymbol{q}})$ 为 Lagrange 函数, $Q_s = Q_s(\boldsymbol{q}, \dot{\boldsymbol{q}})$ 为非势广义力. 假设系统非奇异, 即设

$$\det\left(\frac{\partial^2 L}{\partial \dot{q}_s \partial \dot{q}_k}\right) \neq 0 \tag{5.4.2}$$

则可由方程 (5.4.1) 求出所有广义加速度, 记作

$$\ddot{q}_s = \alpha_s(\boldsymbol{q}, \dot{\boldsymbol{q}}) \quad (s = 1, 2, \cdots, n) \tag{5.4.3}$$

5.4.2 系统的梯度表示

为将系统 (5.4.1) 或系统 (5.4.3) 化成梯度系统 (5.1.1), 需将其表示为一阶形式. 有多种方法实现一阶化. 例如, 取

$$a^s = q_s, \quad a^{n+s} = \dot{q}_s \quad (s = 1, 2, \cdots, n) \tag{5.4.4}$$

则方程 (5.4.3) 可写成形式

$$\dot{a}^\mu = F_\mu(\boldsymbol{a}) \quad (\mu = 1, 2, \cdots, 2n) \tag{5.4.5}$$

其中

$$F_s = a^{n+s}, \quad F_{n+s} = \alpha_s(\boldsymbol{a}) \quad (s = 1, 2, \cdots, n) \tag{5.4.6}$$

若引进广义动量 p_s 和 Hamilton 函数 H

$$\begin{aligned} p_s &= \frac{\partial L}{\partial \dot{q}_s} \\ H &= p_s \dot{q}_s - L \end{aligned} \tag{5.4.7}$$

则方程 (5.4.1) 可写成形式

$$\dot{q}_s = \frac{\partial H}{\partial p_s}, \quad \dot{p}_s = -\frac{\partial H}{\partial q_s} + \tilde{Q}_s \quad (s = 1, 2, \cdots, n) \tag{5.4.8}$$

其中

$$\tilde{Q}_s(\boldsymbol{q}, \boldsymbol{p}) = Q_s(\boldsymbol{q}, \dot{\boldsymbol{q}}(\boldsymbol{q}, \boldsymbol{p})) \tag{5.4.9}$$

方程 (5.4.8) 还可表示为

$$\dot{a}^\mu = \omega^{\mu\nu} \frac{\partial H}{\partial a^\nu} + \Lambda_\mu \quad (\mu, \nu = 1, 2, \cdots, 2n) \tag{5.4.10}$$

其中

$$a^s = q_s, \quad a^{n+s} = p_s$$

$$(\omega^{\mu\nu}) = \begin{pmatrix} 0_{n \times n} & 1_{n \times n} \\ -1_{n \times n} & 0_{n \times n} \end{pmatrix} \tag{5.4.11}$$

$$\Lambda_s = 0, \quad \Lambda_{n+s} = \tilde{Q}_s(\boldsymbol{a})$$

系统 (5.4.5) 或系统 (5.4.10), 一般都不是梯度系统 (5.1.1). 对系统 (5.4.5), 如果存在半负定矩阵 $(a_{\mu\nu}(\boldsymbol{a}))$ 和函数 $V = V(\boldsymbol{a})$ 使得

$$F_\mu = a_{\mu\nu} \frac{\partial V}{\partial a^\nu} \quad (\mu, \nu = 1, 2, \cdots, 2n) \tag{5.4.12}$$

那么它是一个梯度系统 (5.1.1). 对系统 (5.4.10), 如果存在半负定矩阵 $(a_{\mu\nu}(\boldsymbol{a}))$ 和函数 $V = V(\boldsymbol{a})$ 使得

$$\omega^{\mu\nu} \frac{\partial H}{\partial a^\nu} + \Lambda_\mu = a_{\mu\nu} \frac{\partial V}{\partial a^\nu} \quad (\mu, \nu = 1, 2, \cdots, 2n) \tag{5.4.13}$$

那么它是一个梯度系统 (5.1.1). 注意到, 条件 (5.4.13) 较条件 (5.4.12) 易实现.

5.4.3　解及其稳定性

一般完整系统在条件 (5.4.12) 或条件 (5.4.13) 下, 可写成梯度系统 (5.1.1), 即有

$$\dot{a}^\mu = a_{\mu\nu} \frac{\partial V}{\partial a^\nu} \quad (\mu, \nu = 1, 2, \cdots, 2n) \tag{5.4.14}$$

如果方程

$$a_{\mu\nu} \frac{\partial V}{\partial a^\nu} = 0 \quad (\mu, \nu = 1, 2, \cdots, 2n) \tag{5.4.15}$$

有解

$$a^\mu = a_0^\mu \quad (\mu = 1, 2, \cdots, 2n) \tag{5.4.16}$$

且函数 V 在解的邻域内正定, 那么解 (5.4.16) 是稳定的.

5.4.4　应用举例

例 1　单自由度系统为

$$L = \frac{1}{2}\dot{q}^2 - \frac{1}{2}q^2$$
$$Q = -\dot{q} \tag{5.4.17}$$

其中各量已无量纲化. 试将其化成梯度系统 (5.1.1), 并研究解的稳定性.

解　方程 (5.4.1) 给出

$$\ddot{q} = -q - \dot{q}$$

令

$$a^1 = q$$
$$a^2 = \dot{q}$$

则有

$$\dot{a}^1 = a^2$$
$$\dot{a}^2 = -a^1 - a^2$$

它可写成如下形式

$$\begin{pmatrix} \dot{a}^1 \\ \dot{a}^2 \end{pmatrix} = \begin{pmatrix} 0 & 1 \\ -1 & -1 \end{pmatrix} \begin{pmatrix} \dfrac{\partial V}{\partial a^1} \\ \dfrac{\partial V}{\partial a^2} \end{pmatrix}$$

其中矩阵是半负定的, 而函数 V 为

$$V = \frac{1}{2}(a^1)^2 + \frac{1}{2}(a^2)^2$$

因此, 解 $a^1 = a^2 = 0$ 是稳定的.

例 2   单自由度系统为

$$L = \frac{1}{2}\dot{q}^2 - \frac{1}{2}q^2 \exp q$$
$$Q = -\dot{q}$$

(5.4.18)

试将其化成梯度系统 (5.1.1).

解   方程 (5.4.1) 给出

$$\ddot{q} = -q \exp q - \frac{1}{2}q^2 \exp q - \dot{q}$$

令

$$a^1 = q$$
$$a^2 = \dot{q}$$

则有

$$\dot{a}^1 = a^2$$
$$\dot{a}^2 = -a^1 \exp a^1 - \frac{1}{2}(a^1)^2 \exp a^1 - a^2$$

它可写成形式

$$\begin{pmatrix} \dot{a}^1 \\ \dot{a}^2 \end{pmatrix} = \begin{pmatrix} 0 & 1 \\ -1 & -1 \end{pmatrix} \begin{pmatrix} \dfrac{\partial V}{\partial a^1} \\ \dfrac{\partial V}{\partial a^2} \end{pmatrix}$$

其中

$$V = \frac{1}{2}(a^1)^2 \exp a^1 + \frac{1}{2}(a^2)^2$$

因此, 解 $a^1 = a^2 = 0$ 是稳定的.

例 3   单自由度系统为

$$L = \frac{1}{2}\dot{q}^2 - 3\int q(1+q^2)^2 \mathrm{d}q$$

$$Q = -2\dot{q} + \frac{2q\dot{q}^2}{1+q^2}$$

(5.4.19)

试将其化成梯度系统 (5.1.1).

解   微分方程为

$$\ddot{q} = -3q(1+q^2)^2 - 2\dot{q} + \frac{2q\dot{q}^2}{1+q^2}$$

令

$$a^1 = q$$
$$a^2 = \frac{1}{2}\left(\frac{\dot{q}}{1+q^2} + q\right)$$

则有

$$\dot{a}^1 = (2a^2 - a^1)[1 + (a^1)^2]$$
$$\dot{a}^2 = -(2a^1 - a^2)[1 + (a^1)^2] - (2a^2 - a^1)$$

它可写成形式

$$\begin{pmatrix} \dot{a}^1 \\ \dot{a}^2 \end{pmatrix} = \begin{pmatrix} 0 & 1 + (a^1)^2 \\ -[1 + (a^1)^2] & -1 \end{pmatrix} \begin{pmatrix} \dfrac{\partial V}{\partial a^1} \\ \dfrac{\partial V}{\partial a^2} \end{pmatrix}$$

其中矩阵是半负定的, 而函数 V 为

$$V = (a^1)^2 + (a^2)^2 - a^1 a^2$$

因此, 解 $a^1 = a^2 = 0$ 是稳定的.

例 4   单自由度系统为

$$L = \frac{1}{2}\dot{q}^2 - \int q(2+\sin q)^2 \mathrm{d}q$$

$$Q = -\dot{q} + \frac{\dot{q}^2 \cos q}{2 + \sin q}$$

(5.4.20)

试将其化成梯度系统 (5.1.1).

解   微分方程为

$$\ddot{q} = -q(2 + \sin q)^2 - \dot{q} + \frac{\dot{q}^2 \cos q}{2 + \sin q}$$

令

$$a^1 = q$$
$$a^2 = -\frac{\dot{q}}{2 + \sin q}$$

则有

$$\dot{a}^1 = -a^2(2 + \sin a^1)$$
$$\dot{a}^2 = a^1(2 + \sin a^1) - a^2$$

它可写成形式

$$\begin{pmatrix} \dot{a}^1 \\ \dot{a}^2 \end{pmatrix} = \begin{pmatrix} 0 & -(2 + \sin a^1) \\ 2 + \sin a^1 & -1 \end{pmatrix} \begin{pmatrix} \dfrac{\partial V}{\partial a^1} \\ \dfrac{\partial V}{\partial a^2} \end{pmatrix}$$

其中矩阵是半负定的, 而函数 V 为

$$V = \frac{1}{2}(a^1)^2 + \frac{1}{2}(a^2)^2$$

因此, 解 $a^1 = a^2 = 0$ 是稳定的.

例 5 单自由度系统为

$$L = \frac{1}{2}\dot{q}^2 - 4\int q(2 + \cos q)\mathrm{d}q + 2\int q^2\sin q\mathrm{d}q \tag{5.4.21}$$
$$Q = -2\dot{q}$$

试将其化成梯度系统 (5.1.1).

解 微分方程为

$$\ddot{q} = -4q(2 + \cos q) + 2q^2\sin q - 2\dot{q}$$

令

$$a^1 = q$$
$$a^2 = \frac{1}{2}\dot{q}$$

则有

$$\dot{a}^1 = 2a^2$$
$$\dot{a}^2 = -2a^1(2 + \cos a^1) + (a^1)^2\sin a^1 - 2a^2$$

它可写成形式

$$\begin{pmatrix} \dot{a}^1 \\ \dot{a}^2 \end{pmatrix} = \begin{pmatrix} 0 & 1 \\ -1 & -1 \end{pmatrix} \begin{pmatrix} \dfrac{\partial V}{\partial a^1} \\ \dfrac{\partial V}{\partial a^2} \end{pmatrix}$$

其中矩阵为半负定的, 而函数 V 为

$$V = (a^1)^2(2 + \cos a^1) + (a^2)^2$$

因此, 解 $a^1 = a^2 = 0$ 是稳定的.

5.5　带附加项的 Hamilton 系统与具有半负定矩阵的梯度系统

本节研究带附加项的 Hamilton 系统的具有半负定矩阵的梯度表示, 包括系统的运动微分方程、系统的梯度表示、解及其稳定性, 以及具体应用.

5.5.1　系统的运动微分方程

带附加项的定常 Hamilton 系统的微分方程为

$$\dot{q}_s = \frac{\partial H}{\partial p_s}, \quad \dot{p}_s = -\frac{\partial H}{\partial q_s} + \tilde{Q}_s \quad (s = 1, 2, \cdots, n) \tag{5.5.1}$$

它可写成形式

$$\dot{a}^\mu = \omega^{\mu\nu} \frac{\partial H}{\partial a^\nu} + \Lambda_\mu \quad (\mu, \nu = 1, 2, \cdots, 2n) \tag{5.5.2}$$

其中

$$\begin{aligned} & a^s = q_s, \quad a^{n+s} = p_s \\ & (\omega^{\mu\nu}) = \begin{pmatrix} 0_{n\times n} & 1_{n\times n} \\ -1_{n\times n} & 0_{n\times n} \end{pmatrix} \\ & \Lambda_s = 0, \quad \Lambda_{n+s} = \tilde{Q}_s(\boldsymbol{a}) \end{aligned} \tag{5.5.3}$$

5.5.2　系统的梯度表示

系统 (5.5.2) 一般不是梯度系统 (5.1.1). 如果存在半负定矩阵 $(a_{\mu\nu}(\boldsymbol{a}))$ 和函数 $V = V(\boldsymbol{a})$ 使得

$$\omega^{\mu\nu} \frac{\partial H}{\partial a^\nu} + \Lambda_\mu = a_{\mu\nu} \frac{\partial V}{\partial a^\nu} \quad (\mu, \nu = 1, 2, \cdots, 2n) \tag{5.5.4}$$

那么它是一个梯度系统 (5.1.1).

值得注意的是, 如果条件 (5.5.4) 不满足, 还不能断定它不是梯度系统 (5.1.1), 因为这与方程的一阶形式选取相关.

5.5.3 解及其稳定性

带附加项的 Hamilton 系统在条件 (5.5.4) 下可化成梯度系统 (5.1.1), 即有

$$\dot{a}^\mu = a_{\mu\nu} \frac{\partial V}{\partial a^\nu} \quad (\mu, \nu = 1, 2, \cdots, 2n) \tag{5.5.5}$$

如果方程

$$a_{\mu\nu} \frac{\partial V}{\partial a^\nu} = 0 \quad (\mu, \nu = 1, 2, \cdots, 2n) \tag{5.5.6}$$

有解

$$a^\mu = a_0^\mu \quad (\mu = 1, 2, \cdots, 2n) \tag{5.5.7}$$

且函数 V 在解的邻域内正定, 那么解 (5.5.7) 是稳定的.

5.5.4 应用举例

例 1 Hamilton 函数和附加项分别为

$$\begin{aligned} H &= \frac{1}{2}p^2 \\ \tilde{Q} &= -2p \end{aligned} \tag{5.5.8}$$

试将其化成梯度系统 (5.1.1).

解 方程 (5.5.1) 给出

$$\begin{aligned} \dot{q} &= p \\ \dot{p} &= -2p \end{aligned}$$

取

$$\begin{aligned} a^1 &= q \\ a^2 &= p \end{aligned}$$

则有

$$\begin{aligned} \dot{a}^1 &= a^2 \\ \dot{a}^2 &= -2a^2 \end{aligned}$$

它还不能成为梯度系统 (5.1.1). 再令

$$\begin{aligned} a^1 &= q \\ a^2 &= q + p \end{aligned}$$

则有

$$\begin{aligned} \dot{a}^1 &= -a^1 + a^2 \\ \dot{a}^2 &= a^1 - a^2 \end{aligned}$$

它可写成形式

$$\begin{pmatrix} \dot{a}^1 \\ \dot{a}^2 \end{pmatrix} = \begin{pmatrix} -1 & 1 \\ 1 & -1 \end{pmatrix} \begin{pmatrix} \dfrac{\partial V}{\partial a^1} \\ \dfrac{\partial V}{\partial a^2} \end{pmatrix}$$

其中

$$V = \frac{1}{2}(a^1)^2 + \frac{1}{2}(a^2)^2$$

因此, 解 $a^1 = a^2 = 0$ 是稳定的.

例 2　单自由度系统为

$$H = p^2 + \frac{3}{2}q^2 + pq$$
$$\tilde{Q} = -2p \tag{5.5.9}$$

试将其化成梯度系统 (5.1.1).

解　微分方程为

$$\dot{q} = 2p + q$$
$$\dot{p} = -3q - 3p$$

令

$$a^1 = q$$
$$a^2 = p$$

则有

$$\dot{a}^1 = a^1 + 2a^2$$
$$\dot{a}^2 = -3a^1 - 3a^2$$

它可写成形式

$$\begin{pmatrix} \dot{a}^1 \\ \dot{a}^2 \end{pmatrix} = \begin{pmatrix} 0 & 1 \\ -1 & -1 \end{pmatrix} \begin{pmatrix} \dfrac{\partial V}{\partial a^1} \\ \dfrac{\partial V}{\partial a^2} \end{pmatrix}$$

其中矩阵为半负定的, 而函数 V 为

$$V = (a^1)^2 + (a^2)^2 + a^1 a^2$$

它在 $a^1 = a^2 = 0$ 的邻域内正定, 因此, 解 $a^1 = a^2 = 0$ 是稳定的.

例 3　单自由度系统为

$$H = p^2 + q^2 + \frac{1}{3}q^3$$
$$\tilde{Q} = -2p \tag{5.5.10}$$

试将其化成梯度系统 (5.1.1).

解　微分方程为

$$\dot{q} = 2p$$
$$\dot{p} = -2q - q^2 - 2p$$

令

$$a^1 = q$$
$$a^2 = p$$

则有

$$\dot{a}^1 = 2a^2$$
$$\dot{a}^2 = -2a^1 - (a^1)^2 - 2a^2$$

它可写成形式

$$\begin{pmatrix} \dot{a}^1 \\ \dot{a}^2 \end{pmatrix} = \begin{pmatrix} 0 & 1 \\ -1 & -1 \end{pmatrix} \begin{pmatrix} \dfrac{\partial V}{\partial a^1} \\ \dfrac{\partial V}{\partial a^2} \end{pmatrix}$$

其中矩阵是半负定的, 而函数 V 为

$$V = (a^1)^2 + (a^2)^2 + \frac{1}{3}(a^1)^3$$

它在 $a^1 = a^2 = 0$ 的邻域内是正定的, 因此解 $a^1 = a^2 = 0$ 是稳定的.

例 4　单自由度系统为

$$H = p^2 + q^2(2 + \sin q)$$
$$\tilde{Q} = -2p \tag{5.5.11}$$

试将其化成梯度系统 (5.1.1).

解　微分方程为

$$\dot{q} = 2p$$
$$\dot{p} = -2q(2 + \sin q) - q^2 \cos q - 2p$$

令

$$a^1 = q$$
$$a^2 = p$$

则有

$$\dot{a}^1 = 2a^2$$
$$\dot{a}^2 = -2a^1(2 + \sin a^1) - (a^1)^2 \cos a^1 - 2a^2$$

它可写成形式

$$\begin{pmatrix} \dot{a}^1 \\ \dot{a}^2 \end{pmatrix} = \begin{pmatrix} 0 & 1 \\ -1 & -1 \end{pmatrix} \begin{pmatrix} \dfrac{\partial V}{\partial a^1} \\ \dfrac{\partial V}{\partial a^2} \end{pmatrix}$$

其中矩阵为半负定的, 而函数 V 为

$$V = (a^1)^2(2 + \sin a^1) + (a^2)^2$$

因此, 零解 $a^1 = a^2 = 0$ 是稳定的.

5.6　准坐标下完整系统与具有半负定矩阵的梯度系统

本节研究准坐标下完整系统的具有半负定矩阵的梯度表示, 包括系统的运动微分方程、系统的梯度表示、解及其稳定性, 以及具体应用.

5.6.1　系统的运动微分方程

假设力学系统的位形由 n 个广义坐标 q_s $(s = 1, 2, \cdots, n)$ 来确定. 引进 n 个彼此独立且相容的准速度 ω_s, 记作

$$\omega_s = a_{sk}(\boldsymbol{q})\dot{q}_k \quad (s, k = 1, 2, \cdots, n) \tag{5.6.1}$$

设由式 (5.6.1) 可解出所有广义速度 $\dot{q}_s$, 记作

$$\dot{q}_s = b_{sk}(\boldsymbol{q})\omega_k \quad (s, k = 1, 2, \cdots, n) \tag{5.6.2}$$

其中

$$a_{sk}b_{kr} = \delta_{sr} \tag{5.6.3}$$

系统的运动微分方程有形式 [2]

$$\frac{\mathrm{d}}{\mathrm{d}t}\frac{\partial L^*}{\partial \omega_s} + \frac{\partial L^*}{\partial \omega_k}\gamma_{rs}^k\omega_r - \frac{\partial L^*}{\partial \pi_s} = P_s^* \quad (s, k, r = 1, 2, \cdots, n) \tag{5.6.4}$$

其中

$$\gamma_{rs}^k = \left(\frac{\partial a_{km}}{\partial q_l} - \frac{\partial a_{kl}}{\partial q_m}\right)b_{lr}b_{ms} \tag{5.6.5}$$

称为 Boltzmann 三标记号, 有

$$\gamma_{rs}^k = -\gamma_{sr}^k \quad (s, r, k = 1, 2, \cdots, n) \tag{5.6.6}$$

而 L^* 为用准速度表示的 Lagrange 函数, 有

$$L^*(t, q_s, \omega_s) = L(t, q_s, b_{sk}\omega_k) \tag{5.6.7}$$

对准坐标的偏导数定义为

$$\frac{\partial}{\partial \pi_s} = b_{ks}\frac{\partial}{\partial q_k} \tag{5.6.8}$$

而 P_s^* 为用准速度表示的广义力, 有

$$P_s^* = Q_k b_{ks} \tag{5.6.9}$$

设系统非奇异, 即设

$$\det\left(\frac{\partial^2 L^*}{\partial \omega_s \partial \omega_k}\right) \neq 0 \tag{5.6.10}$$

则由方程 (5.6.4) 可解出所有 $\dot{\omega}_s$, 记作

$$\dot{\omega}_s = \alpha_s(t, \boldsymbol{q}, \boldsymbol{\omega}) \quad (s = 1, 2, \cdots, n) \tag{5.6.11}$$

于是, 系统的运动就由方程 (5.6.2) 和方程 (5.6.11) 来确定.

5.6.2 系统的梯度表示

设系统不含时间 t. 为将方程 (5.6.2), (5.6.11) 表示为梯度系统的方程, 需将其化成一阶形式. 可令

$$a^s = q_s, \quad a^{n+s} = \omega_s \quad (s = 1, 2, \cdots, n) \tag{5.6.12}$$

则方程 (5.6.2), (5.6.11) 统一表示为

$$\dot{a}^\mu = F_\mu(\boldsymbol{a}) \quad (\mu = 1, 2, \cdots, 2n) \tag{5.6.13}$$

其中

$$F_s = b_{sk} a^{n+k}, \quad F_{n+s} = \alpha_s(\boldsymbol{a}) \tag{5.6.14}$$

一般说, 系统 (5.6.13) 不是梯度系统 (5.1.1). 对系统 (5.6.13), 如果存在半负定矩阵 $(a_{\mu\nu}(\boldsymbol{a}))$ 和函数 $V = V(\boldsymbol{a})$ 使得

$$F_\mu = a_{\mu\nu} \frac{\partial V}{\partial a^\nu} \quad (\mu, \nu = 1, 2, \cdots, 2n) \tag{5.6.15}$$

那么它是一个梯度系统 (5.1.1).

5.6.3 解及其稳定性

准坐标下一般完整系统在满足条件 (5.6.15) 下可化成梯度系统 (5.1.1), 即有

$$\dot{a}^\mu = a_{\mu\nu} \frac{\partial V}{\partial a^\nu} \quad (\mu, \nu = 1, 2, \cdots, 2n) \tag{5.6.16}$$

如果方程

$$a_{\mu\nu} \frac{\partial V}{\partial a^\nu} = 0 \quad (\mu, \nu = 1, 2, \cdots, 2n) \tag{5.6.17}$$

有解

$$a^\mu = a_0^\mu \quad (\mu = 1, 2, \cdots, 2n) \tag{5.6.18}$$

且函数 V 在解的邻域内正定, 那么解 (5.6.18) 是稳定的.

5.6.4　应用举例

例　二自由度系统为

$$L^* = \frac{1}{2}(\omega_1^2 + \omega_2^2) + \frac{1}{4}q_1^2 - \frac{3}{2}q_2^2$$

$$\dot{q}_1 = q_1\omega_1, \quad \dot{q}_2 = \omega_2 \tag{5.6.19}$$

$$P_1^* = 0, \quad P_2^* = -2\omega_2$$

试将其化成梯度系统 (5.1.1).

解　方程 (5.6.2) 和 (5.6.4) 给出

$$\dot{q}_1 = q_1\omega_1, \quad \dot{q}_2 = \omega_2$$

$$\dot{\omega}_1 = \frac{1}{2}q_1^2, \quad \dot{\omega}_2 = -3q_2 - 2\omega_2$$

现将第二、第四个方程化成梯度系统 (5.1.1). 令

$$a^2 = q_2$$

$$a^4 = \frac{1}{2}(q_2 + \dot{q}_2)$$

则有

$$\dot{a}^2 = -a^2 + 2a^4$$

$$\dot{a}^4 = -a^2 - a^4$$

它可写成形式

$$\begin{pmatrix} \dot{a}^2 \\ \dot{a}^4 \end{pmatrix} = \begin{pmatrix} 0 & 1 \\ -1 & -1 \end{pmatrix} \begin{pmatrix} \dfrac{\partial V}{\partial a^2} \\ \dfrac{\partial V}{\partial a^4} \end{pmatrix}$$

其中矩阵是半负定的, 而函数 V 为

$$V = (a^2)^2 + (a^4)^2 - a^2 a^4$$

因此, 零解 $a^2 = a^4 = 0$ 是稳定的.

5.7　相对运动动力学系统与具有半负定矩阵的梯度系统

本节研究相对运动动力学系统的具有半负定矩阵的梯度表示, 包括系统的运动微分方程、系统的梯度表示、解及其稳定性, 以及具体应用.

5.7.1 系统的运动微分方程

假设载体极点 O 的速度 $\boldsymbol{v}_0$ 以及载体的角速度 $\boldsymbol{\omega}$ 为时间的已知函数. 被载体由 N 个质点组成, 质点系的位置由 n 个广义坐标 $q_s\ (s=1,2,\cdots,n)$ 来确定. 系统的运动微分方程有形式 [2,3]

$$\frac{\mathrm{d}}{\mathrm{d}t}\frac{\partial T_r}{\partial \dot{q}_s} - \frac{\partial T_r}{\partial q_s} = Q_s - \frac{\partial}{\partial q_s}(V^0 + V^\omega) + Q_s^{\dot{\omega}} + \varGamma_s \quad (s=1,2,\cdots,n) \tag{5.7.1}$$

令

$$L_r = T_r - V - V^0 - V^\omega \tag{5.7.2}$$

则方程可写成形式

$$\frac{\mathrm{d}}{\mathrm{d}t}\frac{\partial L_r}{\partial \dot{q}_s} - \frac{\partial L_r}{\partial q_s} = Q_s'' + Q_s^{\dot{\omega}} + \varGamma_s \quad (s=1,2,\cdots,n) \tag{5.7.3}$$

设系统非奇异, 即设

$$\det\left(\frac{\partial^2 L_r}{\partial \dot{q}_s \partial \dot{q}_k}\right) \neq 0 \tag{5.7.4}$$

则由方程 (5.7.3) 可解出所有广义加速度, 记作

$$\ddot{q}_s = \alpha_s(t,\boldsymbol{q},\dot{\boldsymbol{q}}) \quad (s=1,2,\cdots,n) \tag{5.7.5}$$

引进广义动量 p_s 和 Hamilton 函数 H

$$\begin{aligned} p_s &= \frac{\partial L_r}{\partial \dot{q}_s} \\ H &= p_s\dot{q}_s - L_r \end{aligned} \tag{5.7.6}$$

则方程 (5.7.3) 可写成正则形式

$$\dot{q}_s = \frac{\partial H}{\partial p_s}, \quad \dot{p}_s = -\frac{\partial H}{\partial q_s} + \tilde{Q}_s'' + \tilde{Q}_s^{\dot{\omega}} + \tilde{\varGamma}_s \quad (s=1,2,\cdots,n) \tag{5.7.7}$$

其中 $\tilde{Q}_s''$, $\tilde{Q}_s^{\dot{\omega}}$ 和 $\tilde{\varGamma}_s$ 分别为正则变量表示的 Q_s'', $Q_s^{\dot{\omega}}$ 和 $\varGamma_s$.

5.7.2 系统的梯度表示

假设系统不含时间 t. 令

$$a^s = q_s, \quad a^{n+s} = \dot{q}_s \tag{5.7.8}$$

则方程 (5.7.5) 可写成形式

$$\dot{a}^\mu = F_\mu(\boldsymbol{a}) \quad (\mu=1,2,\cdots,2n) \tag{5.7.9}$$

其中

$$F_s = a^{n+s}, \quad F_{n+s} = \alpha_s(\boldsymbol{a}) \tag{5.7.10}$$

方程 (5.7.7) 还可写成形式

$$\dot{a}^\mu = \omega^{\mu\nu} \frac{\partial H}{\partial a^\nu} + \Lambda_\mu \quad (\mu, \nu = 1, 2, \cdots, 2n) \tag{5.7.11}$$

其中

$$
\begin{aligned}
& a^s = q_s, \quad a^{n+s} = p_s \\
& (\omega^{\mu\nu}) = \begin{pmatrix} 0_{n \times n} & 1_{n \times n} \\ -1_{n \times n} & 0_{n \times n} \end{pmatrix} \\
& \Lambda_s = 0, \quad \Lambda_{n+s} = \tilde{Q}_s^{''} + \tilde{Q}_s^{\dot{\omega}} + \tilde{\Gamma}_s
\end{aligned}
\tag{5.7.12}
$$

一般说, 系统 (5.7.9) 或系统 (5.7.11) 都不是梯度系统 (5.1.1). 对系统 (5.7.9), 如果存在半负定矩阵 $(a_{\mu\nu}(\boldsymbol{a}))$ 和函数 $V = V(\boldsymbol{a})$ 使得

$$F_\mu = a_{\mu\nu} \frac{\partial V}{\partial a^\nu} \quad (\mu, \nu = 1, 2, \cdots, 2n) \tag{5.7.13}$$

那么它是一个梯度系统 (5.1.1). 对系统 (5.7.11), 如果存在半负定矩阵 $(a_{\mu\nu}(\boldsymbol{a}))$ 和函数 $V = V(\boldsymbol{a})$ 使得

$$\omega^{\mu\nu} \frac{\partial H}{\partial a^\nu} + \Lambda_\mu = a_{\mu\nu} \frac{\partial V}{\partial a^\nu} \quad (\mu, \nu = 1, 2, \cdots, 2n) \tag{5.7.14}$$

那么它是一个梯度系统 (5.1.1).

5.7.3　解及其稳定性

相对运动动力学系统在条件 (5.7.13) 或条件 (5.7.14) 下可化成梯度系统 (5.1.1), 即有

$$\dot{a}^\mu = a_{\mu\nu} \frac{\partial V}{\partial a^\nu} \quad (\mu, \nu = 1, 2, \cdots, 2n) \tag{5.7.15}$$

如果方程

$$a_{\mu\nu} \frac{\partial V}{\partial a^\nu} = 0 \quad (\mu, \nu = 1, 2, \cdots, 2n) \tag{5.7.16}$$

有解

$$a^\mu = a_0^\mu \quad (\mu = 1, 2, \cdots, 2n) \tag{5.7.17}$$

且函数 V 在解的邻域内正定, 那么解 (5.7.17) 是稳定的.

5.7.4　应用举例

例 1　单自由度相对运动动力学系统为

$$T_r = \frac{1}{2}\dot{q}^2, \quad V = q^2, \quad V^\omega = -\frac{1}{2}q^2$$
$$Q'' = -\dot{q}, \quad V^0 = Q^\omega = \Gamma = 0 \tag{5.7.18}$$

试将其化成梯度系统 (5.1.1).

解　方程 (5.7.3) 给出

$$\ddot{q} = -q - \dot{q}$$

令

$$a^1 = q$$
$$a^2 = \dot{q}$$

则有

$$\dot{a}^1 = a^2$$
$$\dot{a}^2 = -a^1 - a^2$$

它可写成形式

$$\begin{pmatrix} \dot{a}^1 \\ \dot{a}^2 \end{pmatrix} = \begin{pmatrix} 0 & 1 \\ -1 & -1 \end{pmatrix} \begin{pmatrix} \dfrac{\partial V}{\partial a^1} \\ \dfrac{\partial V}{\partial a^2} \end{pmatrix}$$

而函数 V 为

$$V = \frac{1}{2}(a^1)^2 + \frac{1}{2}(a^2)^2$$

因此, 解 $a^1 = a^2 = 0$ 是稳定的.

例 2　二自由度相对运动动力学系统为

$$L_r = \frac{1}{2}(\dot{q}_1^2 + \dot{q}_2^2) - \frac{1}{2}q_1^2 - 4\int q_2(2 + \sin q_2)\mathrm{d}q_2 - 2\int q_2^2\cos q_2\mathrm{d}q_2$$
$$Q_1'' = -\dot{q}_1^2, \quad Q_2'' = -2\dot{q}_2 \tag{5.7.19}$$
$$\Gamma_1 = \Gamma_2 = Q_1^{\dot{\omega}} = Q_2^{\dot{\omega}} = 0$$

试将其化成梯度系统 (5.1.1).

解　方程 (5.7.3) 给出

$$\ddot{q}_1 = -q_1 - \dot{q}_1^2$$
$$\ddot{q}_2 = -4q_2(2 + \sin q_2) - 2q_2^2\cos q_2 - 2\dot{q}_2$$

现将第二个方程化成梯度系统 (5.1.1). 令

$$a^2 = q_2$$
$$a^4 = \frac{1}{2}\dot{q}_2$$

则有

$$\dot{a}^2 = 2a^4$$
$$\dot{a}^4 = -2a^2(2+\mathrm{sin}a^2) - (a^2)^2\mathrm{cos}a^2 - 2a^4$$

它可写成如下形式

$$\begin{pmatrix} \dot{a}^2 \\ \dot{a}^4 \end{pmatrix} = \begin{pmatrix} 0 & 1 \\ -1 & -1 \end{pmatrix} \begin{pmatrix} \dfrac{\partial V}{\partial a^2} \\ \dfrac{\partial V}{\partial a^4} \end{pmatrix}$$

其中矩阵是半负定的, 而函数 V 为

$$V = (a^2)^2(2+\mathrm{sin}a^2) + (a^4)^2$$

因此, 解 $a^2 = a^4 = 0$ 是稳定的.

例 3　二自由度相对运动动力学系统为

$$L_r = \frac{1}{2}(\dot{q}_1^2 + \dot{q}_2^2) - \frac{1}{2}q_1^2 - \int q_2(1+q_2^2)^2\mathrm{d}q_2$$
$$Q_1'' = -\dot{q}_1 + \dot{q}_2, \quad Q_2'' = -\dot{q}_2 + \frac{2q_2\dot{q}_2^2}{1+q_2^2} - \dot{q}_1 \tag{5.7.20}$$
$$\varGamma_1 = -\dot{q}_2, \quad \varGamma_2 = \dot{q}_1, \quad Q_1^{\dot{\omega}} = Q_2^{\dot{\omega}} = 0$$

试将其化成梯度系统 (5.1.1).

解　方程 (5.7.3) 给出

$$\ddot{q}_1 = -q_1 - \dot{q}_1$$
$$\ddot{q}_2 = -q_2(1+q_2^2)^2 - \dot{q}_2 + \frac{2q_2\dot{q}_2^2}{1+q_2^2}$$

令

$$a_1 = q_1$$
$$a^2 = q_2$$
$$a^3 = \dot{q}_1$$
$$a^4 = \frac{\dot{q}_2}{1+q_2^2}$$

则有

$$\dot{a}^1 = a^3$$
$$\dot{a}^3 = -a^1 - a^3$$
$$\dot{a}^2 = a^4[1+(a^2)^2]$$
$$\dot{a}^4 = -a^2[1+(a^2)^2] - a^4$$

它可写成形式

$$
\begin{pmatrix} \dot{a}^1 \\ \dot{a}^3 \\ \dot{a}^2 \\ \dot{a}^4 \end{pmatrix} = \begin{pmatrix} 0 & 1 & 0 & 0 \\ -1 & -1 & 0 & 0 \\ 0 & 0 & 0 & 1+(a^2)^2 \\ 0 & 0 & -[1+(a^2)^2] & -1 \end{pmatrix} \begin{pmatrix} \dfrac{\partial V}{\partial a^1} \\ \dfrac{\partial V}{\partial a^3} \\ \dfrac{\partial V}{\partial a^2} \\ \dfrac{\partial V}{\partial a^4} \end{pmatrix}
$$

其中矩阵是半负定的, 而函数 V 为

$$
V = \frac{1}{2}(a^1)^2 + \frac{1}{2}(a^2)^2 + \frac{1}{2}(a^3)^2 + \frac{1}{2}(a^4)^2
$$

因此, 解 $a^1 = a^2 = a^3 = a^4 = 0$ 是稳定的.

5.8 变质量力学系统与具有半负定矩阵的梯度系统

本节研究变质量完整力学系统的具有半负定矩阵的梯度表示, 包括系统的运动微分方程、系统的梯度表示、解及其稳定性, 以及具体应用.

5.8.1 系统的运动微分方程

研究变质量质点系, 质量变化规律为式 (2.8.1), 方程为式 (2.8.2), 广义反推力为式 (2.8.3). 对非奇异情形, 方程有形式 (2.8.5), 即

$$
\ddot{q}_s = \alpha_s(t, \boldsymbol{q}, \dot{\boldsymbol{q}}) \quad (s = 1, 2, \cdots, n) \tag{5.8.1}
$$

令

$$
a^s = q_s, \quad a^{n+s} = \dot{q}_s \quad (s = 1, 2, \cdots, n) \tag{5.8.2}
$$

则方程 (5.8.1) 可写成一阶形式

$$
\dot{a}^\mu = F_\mu(\boldsymbol{a}) \quad (\mu = 1, 2, \cdots, 2n) \tag{5.8.3}
$$

其中

$$
F_s = a^{n+s}, \quad F_{n+s} = \alpha_s \tag{5.8.4}
$$

这里假设方程不含时间 t. 引进广义动量 p_s 和 Hamilton 函数 H, 方程可写成形式 (2.8.12), 即

$$
\dot{a}^\mu = \omega^{\mu\nu} \frac{\partial H}{\partial a^\nu} + \Lambda_\mu \quad (\mu, \nu = 1, 2, \cdots, 2n) \tag{5.8.5}
$$

5.8.2　系统的梯度表示

一般说, 系统 (5.8.3) 或系统 (5.8.5) 都不是梯度系统 (5.1.1). 对系统 (5.8.3), 如果存在半负定矩阵 $(a_{\mu\nu}(\boldsymbol{a}))$ 和函数 $V = V(\boldsymbol{a})$ 使得

$$F_\mu = a_{\mu\nu}\frac{\partial V}{\partial a^\nu} \quad (\mu, \nu = 1, 2, \cdots, 2n) \tag{5.8.6}$$

那么它是一个梯度系统 (5.1.1). 对系统 (5.8.5), 如果存在半负定矩阵 $(a_{\mu\nu}(\boldsymbol{a}))$ 和函数 $V = V(\boldsymbol{a})$ 使得

$$\omega^{\mu\nu}\frac{\partial H}{\partial a^\nu} + \varLambda_\mu = a_{\mu\nu}\frac{\partial V}{\partial a^\nu} \quad (\mu, \nu = 1, 2, \cdots, 2n) \tag{5.8.7}$$

那么它是一个梯度系统 (5.1.1). 值得注意的是, 如果这两个条件都不满足, 还不能断定它不是梯度系统 (5.1.1), 因为这与方程的一阶形式选取相关.

5.8.3　解及其稳定性

变质量系统在满足条件 (5.8.6) 或条件 (5.8.7) 下可化成梯度系统 (5.1.1), 即有

$$\dot{a}^\mu = a_{\mu\nu}\frac{\partial V}{\partial a^\nu} \quad (\mu, \nu = 1, 2, \cdots, 2n) \tag{5.8.8}$$

此时, 如果方程

$$a_{\mu\nu}\frac{\partial V}{\partial a^\nu} = 0 \quad (\mu, \nu = 1, 2, \cdots, 2n) \tag{5.8.9}$$

有解

$$a^\mu = a_0^\mu \quad (\mu = 1, 2, \cdots, 2n) \tag{5.8.10}$$

且函数 V 在解的邻域内正定, 那么解 (5.8.10) 是稳定的.

5.8.4　应用举例

例　变质量系统的 Lagrange 函数为

$$L = \frac{1}{2}m\dot{q}^2$$

微粒分离的相对速度为零, 即反推力为

$$P = \dot{m}\dot{q}$$

对系统施加广义力

$$Q = m(-3q - 2\dot{q})$$

试将其化成梯度系统 (5.1.1).

解 方程 (2.8.2) 给出

$$\frac{\mathrm{d}}{\mathrm{d}t}(m\dot{q}) = \dot{m}\dot{q} - m(3q + 2\dot{q})$$

即

$$\ddot{q} = -3q - 2\dot{q}$$

令

$$a^1 = q$$
$$a^2 = \frac{1}{2}(q + \dot{q})$$

则有

$$\dot{a}^1 = -a^1 + 2a^2$$
$$\dot{a}^2 = -a^1 - a^2$$

它可写成形式

$$\begin{pmatrix} \dot{a}^1 \\ \dot{a}^2 \end{pmatrix} = \begin{pmatrix} 0 & 1 \\ -1 & -1 \end{pmatrix} \begin{pmatrix} \dfrac{\partial V}{\partial a^1} \\ \dfrac{\partial V}{\partial a^2} \end{pmatrix}$$

其中矩阵为半负定的, 而函数 V 为

$$V = (a^1)^2 + (a^2)^2 - a^1 a^2$$

因此, 解 $a^1 = a^2 = 0$ 是稳定的.

5.9 事件空间中动力学系统与具有半负定矩阵的梯度系统

本节研究事件空间中完整力学系统的具有半负定矩阵的梯度表示, 包括系统的运动微分方程、系统的梯度表示、解及其稳定性, 以及具体应用.

5.9.1 系统的运动微分方程

对给定的 Lagrange 函数 $L = L(q_s, t, \dot{q}_s)$, 事件空间中参数形式的 Lagrange 函数 Λ 由下式确定 [4]

$$\Lambda(x_\alpha, x'_\alpha) = x'_{n+1} L\left(x_1, x_2, \cdots, x_{n+1}, \frac{x'_1}{x'_{n+1}}, \frac{x'_2}{x'_{n+1}}, \cdots, \frac{x'_n}{x'_{n+1}}\right) \tag{5.9.1}$$

对给定的广义力 $Q_s = Q_s(q_k, t, \dot{q}_k)$, 事件空间中的广义力 P_α 由下式确定 [5]

$$P_s(x_\alpha, x_\alpha') = x_{n+1}' Q_s\left(x_1, x_2, \cdots, x_{n+1}, \frac{x_1'}{x_{n+1}'}, \frac{x_2'}{x_{n+1}'}, \cdots, \frac{x_n'}{x_{n+1}'}\right)$$
$$P_{n+1}(x_\alpha, x_\alpha') \overset{\text{def}}{=} -Q_s x_s' \tag{5.9.2}$$

事件空间中完整力学系统的运动微分方程有形式

$$\frac{\mathrm{d}}{\mathrm{d}\tau}\frac{\partial \Lambda}{\partial x_\alpha'} - \frac{\partial \Lambda}{\partial x_\alpha} = P_\alpha \quad (\alpha = 1, 2, \cdots, n+1) \tag{5.9.3}$$

因为参数 τ 可任意选取, 当方程中不出现 x_{n+1} 时, 取 $x_{n+1} = \tau$ 会带来方便. 此时有

$$\frac{x_s'}{x_{n+1}'} = \frac{\mathrm{d}x_s}{\mathrm{d}x_{n+1}}, \quad \frac{\mathrm{d}}{\mathrm{d}\tau}\left(\frac{x_s'}{x_{n+1}'}\right) = \frac{\mathrm{d}^2 x_s}{\mathrm{d}x_{n+1}^2} \tag{5.9.4}$$

假设由方程 (5.9.3) 的前 n 个方程可解出 $\dfrac{\mathrm{d}^2 x_s}{\mathrm{d}x_{n+1}^2}$, 记作

$$\frac{\mathrm{d}^2 x_s}{\mathrm{d}x_{n+1}^2} = G\left(x_k, \frac{\mathrm{d}x_k}{\mathrm{d}x_{n+1}}\right) \quad (s, k = 1, 2, \cdots, n) \tag{5.9.5}$$

取记号

$$a^{\mu*} = \frac{\mathrm{d}a^\mu}{\mathrm{d}x_{n+1}} \quad (\mu = 1, 2, \cdots, 2n) \tag{5.9.6}$$

则方程 (5.9.5) 可写成一阶形式

$$a^{\mu*} = H_\mu(\boldsymbol{a}) \quad (\mu = 1, 2, \cdots, 2n) \tag{5.9.7}$$

其中

$$a^s = x_s, \quad a^{n+s} = a^{s*}$$
$$H_s = a^{n+s}, \quad H_{n+s} = G_s \tag{5.9.8}$$

5.9.2 系统的梯度表示

系统 (5.9.7) 一般不能成为梯度系统 (5.1.1). 对系统 (5.9.7), 如果存在半负定矩阵 $(a_{\mu\nu}(\boldsymbol{a}))$ 和函数 $V = V(\boldsymbol{a})$ 使得

$$H_\mu = a_{\mu\nu}\frac{\partial V}{\partial a^\nu} \quad (\mu, \nu = 1, 2, \cdots, 2n) \tag{5.9.9}$$

那么它是一个梯度系统 (5.1.1).

5.9.3 解及其稳定性

事件空间完整系统在满足条件 (5.9.9) 下可化成梯度系统 (5.1.1). 此时, 如果方程

$$a_{\mu\nu}\frac{\partial V}{\partial a^\nu} = 0 \quad (\mu, \nu = 1, 2, \cdots, 2n) \tag{5.9.10}$$

有解

$$a^\mu = a_0^\mu \quad (\mu = 1, 2, \cdots, 2n) \tag{5.9.11}$$

且函数 V 在解的邻域内正定, 那么解 (5.9.11) 是稳定的.

5.9.4 应用举例

例 二自由度系统在位形空间中的 Lagrange 函数和广义力分别为

$$\begin{aligned}
L &= \frac{1}{2}(\dot{q}_1^2 + \dot{q}_2^2) - \frac{1}{2}q_1^2 \\
Q_1 &= -\dot{q}_1, \quad Q_2 = -\dot{q}_2
\end{aligned} \tag{5.9.12}$$

试研究事件空间中系统的梯度表示.

解 令

$$x_1 = q_1$$
$$x_2 = q_2$$
$$x_3 = t$$

则事件空间中的 Lagrange 函数和广义力分别为

$$\Lambda = \frac{1}{2}\left[\frac{1}{x_3'}\left((x_1')^2 + (x_2')^2\right)\right] - \frac{1}{2}x_3' x_1^2$$
$$P_1 = -x_1', \quad P_2 = -x_2'$$

方程的前面两个为

$$\left(\frac{x_1'}{x_3'}\right)' = -x_3' x_1 - x_1'$$
$$\left(\frac{x_2'}{x_3'}\right)' = -x_2'$$

取 $x_3 = \tau$, 则有

$$x_1'' = -x_1 - x_1'$$
$$x_2'' = -x_2'$$

现将第一个方程化成梯度系统 (5.1.1). 令

$$a^1 = x_1$$
$$a^2 = x_1'$$

则有

$$(a^1)' = a^2$$
$$(a^2)' = -a^1 - a^2$$

它可写成形式

$$\begin{pmatrix} (a^1)' \\ (a^2)' \end{pmatrix} = \begin{pmatrix} 0 & 1 \\ -1 & -1 \end{pmatrix} \begin{pmatrix} \dfrac{\partial V}{\partial a^1} \\ \dfrac{\partial V}{\partial a^2} \end{pmatrix}$$

其中矩阵是半负定的, 而函数 V 为

$$V = \frac{1}{2}(a^1)^2 + \frac{1}{2}(a^2)^2$$

因此, 解 $a^1 = a^2 = 0$ 是稳定的.

5.10 Chetaev 型非完整系统与具有半负定矩阵的梯度系统

本节研究 Chetaev 型非完整系统的具有半负定矩阵的梯度表示, 包括系统的运动微分方程、系统的梯度表示、解及其稳定性, 以及具体应用.

5.10.1   系统的运动微分方程

双面理想定常非完整系统受有 g 个 Chetaev 型非完整约束

$$f_\beta(\boldsymbol{q}, \dot{\boldsymbol{q}}) = 0 \quad (\beta = 1, 2, \cdots, g) \tag{5.10.1}$$

系统的微分方程有形式

$$\frac{\mathrm{d}}{\mathrm{d}t} \frac{\partial L}{\partial \dot{q}_s} - \frac{\partial L}{\partial q_s} = Q_s + \lambda_\beta \frac{\partial f_\beta}{\partial \dot{q}_s} \quad (s = 1, 2, \cdots, n; \beta = 1, 2, \cdots, g) \tag{5.10.2}$$

其中 $L = L(\boldsymbol{q}, \dot{\boldsymbol{q}})$ 为系统的 Lagrange 函数, $Q_s = Q_s(\boldsymbol{q}, \dot{\boldsymbol{q}})$ 为非势广义力, λ_β 为约束乘子. 设系统非奇异, 即设

$$\det\left(\frac{\partial^2 L}{\partial \dot{q}_s \partial \dot{q}_k}\right) \neq 0 \tag{5.10.3}$$

则在微分方程积分之前可求出 λ_β 为 $\boldsymbol{q}, \dot{\boldsymbol{q}}$ 的函数. 于是方程 (5.10.2) 可写成形式

$$\frac{\mathrm{d}}{\mathrm{d}t} \frac{\partial L}{\partial \dot{q}_s} - \frac{\partial L}{\partial q_s} = Q_s + \Lambda_s \quad (s = 1, 2, \cdots, n) \tag{5.10.4}$$

其中

$$\Lambda_s = \Lambda_s(\boldsymbol{q}, \dot{\boldsymbol{q}}) = \lambda_\beta(\boldsymbol{q}, \dot{\boldsymbol{q}}) \frac{\partial f_\beta}{\partial \dot{q}_s} \quad (s = 1, 2, \cdots, n; \beta = 1, 2, \cdots, g) \tag{5.10.5}$$

为广义非完整约束力, 已表示为 $\boldsymbol{q}, \dot{\boldsymbol{q}}$ 的函数. 称方程 (5.10.4) 为与非完整系统 (5.10.1)、(5.10.2) 相应的完整系统的方程. 如果运动的初始条件满足约束方程 (5.10.1), 那么相应完整系统的解就给出非完整系统的运动. 因此, 只需研究方程 (5.10.4).

5.10.2 系统的梯度表示

现将方程 (5.10.4) 写成一阶形式.

首先, 在非奇异假设 (5.10.3) 下, 由方程 (5.10.4) 可求出所有广义加速度为 $\boldsymbol{q}, \dot{\boldsymbol{q}}$ 的函数, 记作

$$\ddot{q}_s = \alpha_s(\boldsymbol{q}, \dot{\boldsymbol{q}}) \quad (s = 1, 2, \cdots, n) \tag{5.10.6}$$

令

$$a^s = q_s, \quad a^{n+s} = \dot{q}_s \quad (s = 1, 2, \cdots, n) \tag{5.10.7}$$

则方程 (5.10.6) 可写成一阶形式

$$\dot{a}^\mu = F_\mu(\boldsymbol{a}) \quad (\mu = 1, 2, \cdots, 2n) \tag{5.10.8}$$

其中

$$F_s = a^{n+s}, \quad F_{n+s} = \alpha_s \quad (s = 1, 2, \cdots, n) \tag{5.10.9}$$

其次, 引进广义动量 p_s 和 Hamilton 函数 H

$$p_s = \frac{\partial L}{\partial \dot{q}_s}$$
$$H = p_s \dot{q}_s - L \tag{5.10.10}$$

则方程 (5.10.4) 可写成正则形式

$$\dot{q}_s = \frac{\partial H}{\partial p_s}, \quad \dot{p}_s = -\frac{\partial H}{\partial q_s} + \tilde{Q}_s + \tilde{\Lambda}_s \quad (s = 1, 2, \cdots, n) \tag{5.10.11}$$

其中 $\tilde{Q}_s, \tilde{\Lambda}_s$ 为用正则变量表示的 Q_s, Λ_s. 进而, 方程 (5.10.11) 还可写成形式

$$\dot{a}^\mu = \omega^{\mu\nu} \frac{\partial H}{\partial a^\nu} + P_\mu \quad (\mu, \nu = 1, 2, \cdots, 2n) \tag{5.10.12}$$

其中

$$a^s = q_s, \quad a^{n+s} = p_s$$
$$(\omega^{\mu\nu}) = \begin{pmatrix} 0_{n \times n} & 1_{n \times n} \\ -1_{n \times n} & 0_{n \times n} \end{pmatrix} \tag{5.10.13}$$
$$P_s = 0, \quad P_{n+s} = \tilde{Q}_s + \tilde{\Lambda}_s$$

一般说, 系统 (5.10.8) 或系统 (5.10.12) 都不能成为梯度系统 (5.1.1). 对系统 (5.10.8), 如果存在半负定矩阵 $(a_{\mu\nu}(\boldsymbol{a}))$ 和函数 $V = V(\boldsymbol{a})$ 使得

$$F_\mu = a_{\mu\nu} \frac{\partial V}{\partial a^\nu} \quad (\mu, \nu = 1, 2, \cdots, 2n) \tag{5.10.14}$$

那么它是一个梯度系统 (5.1.1). 对系统 (5.10.12), 如果存在半负定矩阵 $(a_{\mu\nu}(\boldsymbol{a}))$ 和函数 $V = V(\boldsymbol{a})$ 使得

$$\omega^{\mu\nu} \frac{\partial H}{\partial a^\nu} + P_\mu = a_{\mu\nu} \frac{\partial V}{\partial a^\nu} \quad (\mu, \nu = 1, 2, \cdots, 2n) \tag{5.10.15}$$

那么它是一个梯度系统 (5.1.1).

5.10.3　解及其稳定性

Chetaev 型非完整系统的方程在满足条件 (5.10.14) 或条件 (5.10.15) 下可写成梯度系统的方程 (5.1.1), 有

$$\dot{a}^\mu = a_{\mu\nu} \frac{\partial V}{\partial a^\nu} \quad (\mu, \nu = 1, 2, \cdots, 2n) \tag{5.10.16}$$

此时, 如果方程

$$a_{\mu\nu} \frac{\partial V}{\partial a^\nu} = 0 \quad (\mu, \nu = 1, 2, \cdots, 2n) \tag{5.10.17}$$

有解

$$a^\mu = a_0^\mu \quad (\mu = 1, 2, \cdots, 2n) \tag{5.10.18}$$

且 V 在解的邻域内正定, 那么解 (5.10.18) 是稳定的.

5.10.4　应用举例

例 1　Chetaev 型非完整系统为

$$\begin{aligned}
& L = \frac{1}{2}(\dot{q}_1^2 + \dot{q}_2^2) \\
& Q_1 = -30\dot{q}_1, \quad Q_2 = -\dot{q}_2 \\
& f = 2\dot{q}_1 + \dot{q}_2 + q_2 = 0
\end{aligned} \tag{5.10.19}$$

试将其化成梯度系统 (5.1.1).

解　方程 (5.10.2) 给出

$$\begin{aligned}
& \ddot{q}_1 = -30\dot{q}_1 + 2\lambda \\
& \ddot{q}_2 = -\dot{q}_2 + \lambda
\end{aligned}$$

解得

$$\lambda = 12\dot{q}_1$$

代入得相应完整系统的方程

$$\ddot{q}_1 = -6\dot{q}_1$$
$$\ddot{q}_2 = -\dot{q}_2 + 12\dot{q}_1$$

现将第一个方程化成梯度系统 (5.1.1). 令

$$a^1 = q_1$$
$$a^3 = \frac{1}{3}(\dot{q}_1 + 3q_1)$$

于是有

$$\dot{a}^1 = -3a^1 + 3a^3$$
$$\dot{a}^3 = 3a^1 - 3a^3$$

它可写成形式

$$\begin{pmatrix} \dot{a}^1 \\ \dot{a}^3 \end{pmatrix} = \begin{pmatrix} -1 & 1 \\ 1 & -1 \end{pmatrix} \begin{pmatrix} \dfrac{\partial V}{\partial a^1} \\ \dfrac{\partial V}{\partial a^3} \end{pmatrix}$$

其中

$$V = (a^1)^2 + (a^3)^2 - a^1 a^3$$

因此, 解 $a^1 = a^3 = 0$ 是稳定的.

例 2　非完整系统为

$$L = \frac{1}{2}(\dot{q}_1^2 + \dot{q}_2^2)$$
$$Q_1 = -8q_1(2 + \sin q_1) - 4q_1^2\cos q_1 - 4\dot{q}_1, \quad Q_2 = -\dot{q}_2 \qquad (5.10.20)$$
$$f = \dot{q}_1 + \dot{q}_2 + q_2 = 0$$

试将其化成梯度系统 (5.1.1).

解　方程 (5.10.2) 给出

$$\ddot{q}_1 = -8q_1(2 + \sin q_1) - 4q_1^2\cos q_1 - 4\dot{q}_1 + \lambda$$
$$\ddot{q}_2 = -\dot{q}_2 + \lambda$$

解得

$$\lambda = 4q_1(2 + \sin q_1) + 2q_1^2\cos q_1 + 2\dot{q}_1$$

代入得

$$\ddot{q}_1 = -4q_1(2 + \sin q_1) - 2q_1^2\cos q_1 - 2\dot{q}_1$$
$$\ddot{q}_2 = -\dot{q}_2 + 4q_1(2 + \sin q_1) + 2q_1^2\cos q_1 + 2\dot{q}_1$$

现将第一个方程化成梯度系统 (5.1.1). 令

$$a^1 = q_1$$
$$a^3 = \frac{1}{2}\dot{q}_1$$

则有

$$\dot{a}^1 = 2a^3$$
$$\dot{a}^3 = -2a^1(2 + \sin a^1) - (a^1)^2\cos a^1 - 2a^3$$

它可写成形式

$$\begin{pmatrix} \dot{a}^1 \\ \dot{a}^3 \end{pmatrix} = \begin{pmatrix} 0 & 1 \\ -1 & -1 \end{pmatrix} \begin{pmatrix} \dfrac{\partial V}{\partial a^1} \\ \dfrac{\partial V}{\partial a^3} \end{pmatrix}$$

其中矩阵是半负定的, 而函数 V 为

$$V = (a^1)^2(2 + \sin a^1) + (a^3)^2$$

它在 $a^1 = a^2 = 0$ 的邻域内是正定的. 按方程求 $\dot{V}$, 得

$$\dot{V} = -4(a^3)^2$$

它是半负定的. 由 Lyapunov 定理知, 解 $a^1 = a^3 = 0$ 是稳定的.

5.11　非 Chetaev 型非完整系统与具有半负定矩阵的梯度系统

本节研究非 Chetaev 型非完整系统的具有半负定矩阵的梯度表示, 包括系统的运动微分方程、系统的梯度表示、解及其稳定性, 以及具体应用.

5.11.1　系统的运动微分方程

研究双面理想定常非完整系统, 其约束方程为

$$f_\beta(\boldsymbol{q}, \dot{\boldsymbol{q}}) = 0 \quad (\beta = 1, 2, \cdots, g) \tag{5.11.1}$$

而虚位移满足方程

$$f_{\beta s}(\boldsymbol{q}, \dot{\boldsymbol{q}})\delta q_s = 0 \quad (s = 1, 2, \cdots, n; \beta = 1, 2, \cdots, g) \tag{5.11.2}$$

系统的运动微分方程有形式 [6]

$$\frac{\mathrm{d}}{\mathrm{d}t}\frac{\partial L}{\partial \dot{q}_s} - \frac{\partial L}{\partial q_s} = Q_s + \lambda_\beta f_{\beta s} \quad (s = 1, 2, \cdots, n; \beta = 1, 2, \cdots, g) \tag{5.11.3}$$

其中 $L = L(\boldsymbol{q}, \dot{\boldsymbol{q}})$ 为系统的 Lagrange 函数, $Q_s = Q_s(\boldsymbol{q}, \dot{\boldsymbol{q}})$ 为非势广义力, λ_β 为约束乘了. 设系统非奇异, 即设

$$\det\left(\frac{\partial^2 L}{\partial \dot{q}_s \partial \dot{q}_k}\right) \neq 0 \tag{5.11.4}$$

则在运动微分方程积分之前可由方程 (5.11.1)、(5.11.3) 求出 λ_β 为 $\boldsymbol{q}, \dot{\boldsymbol{q}}$ 的函数. 这样, 方程 (5.11.3) 可表示为

$$\frac{\mathrm{d}}{\mathrm{d}t}\frac{\partial L}{\partial \dot{q}_s} - \frac{\partial L}{\partial q_s} = Q_s + \Lambda_s \quad (s = 1, 2, \cdots, n) \tag{5.11.5}$$

其中

$$\Lambda_s = \Lambda_s(\boldsymbol{q}, \dot{\boldsymbol{q}}) = \lambda_\beta(\boldsymbol{q}, \dot{\boldsymbol{q}})f_{\beta s} \tag{5.11.6}$$

为广义非完整约束力, 已表示为 $\boldsymbol{q}, \dot{\boldsymbol{q}}$ 的函数. 称方程 (5.11.5) 为与非完整系统 (5.11.1), (5.11.3) 相应的完整系统的方程. 如果运动的初始条件满足约束方程 (5.11.1), 那么相应完整系统的解就给出非完整系统的运动. 因此, 只需研究方程 (5.11.5).

5.11.2 系统的梯度表示

在非奇异假设 (5.11.4) 下, 由方程 (5.11.5) 可解出所有广义加速度, 记作

$$\ddot{q}_s = \alpha_s(\boldsymbol{q}, \dot{\boldsymbol{q}}) \quad (s = 1, 2, \cdots, n) \tag{5.11.7}$$

令

$$a^s = q_s, \quad a^{n+s} = \dot{q}_s \quad (s = 1, 2, \cdots, n) \tag{5.11.8}$$

则方程 (5.11.7) 可写成一阶形式

$$\dot{a}^\mu = F_\mu(\boldsymbol{a}) \quad (\mu = 1, 2, \cdots, 2n) \tag{5.11.9}$$

其中

$$F_s = a^{n+s}, \quad F_{n+s} = \alpha_s \quad (s = 1, 2, \cdots, n) \tag{5.11.10}$$

引进广义动量 p_s 和 Hamilton 函数 H

$$\begin{aligned} p_s &= \frac{\partial L}{\partial \dot{q}_s} \\ H &= p_s \dot{q}_s - L \end{aligned} \tag{5.11.11}$$

则方程 (5.11.5) 可表示为正则形式

$$\dot{q}_s = \frac{\partial H}{\partial p_s}, \quad \dot{p}_s = -\frac{\partial H}{\partial q_s} + \tilde{Q}_s + \tilde{\Lambda}_s \tag{5.11.12}$$

其中 $\tilde{Q}_s, \tilde{\Lambda}_s$ 为用正则变量表示的 Q_s, Λ_s. 进而, 方程 (5.11.12) 还可写成形式

$$\dot{a}^\mu = \omega^{\mu\nu}\frac{\partial H}{\partial a^\nu} + P_\mu \quad (\mu,\nu = 1,2,\cdots,2n) \tag{5.11.13}$$

其中

$$a^s = q_s, \quad a^{n+s} = p_s$$
$$(\omega^{\mu\nu}) = \begin{pmatrix} 0_{n\times n} & 1_{n\times n} \\ -1_{n\times n} & 0_{n\times n} \end{pmatrix} \tag{5.11.14}$$
$$P_s = 0, \quad P_{n+s} = \tilde{Q}_s + \tilde{\Lambda}_s$$

一般说, 系统 (5.11.9) 或系统 (5.11.13) 都不是梯度系统 (5.1.1). 对系统 (5.11.9), 如果存在半负定矩阵 $(a_{\mu\nu}(\boldsymbol{a}))$ 和函数 $V = V(\boldsymbol{a})$ 使得

$$F_\mu = a_{\mu\nu}\frac{\partial V}{\partial a^\nu} \quad (\mu,\nu = 1,2,\cdots,2n) \tag{5.11.15}$$

那么它是一个梯度系统 (5.1.1). 对系统 (5.11.13), 如果存在半负定矩阵 $(a_{\mu\nu}(\boldsymbol{a}))$ 和函数 $V = V(\boldsymbol{a})$ 使得

$$\omega^{\mu\nu}\frac{\partial H}{\partial a^\nu} + P_\mu = a_{\mu\nu}\frac{\partial V}{\partial a^\nu} \quad (\mu,\nu = 1,2,\cdots,2n) \tag{5.11.16}$$

那么它是一个梯度系统 (5.1.1).

5.11.3　解及其稳定性

对非 Chetaev 型非完整系统, 在满足条件 (5.11.15) 或条件 (5.11.16) 下, 其方程可表示为

$$\dot{a}^\mu = a_{\mu\nu}\frac{\partial V}{\partial a^\nu} \quad (\mu,\nu = 1,2,\cdots,2n) \tag{5.11.17}$$

此时, 如果方程

$$a_{\mu\nu}\frac{\partial V}{\partial a^\nu} = 0 \quad (\mu,\nu = 1,2,\cdots,2n) \tag{5.11.18}$$

有解

$$a^\mu = a_0^\mu \quad (\mu = 1,2,\cdots,2n) \tag{5.11.19}$$

且函数 V 在解的邻域内正定, 那么解 (5.11.19) 是稳定的.

5.11.4　应用举例

例 1　非 Chetaev 型非完整系统的 Lagrange 函数、广义力和约束方程分别为

$$L = \frac{1}{2}(\dot{q}_1^2 + \dot{q}_2^2)$$
$$Q_1 = 2\dot{q}_1, \quad Q_2 = -4\dot{q}_1 - 2\dot{q}_2 \tag{5.11.20}$$
$$f = 2\dot{q}_1 + \dot{q}_2 + 4q_1 + 2q_2 = 0$$

虚位移方程为

$$\delta q_1 - \delta q_2 = 0 \tag{5.11.21}$$

试将其化成梯度系统 (5.1.1).

解 方程 (5.11.3) 给出

$$\ddot{q}_1 = 2\dot{q}_1 + \lambda$$
$$\ddot{q}_2 = -4\dot{q}_1 - 2\dot{q}_2 - \lambda$$

解得

$$\lambda = -4\dot{q}_1$$

代入得相应完整系统的方程

$$\ddot{q}_1 = -2\dot{q}_1$$
$$\ddot{q}_2 = -2\dot{q}_2$$

令

$$a^1 = q_1$$
$$a^3 = q_1 + \dot{q}_1$$
$$a^2 = q_2$$
$$a^4 = q_2 + \dot{q}_2$$

则有

$$\dot{a}^1 = -a^1 + a^3$$
$$\dot{a}^3 = a^1 - a^3$$
$$\dot{a}^2 = -a^2 + a^4$$
$$\dot{a}^4 = a^2 - a^4$$

它可写成形式

$$\begin{pmatrix} \dot{a}^1 \\ \dot{a}^3 \\ \dot{a}^2 \\ \dot{a}^4 \end{pmatrix} = \begin{pmatrix} -1 & 1 & 0 & 0 \\ 1 & -1 & 0 & 0 \\ 0 & 0 & -1 & 1 \\ 0 & 0 & 1 & -1 \end{pmatrix} \begin{pmatrix} \dfrac{\partial V}{\partial a^1} \\ \dfrac{\partial V}{\partial a^3} \\ \dfrac{\partial V}{\partial a^2} \\ \dfrac{\partial V}{\partial a^4} \end{pmatrix}$$

其中矩阵为半负定的, 而函数 V 为

$$V = \frac{1}{2}(a^1)^2 + \frac{1}{2}(a^2)^2 + \frac{1}{2}(a^3)^2 + \frac{1}{2}(a^4)^2$$

因此, 解 $a^1 = a^2 = a^3 = a^4 = 0$ 是稳定的.

例 2　非 Chetaev 型非完整系统为

$$L = \frac{1}{2}(\dot{q}_1^2 + \dot{q}_2^2)$$
$$Q_1 = 4q_1(2 + \sin q_1) + 2q_1^2\cos q_1 + 2\dot{q}_1, \quad Q_2 = -\dot{q}_2 \qquad (5.11.22)$$
$$f = 2\dot{q}_1 + \dot{q}_2 + q_2 = 0, \quad \delta q_1 - \delta q_2 = 0$$

试将其化成梯度系统 (5.1.1).

解　方程 (5.11.3) 给出

$$\ddot{q}_1 = 4q_1(2 + \sin q_1) + 2q_1^2\cos q_1 + 2\dot{q}_1 + \lambda$$
$$\ddot{q}_2 = -\dot{q}_2 - \lambda$$

解得

$$\lambda = -8q_1(2 + \sin q_1) - 4q_1^2\cos q_1 - 4\dot{q}_1$$

代入得

$$\ddot{q}_1 = -4q_1(2 + \sin q_1) - 2q_1^2\cos q_1 - 2\dot{q}_1$$
$$\ddot{q}_2 = -\dot{q}_2 + 8q_1(2 + \sin q_1) + 4q_1^2\cos q_1 + 4\dot{q}_1$$

现将第一个方程化成梯度系统 (5.1.1). 令

$$a^1 = q_1$$
$$a^3 = \frac{1}{2}\dot{q}_1$$

则有

$$\dot{a}^1 = 2a^3$$
$$\dot{a}^3 = -2a^1(2 + \sin a^1) - (a^1)^2\cos a^1 - 2a^3$$

它可写成形式

$$\begin{pmatrix} \dot{a}^1 \\ \dot{a}^3 \end{pmatrix} = \begin{pmatrix} 0 & 1 \\ -1 & -1 \end{pmatrix} \begin{pmatrix} \dfrac{\partial V}{\partial a^1} \\ \dfrac{\partial V}{\partial a^3} \end{pmatrix}$$

其中

$$V = (a^1)^2(2 + \sin a^1) + (a^3)^2$$

它在 $a^1 = a^3 = 0$ 的邻域内是正定的, 因此, 解 $a^1 = a^3 = 0$ 是稳定的.

5.12　Birkhoff 系统与具有半负定矩阵的梯度系统

本节研究 Birkhoff 系统的具有半负定矩阵的梯度表示, 包括系统的运动微分方程、系统的梯度表示、解及其稳定性, 以及具体应用.

5.12.1 系统的运动微分方程

自治 Birkhoff 系统的方程有形式

$$\Omega_{\mu\nu}\dot{a}^\nu = \frac{\partial B}{\partial a^\mu} \quad (\mu,\nu=1,2,\cdots,2n) \tag{5.12.1}$$

其中

$$\Omega_{\mu\nu} = \frac{\partial R_\nu}{\partial a^\mu} - \frac{\partial R_\mu}{\partial a^\nu} \tag{5.12.2}$$

而 $R_\nu = R_\nu(\boldsymbol{a}), B = B(\boldsymbol{a})$. 对非奇异系统

$$\det(\Omega_{\mu\nu}) \neq 0 \tag{5.12.3}$$

可由方程 (5.12.1) 解出所有 $\dot{a}^\mu$, 有

$$\dot{a}^\mu = \Omega^{\mu\nu}\frac{\partial B}{\partial a^\nu} \quad (\mu,\nu=1,2,\cdots,2n) \tag{5.12.4}$$

5.12.2 系统的梯度表示

一般说, Birkhoff 系统不能成为梯度系统 (5.1.1). 如果存在半负定矩阵 $(a_{\mu\nu}(\boldsymbol{a}))$ 和函数 $V = V(\boldsymbol{a})$ 使得

$$\Omega^{\mu\nu}\frac{\partial B}{\partial a^\nu} = a_{\mu\nu}\frac{\partial V}{\partial a^\nu} \quad (\mu,\nu=1,2,\cdots,2n) \tag{5.12.5}$$

那么它是一个梯度系统 (5.1.1).

5.12.3 解及其稳定性

如果自治 Birkhoff 系统满足条件 (5.12.5), 那么它可成为梯度系统 (5.1.1), 有

$$\dot{a}^\mu = a_{\mu\nu}\frac{\partial V}{\partial a^\nu} \quad (\mu,\nu=1,2,\cdots,2n) \tag{5.12.6}$$

此时, 如果方程

$$a_{\mu\nu}\frac{\partial V}{\partial a^\nu} = 0 \quad (\mu,\nu=1,2,\cdots,2n) \tag{5.12.7}$$

有解

$$a^\mu = a_0^\mu \quad (\mu=1,2,\cdots,2n) \tag{5.12.8}$$

且函数 V 在解的邻域内正定, 那么解 (5.12.8) 是稳定的.

5.12.4　应用举例

例　Birkhoff 系统为

$$R_1 = a^2, \quad R_2 = 0$$
$$B = (a^1)^2 + a^1 a^2 \tag{5.12.9}$$

试将其表示为

$$\begin{pmatrix} \dot{a}^1 \\ \dot{a}^2 \end{pmatrix} = \begin{pmatrix} 0 & 1 \\ -1 & -1 \end{pmatrix} \begin{pmatrix} \dfrac{\partial V}{\partial a^1} \\ \dfrac{\partial V}{\partial a^2} \end{pmatrix}$$

解　Birkhoff 方程 (5.12.4) 给出

$$\dot{a}^1 = a^1$$
$$\dot{a}^2 = -2a^1 - a^2$$

它可写成形式

$$\begin{pmatrix} \dot{a}^1 \\ \dot{a}^2 \end{pmatrix} = \begin{pmatrix} 0 & 1 \\ -1 & -1 \end{pmatrix} \begin{pmatrix} \dfrac{\partial V}{\partial a^1} \\ \dfrac{\partial V}{\partial a^2} \end{pmatrix}$$

其中矩阵是半负定的, 而函数 V 为

$$V = \frac{1}{2}(a^1)^2 + a^1 a^2$$

可惜, 它还不能成为 Lyapunov 函数.

　　类似于定常 Hamilton 系统, 自治 Birkhoff 系统化成梯度系统 (5.1.1), 有较大困难, 即使能找到矩阵 $(a_{\mu\nu}(\boldsymbol{a}))$, 而函数 V 很难成为 Lyapunov 函数.

5.13　广义 Birkhoff 系统与具有半负定矩阵的梯度系统

　　本节研究自治广义 Birkhoff 系统的具有半负定矩阵的梯度表示, 包括系统的运动微分方程、系统的梯度表示、解及其稳定性, 以及具体应用.

5.13.1　系统的运动微分方程

　　自治广义 Birkhoff 系统的方程有形式 [7]

$$\Omega_{\mu\nu}\dot{a}^\nu = \frac{\partial B}{\partial a^\mu} - \Lambda_\mu \quad (\mu, \nu = 1, 2, \cdots, 2n) \tag{5.13.1}$$

其中 $B = B(\boldsymbol{a}), R_\nu = R_\nu(\boldsymbol{a}), \Lambda_\mu = \Lambda_\mu(\boldsymbol{a})$. 对非奇异系统

$$\det(\Omega_{\mu\nu}) \neq 0 \tag{5.13.2}$$

由方程 (5.13.1) 可解出所有 $\dot{a}^\mu$, 有

$$\dot{a}^\mu = \Omega^{\mu\nu} \frac{\partial B}{\partial a^\nu} - \tilde{\Lambda}_\mu \quad (\mu, \nu = 1, 2, \cdots, 2n) \tag{5.13.3}$$

其中

$$\Omega^{\mu\nu} \Omega_{\nu\rho} = \delta^\mu_\rho, \quad \Omega_{\mu\nu} = \frac{\partial R_\nu}{\partial a^\mu} - \frac{\partial R_\mu}{\partial a^\nu}$$

$$\tilde{\Lambda}_\mu = \Omega^{\mu\nu} \Lambda_\nu \tag{5.13.4}$$

5.13.2 系统的梯度表示

广义 Birkhoff 系统 (5.13.3) 一般不能成为梯度系统 (5.1.1). 如果存在半负定矩阵 $(a_{\mu\nu}(\boldsymbol{a}))$ 和函数 $V = V(\boldsymbol{a})$ 使得

$$\Omega^{\mu\nu} \frac{\partial B}{\partial a^\nu} - \tilde{\Lambda}_\mu = a_{\mu\nu} \frac{\partial V}{\partial a^\nu} \quad (\mu, \nu = 1, 2, \cdots, 2n) \tag{5.13.5}$$

那么它是一个梯度系统 (5.1.1). 条件 (5.13.5) 较条件 (5.12.5) 易实现.

5.13.3 解及其稳定性

广义 Birkhoff 系统在满足条件 (5.13.5) 下可化成梯度系统 (5.1.1), 有

$$\dot{a}^\mu = a_{\mu\nu} \frac{\partial V}{\partial a^\nu} \quad (\mu, \nu = 1, 2, \cdots, 2n) \tag{5.13.6}$$

此时, 如果方程

$$a_{\mu\nu} \frac{\partial V}{\partial a^\nu} = 0 \quad (\mu, \nu = 1, 2, \cdots, 2n) \tag{5.13.7}$$

有解

$$a^\mu = a_0^\mu \quad (\mu = 1, 2, \cdots, 2n) \tag{5.13.8}$$

且函数 V 在解的邻域内正定, 那么解 (5.13.8) 是稳定的.

5.13.4 应用举例

例 1 广义 Birkhoff 系统为

$$\begin{aligned} & R_1 = a^2, \quad R_2 = 0 \\ & B = \frac{1}{2}(a^1)^2 + \frac{1}{2}(a^2)^2 \\ & \Lambda_1 = 2a^1 - a^2, \quad \Lambda_2 = a^1 \end{aligned} \tag{5.13.9}$$

试将其化成梯度系统 (5.1.1), 并研究零解的稳定性.

解　系统的微分方程为

$$\dot{a}^1 = \frac{\partial B}{\partial a^2} - \Lambda_2$$

$$\dot{a}^2 = -\frac{\partial B}{\partial a^1} + \Lambda_1$$

即有

$$\dot{a}^1 = -a^1 + a^2$$

$$\dot{a}^2 = a^1 - a^2$$

它可写成形式

$$\begin{pmatrix} \dot{a}^1 \\ \dot{a}^2 \end{pmatrix} = \begin{pmatrix} -1 & 1 \\ 1 & -1 \end{pmatrix} \begin{pmatrix} \dfrac{\partial V}{\partial a^1} \\ \dfrac{\partial V}{\partial a^2} \end{pmatrix}$$

其中矩阵是半负定的, 而函数 V 为

$$V = \frac{1}{2}(a^1)^2 + \frac{1}{2}(a^2)^2$$

按方程求 $\dot{V}$, 得

$$\dot{V} = -(a^1 - a^2)^2 \leqslant 0$$

因此, 零解 $a^1 = a^2 = 0$ 是稳定的.

例 2　广义 Birkhoff 系统为

$$R_1 = a^2, \quad R_2 = 0$$
$$B = (a^1)^2 + (a^2)^2 + \frac{1}{3}(a^1)^3 - \mu a^1 a^2 \tag{5.13.10}$$
$$\Lambda_1 = \mu a^1 - 2a^2, \quad \Lambda_2 = 0$$

其中 μ 为参数. 试将其化成梯度系统 (5.1.1), 并研究零解的稳定性.

解　广义 Birkhoff 方程为

$$\dot{a}^1 = \frac{\partial B}{\partial a^2} - \Lambda_2$$

$$\dot{a}^2 = -\frac{\partial B}{\partial a^1} + \Lambda_1$$

即

$$\dot{a}^1 = 2a^2 - \mu a^1$$

$$\dot{a}^2 = -2a^1 + \mu a^2 - (a^1)^2 + \mu a^1 - 2a^2$$

它可写成形式

$$\begin{pmatrix} \dot{a}^1 \\ \dot{a}^2 \end{pmatrix} = \begin{pmatrix} 0 & 1 \\ -1 & -1 \end{pmatrix} \begin{pmatrix} \dfrac{\partial V}{\partial a^1} \\ \dfrac{\partial V}{\partial a^2} \end{pmatrix}$$

其中

$$V = (a^1)^2 + (a^2)^2 - \mu a^1 a^2 + \frac{1}{3}(a^1)^3$$

当 $2 > \mu > -2$ 时, V 在 $a^1 = a^2 = 0$ 的邻域内正定, 因此, 解 $a^1 = a^2 = 0$ 是稳定的.

例 3 广义 Birkhoff 系统为

$$
\begin{aligned}
R_1 &= a^2, \quad R_2 = 0 \\
B &= 2(a^1)^2 + 2(a^2)^2 \\
\Lambda_1 &= -6a^2, \quad \Lambda_2 = -2a^1
\end{aligned}
\tag{5.13.11}
$$

试将其化成梯度系统 (5.1.1).

解 广义 Birkhoff 方程为

$$
\begin{aligned}
\dot{a}^1 &= 2a^1 + 4a^2 \\
\dot{a}^2 &= -4a^1 - 6a^2
\end{aligned}
$$

它可写成形式

$$
\begin{pmatrix} \dot{a}^1 \\ \dot{a}^2 \end{pmatrix} =
\begin{pmatrix} 0 & 1 \\ -1 & -1 \end{pmatrix}
\begin{pmatrix} \dfrac{\partial V}{\partial a^1} \\ \dfrac{\partial V}{\partial a^2} \end{pmatrix}
$$

其中矩阵是半负定的, 而函数 V 为

$$V = (a^1)^2 + 2(a^2)^2 + 2a^1 a^2$$

它在 $a^1 = a^2 = 0$ 的邻域内是正定的, 因此, 零解 $a^1 = a^2 = 0$ 是稳定的.

例 4 广义 Birkhoff 系统为

$$
\begin{aligned}
R_1 &= a^2, \quad R_2 = 0 \\
B &= (a^1)^2 + (a^2)^2 \\
\Lambda_1 &= -(a^2)^2 \exp a^1 - 2a^2(1 + \exp a^1), \quad \Lambda_2 = -2a^2 \exp a^1
\end{aligned}
\tag{5.13.12}
$$

试将其化成梯度系统 (5.1.1).

解 广义 Birkhoff 方程为

$$
\begin{aligned}
\dot{a}^1 &= 2a^2(1 + \exp a^1) \\
\dot{a}^2 &= -2a^1 - (a^2)^2 \exp a^1 - 2a^2(1 + \exp a^1)
\end{aligned}
$$

它可写成形式

$$
\begin{pmatrix} \dot{a}^1 \\ \dot{a}^2 \end{pmatrix} =
\begin{pmatrix} 0 & 1 \\ -1 & -1 \end{pmatrix}
\begin{pmatrix} \dfrac{\partial V}{\partial a^1} \\ \dfrac{\partial V}{\partial a^2} \end{pmatrix}
$$

其中矩阵是半负定的, 而函数 V 为

$$V = (a^1)^2 + (a^2)^2(1 + \exp a^1)$$

它在 $a^1 = a^2 = 0$ 的邻域内正定, 因此, 零解 $a^1 = a^2 = 0$ 是稳定的.

例 5　广义 Birkhoff 系统为

$$R_1 = a^2, \quad R_2 = 0$$
$$B = (a^1)^2 + \sin a^1 - a^1\cos a^1 + \frac{1}{2}(a^2)^2(2 + \sin a^1)$$
$$\Lambda_1 = -a^2 - \frac{1}{2}(a^2)^2\cos a^1, \quad \Lambda_2 = 0$$

(5.13.13)

试将其化成梯度系统 (5.1.1).

解　广义 Birkhoff 方程为

$$\dot{a}^1 = a^2(2 + \sin a^1)$$
$$\dot{a}^2 = -a^1(2 + \sin a^1) - a^2$$

它可写成形式

$$\begin{pmatrix} \dot{a}^1 \\ \dot{a}^2 \end{pmatrix} = \begin{pmatrix} 0 & 2 + \sin a^1 \\ -(2 + \sin a^1) & -1 \end{pmatrix} \begin{pmatrix} \dfrac{\partial V}{\partial a^1} \\ \dfrac{\partial V}{\partial a^2} \end{pmatrix}$$

其中矩阵是半负定的, 而函数 V 为

$$V = \frac{1}{2}(a^1)^2 + \frac{1}{2}(a^2)^2$$

因此, 解 $a^1 = a^2 = 0$ 是稳定的.

5.14　广义 Hamilton 系统与具有半负定矩阵的梯度系统

本节研究广义 Hamilton 系统的具有半负定矩阵的梯度表示, 包括系统的运动微分方程、系统的梯度表示、解及其稳定性, 以及具体应用.

5.14.1　系统的运动微分方程

广义 Hamilton 系统的微分方程有形式 [8]

$$\dot{a}^i = J_{ij}\frac{\partial H}{\partial a^j} \quad (i, j = 1, 2, \cdots, m)$$

(5.14.1)

其中 $J_{ij} = J_{ij}(\boldsymbol{a})$ 满足条件

$$J_{ij} = -J_{ji}$$

$$J_{il}\frac{\partial J_{jk}}{\partial a^l} + J_{jl}\frac{\partial J_{ki}}{\partial a^l} + J_{kl}\frac{\partial J_{ij}}{\partial a^l} = 0 \tag{5.14.2}$$

对方程 (5.14.1) 右端添加附加项 $\Lambda_i = \Lambda_i(\boldsymbol{a})$, 有

$$\dot{a}^i = J_{ij}\frac{\partial H}{\partial a^j} + \Lambda_i \quad (i, j = 1, 2, \cdots, m) \tag{5.14.3}$$

5.14.2 系统的梯度表示

系统 (5.14.1) 和系统 (5.14.3), 一般都不能成为梯度系统 (5.1.1). 对系统 (5.14.1), 如果存在半负定矩阵 $(a_{ij}(\boldsymbol{a}))$ 和函数 $V = V(\boldsymbol{a})$ 使得

$$J_{ij}\frac{\partial H}{\partial a^j} = a_{ij}\frac{\partial V}{\partial a^j} \quad (i, j = 1, 2, \cdots, m) \tag{5.14.4}$$

那么它是一个梯度系统 (5.1.1). 对系统 (5.14.3), 如果存在半负定矩阵 $(a_{ij}(\boldsymbol{a}))$ 和函数 $V = V(\boldsymbol{a})$ 使得

$$J_{ij}\frac{\partial H}{\partial a^j} + \Lambda_i = a_{ij}\frac{\partial V}{\partial a^j} \quad (i, j = 1, 2, \cdots, m) \tag{5.14.5}$$

那么它是一个梯度系统 (5.1.1). 注意到, 条件 (5.14.5) 比条件 (5.14.4) 容易实现.

5.14.3 解及其稳定性

系统 (5.14.1) 在条件 (5.14.4) 下, 或系统 (5.14.3) 在条件 (5.14.5) 下, 可化成如下梯度系统

$$\dot{a}^i = a_{ij}\frac{\partial V}{\partial a^j} \quad (i, j = 1, 2, \cdots, m) \tag{5.14.6}$$

此时, 如果方程

$$a_{ij}\frac{\partial V}{\partial a^j} = 0 \quad (i, j = 1, 2, \cdots, m) \tag{5.14.7}$$

有解

$$a^i = a_0^i \quad (i = 1, 2, \cdots, m) \tag{5.14.8}$$

且 V 在解的邻域内正定, 那么解 (5.14.8) 是稳定的.

5.14.4 应用举例

例 广义 Hamilton 系统为

$$(J_{ij}) = \begin{pmatrix} 0 & 1 & 1 \\ -1 & 0 & -1 \\ -1 & 1 & 0 \end{pmatrix}, \quad H = a^1 a^2 \tag{5.14.9}$$

$$\Lambda_1 = -2a^1 + a^2 + a^3, \quad \Lambda_2 = -a^1 - a^3, \quad \Lambda_3 = 2a^2 - 2a^1$$

试将其化成梯度系统 (5.1.1), 并研究解的稳定性.

解　方程 (5.14.3) 给出

$$\dot{a}^1 = -a^1 + a^2 + a^3$$
$$\dot{a}^2 = -a^1 - a^2 - a^3$$
$$\dot{a}^3 = -a^1 + a^2$$

它可写成形式

$$\begin{pmatrix} \dot{a}^1 \\ \dot{a}^2 \\ \dot{a}^3 \end{pmatrix} = \begin{pmatrix} -1 & 1 & 1 \\ -1 & -1 & -1 \\ -1 & 1 & 0 \end{pmatrix} \begin{pmatrix} \dfrac{\partial V}{\partial a^1} \\ \dfrac{\partial V}{\partial a^2} \\ \dfrac{\partial V}{\partial a^3} \end{pmatrix}$$

其中矩阵是半负定的, 而函数 V 为

$$V = \frac{1}{2}(a^1)^2 + \frac{1}{2}(a^2)^2 + \frac{1}{2}(a^3)^2$$

因此, 零解 $a^1 = a^2 = a^3 = 0$ 是稳定的.

本章将各类约束力学系统在一定条件下化成具有半负定矩阵的梯度系统, 其中对定常 Lagrange 系统、定常 Hamilton 系统、自治 Birkhoff 系统、广义 Hamilton 系统存在困难, 而对广义坐标下和准坐标下一般完整系统、带附加项的 Hamilton 系统、广义 Birkhoff 系统, 以及带附加项的广义 Hamilton 系统, 则比较容易实现. 但是, 这类梯度系统尚不能研究系统的渐近稳定性, 这是因为矩阵是半负定的.

习　　题

5-1　试将 Lagrange 系统

$$L = \frac{1}{2}\dot{q}^2 - \frac{1}{2}q^2$$

化成梯度系统 (5.1.1).

5-2　试将 Hamilton 系统

$$H = \frac{1}{2}p^2 + \frac{1}{2}q^2$$

化成梯度系统 (5.1.1).

5-3　试将 Birkhoff 系统

$$R_1 = a^2, \quad R_2 = 0$$
$$B = \frac{1}{2}(a^1)^2 + \frac{1}{2}(a^2)^2$$

化成梯度系统 (5.1.1).

5-4　单自由度系统为

$$L = \frac{1}{2}\dot{q}^2$$
$$Q = -2\dot{q}$$

试将其化成梯度系统 (5.1.1).

    5-5   试将一般完整系统

$$L = \frac{1}{2}\dot{q}^2 - \frac{7}{8}q^2$$
$$Q = -\dot{q}$$

化成梯度系统 (5.1.1).

    5-6   单自由度系统为

$$L = \frac{1}{2}\dot{q}^2 - 4\int q(2+\cos q)\mathrm{d}q + 2\int q^2\sin q\mathrm{d}q$$
$$Q = -2\dot{q}$$

令

$$a^1 = q$$
$$a^2 = \frac{1}{2}\dot{q}$$

试将其化成梯度系统 (5.1.1).

    5-7   广义 Birkhoff 系统为

$$R_1 = a^2, \quad R_2 = 0$$
$$B = (a^1)^2(2+\cos a^1) + (a^2)^2$$
$$\Lambda_1 = -2a^2, \quad \Lambda_2 = 0$$

试将其化成梯度系统 (5.1.1)

参 考 文 献

[1] McLachlan RI, Quispel GRW, Robidoux N. Geometric integration using discrete gradients. Phil Trans R Soc Lond A, 1999, 357: 1021–1045

[2] 梅凤翔. 分析力学. 北京: 北京理工大学出版社, 2013

[3] Лурье АИ. Аналитическая Механика. Москва: ГИФМЛ, 1961

[4] Румянцев ВВ. К динамике лагранжевых реономных систем со связями. ПММ, 1981, 48(4): 540–550

[5] Mei FX. Parametric equations of nonholonomic nonconservative systems in the event space and the method of their integration. Acta Mech Sin, 1990, 6(2): 160–168

[6] 梅凤翔. 非完整动力学研究. 北京: 北京工业学院出版社, 1987

[7] 梅凤翔. 广义 Birkhoff 系统动力学. 北京: 科学出版社, 2013

[8] 李继彬, 赵晓华, 刘正荣. 广义哈密顿系统理论及其应用. 北京: 科学出版社, 1994

索　引